알기 쉬운
도시이야기

알기 쉬운
도시이야기

경실련 도시개혁센터 엮음

머리말

　도시는 우리가 살아가는 삶터이기 때문에 우리와 매우 친근할 것 같지만 실제로 우리는 도시를 잘 모르고 있다. 잘 알 것 같으면서도 잘 모르는 가깝고도 먼 존재인 것이다. 이에 도시개혁운동을 하는 우리는 시민들이 더욱 쉽게 도시문제의 본질을 이해하고 또한 생활 속에서 도시문제 해결의 실천적 방안을 이끌어낼 수 있도록 돕는 도시문제에 관한 입문서의 필요를 느꼈다.

　이 책을 처음 기획한 2000년에 나는 경실련 도시개혁센터에서 도시재생위원장을 맡고 있었다. 그 당시 내가 주목한 것은 고등학교 환경교과서였다. 환경교육은 이미 고등학교 정규 교과목으로 채택되어 일상생활에서 실천이 가능한 시민교육으로 자리잡고 있었다. 도시문제는 사회와 지리교과목에서 도시공간구조, 도시화의 원인 등 일부 다루어지고는 있었으나 도시문제의 본질과 그 해결방법은 실질적으로 다루어지지 않고 있었다.
　그러나 사실 따지고 보면 환경문제의 근본은 도시문제이다. 무분별한 개발로 자연이 훼손되고, 자동차 보유대수가 늘어나서 공기가 오염되고, 공장이 여기저기 들어서서 하천이 오염된 것이다. 따라서 도시문제를 해결하지 않고는 환경문제를 해결할 수 없다는 결론에 도달하게 된다.

환경교육을 받은 자녀들은 샴푸로 머리를 감는 부모에게 이렇게 얘기한다. "샴푸는 수질오염의 주범이래요. 비누로 머리를 감으면 우리의 강을 깨끗하게 보존할 수 있어요." 그러나 도시문제를 체계적으로 교육받지 못한 자녀들은 아빠가 자가용으로 출근해도 대기오염을 막기 위해서 대중교통을 이용해야 한다고 얘기하지 못한다. 난개발로 인하여 학교가 부족하고 하수처리시설이 부족하면 시청으로 달려가서 항의할 줄은 알지만 왜 이런 문제가 발생했고 앞으로 이러한 일이 일어나지 않도록 하려면 내가 무엇을 해야 하는지는 알지 못한다.

도시개혁운동은 때로는 의견표명을 위한 시위도 해야 하고, 정책대안을 제시하기 위해 정책입안을 담당하는 사람과 토론도 해야 한다. 그러나 무엇보다도 시민들에게 도시문제의 본질을 알리고 생활 속에서 실천가능한 방안을 찾도록 하는 것이 중요하다는 것을 느끼고 이 책을 펴내기로 하였다. 그러나 도중에 많은 어려움이 생겨서 집필이 순조롭지 못했다. 초기의 원고는 5년 동안 빛을 보지 못하고 잠들어 있었다.

5년간의 산고를 끝내고 이 책이 탄생할 수 있었던 것은 후임 재생위원장이신 인하대학교 변병설 교수님의 노력 덕분이다. 미진한 원고를 챙기고 출판사 섭외와 최종 편집에 이르기까지 수고를 아끼지 않으신 변병설 교수님의 노고에 모든 분들을 대신하여 감사를 드린다.

그리고 이 책의 출판을 허락해 주신 도서출판 한울의 김종수 사장님과 원고정리 및 편집에 수고를 아끼지 않으신 인하대학교 사회과학부 박사과정 김은경 양과 한울의 김은현 씨에게도 감사를 드린다.

학자들이 아무리 쉽게 책을 쓴다고 해도 일반 시민들이 읽기에는 어렵다는 비판을 자주 받는다. 저자들은 학생들이 읽을 수 있는 수준으로 눈높이를 맞추려고 노력했지만 이 책도 똑같은 비판에 직면하지나 않을까

하는 두려움이 앞선다. 이 책이 학생들과 일반 시민들에게 널리 읽혀져서 우리나라 도시문제의 본질을 이해하고 생활 속에서 도시개혁을 위한 운동에 동참하게 되기를 간절히 바란다.

2006년 8월
저자들을 대신하여
경실련 도시개혁센터 대표 류중석

차례

01 도시란

서순탁*

도시란?

신은 자연을 창조하고 인간은 도시를 만들었다고 한다. 도시란 무엇인
가? 도시가 어떻게 형성되고 발달되어 왔는가? 이는 도시를 이해하기 위한
원초적인 물음이다. 현대사회에서 도시는 인간의 다양한 활동들이 일어나
는 하나의 공간으로 농촌이나 촌락의 상대개념으로 이해된다. 그러나 교
통·정보·통신의 발달과 도시의 글로벌화, 이에 따른 사회가치관의 변화로
도시와 농촌의 경계가 모호해지고 있고, 도시와 비도시를 구분할 수 있는
기준을 찾기가 점점 어려워지고 있다. 도시의 개념은 시대에 따라, 또는
지역이나 나라마다 다르기 때문에 도시를 한마디로 정의하는 것은 어렵다.
그러나 도시가 수행하는 기능이나 대부분의 도시들에서 공통적으로 드러
나는 특성을 살펴봄으로써 도시의 본질을 찾아볼 수 있을 것이다.

먼저 도시는 인구·물리적 측면에서 적당한 규모의 정주인구가 있어야

* 서울시립대 도시행정학과 교수

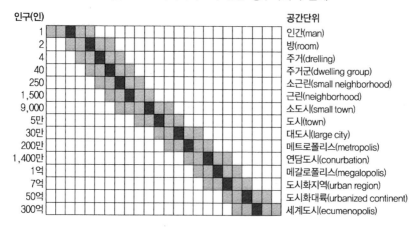

<그림 1-1> 독시아디스의 인간 정주사회의 단계

인구(인)		공간단위
1		인간(man)
2		방(room)
4		주거(drelling)
40		주거군(dwelling group)
250		소근린(small neighborhood)
1,500		근린(neighborhood)
9,000		소도시(small town)
5만		도시(town)
30만		대도시(large city)
200만		메트로폴리스(metropolis)
1,400만		연담도시(conurbation)
1억		메갈로폴리스(megalopolis)
7억		도시화지역(urban region)
50억		도시화대륙(urbanized continent)
300억		세계도시(ecumenopolis)

한다. 대체로 도시는 농촌보다 높은 인구 밀도를 갖는다. 그렇다면 어느 정도의 인구가 모여야 도시라고 볼 수 있을까? 독시아디스(Doxiadis)라는 학자는 인구규모를 기준으로 인간 정주사회를 15단계로 구분하고 있는데, <그림 1-1>에서처럼 도시는 8번째 단계이고 그 규모가 1,000~20,000 명 정도되어야 한다고 보고 있다.

그러나 인구규모에 의한 도시의 구분은 국가와 지역마다, 그리고 보는 관점에 따라 각각 다르기 때문에 일률적으로 정할 수는 없다. 우리나라나 일본과 같이 좁은 면적에 많은 사람들이 살고 있는 나라의 도시는 프랑스 나 호주와 같이 인구밀도가 낮은 나라의 도시보다 그 최소 인구규모가 커야 할 것이다. 예를 들어 프랑스와 독일은 도시의 최소 인구규모를 2,000명으로 보고 있으며 미국과 멕시코는 2,500명, 인도와 호주는 5,000 명을 도시의 최소 인구규모로 보고 있다. 반면 영국과 스페인은 도시의 최소 인구규모를 1만 명, 한국과 일본은 5만 명, 중국은 10만 명으로 보고 있다.

또한 도시민은 1차산업 종사자보다는 2·3차산업 종사자가 많다. 도시 화가 진행될수록 농·어업, 광업보다는 공업 또는 서비스업이 발달하게 되며 최근에는 정보통신산업에 종사하는 인구 비율도 높아지고 있다. 게다가 물리적 환경 면에서 도시에는 농촌에 비해 생활의 편리를 위한 인공시설들이 많이 존재한다. 예컨대 지하철이나 버스 노선이 정비되어 있고 극장, 쇼핑센터, 박물관 등 여가를 즐길 수 있는 시설들이 충분히 마련되어 있으며 교육을 위한 시설도 잘 갖추어져 있다.

정치·경제적 측면에서 본 도시는 관청이나 공공기관이 있는 행정 중심지이며 입지상 방어의 요충지이기 때문에 아주 오래전부터 도시를 형성한 곳도 있다. 또한 도시는 시민들의 경제활동이 가장 활발히 일어나는 곳으로 시장과 화폐, 무역, 금융 등이 발전되어 있다. 문화적으로도 도시에서 가장 세련된 사상이나 예술이 창조되고 전달된다.

와그너(Wagner)는 도시는 사고와 사고가 만나는 터전이자 사상의 용광로이고, 사람들과 사상들의 피난처일 뿐만 아니라 새로운 사상의 보고인 동시에 모험심이 강한 사람들이 모이는 곳이라고 정의한다. 이처럼 도시는 다양한 사람들 간의 교류가 이루어지기 때문에 새로운 이론이나 사상이 생겨날 수 있는 장소이다.

마지막으로 도시는 하나의 생활공간일 뿐 아니라, 도시 구성원들이 공동의 목표를 가지고 중심적인 가치를 이루어 나가는 하나의 사회공동체이다. 자연 친화적인 도시, 시민들의 삶의 질을 높일 수 있는 도시 등과 같이 도시는 나름의 목표를 가지고 있으며 이를 이루기 위하여 도시정부는 여러 종류의 제도와 기구를 만들고 시행해 나간다.

이처럼 도시는 농촌에 비해 인구밀도가 높고, 2·3차산업 종사자 비율이 높으며 인공시설들이 잘 갖추어져 있고 정치·경제·사회·문화적으로 중심이 되는 곳을 말하며 동시에 구성원들이 도시 나름의 가치를 실현해 나가는 하나의 사회공동체를 말한다고 볼 수 있다.

그렇다면, 이런 도시의 개념은 정보화·세계화의 흐름 속에서도 유효할까. 개인용 컴퓨터의 보급, 컴퓨터 통신 네트워크의 확대, 소프트웨어의 비약적인 발전과 같은 정보통신 혁명으로 인해 정보의 처리·접근이 쉬워져서 장소나 거리의 제약이 완화되고 도시에의 집중이 해소될 것이라고 보는 견해가 있다. 즉, 물리적 근접성에 기초한 집적의 이익을 누리기 위해 형성된 과거의 도시는 그 매력을 잃게 될 것이라고 보는 것이다. 그러나 정보기술은 교통수단, 노동, 생산·소비·유통체계 등의 요인이 복합적으로 작용하기 때문에 단순히 도시의 경계가 없어질 것이라기보다는 현재의 도시가 제공하는 서비스가 더욱 멀리 떨어진 지역까지 확대되어 거대도시권이 형성될 가능성이 더 높다. 또한 정보화 초기에는 고급인력이나 정보산업의 기반시설이 이미 확보되어 있는 도심으로 최첨단 산업이 집중될 가능성이 높다. 이외에도 다양한 도시 활동이 물리적 공간뿐만 아니라 전자적 공간(electronic space)에서도 일어난다는 점에서 '보이지 않는 도시(invisible city)'의 탄생을 지적하는 견해가 있다. 이것은 물리적 공간으로서의 도시와 가상공간에서의 도시가 공존하며 서로 복잡한 영향을 주고받는다는 것이다. 이러한 면에서 정보화가 도시에 미치는 영향은 산업화의 영향을 뛰어넘는 새로운 것이며, 정보도시가 갖는 문제점들을 새로운 시각에서 바라보고 해결해 나가야 한다는 과제를 우리에게 던져주고 있다.

고대 도시의 형성과정

지구상에 도시가 등장한 것은 신석기 시대인 B.C. 3500~3000년경이다. 인류는 도시를 통해서 문명을 만들어왔다. 사람들이 모여 살면서 신지식과 기술을 창안해내고 새로운 제도를 시행하는 곳이 바로 도시였기 때문이다. 초기 문명은 메소포타미아, 이집트, 인더스지역의 도시들을 중심으로 발생하였으며 황하 유역에서 중국 문명이 시작되었다.

메소포타미아는 티그리스, 유프라테스의 두 강 사이의 지역으로 사르곤 (Sargon), 아가데(Agade), 우르(Ur), 에레크(Erech) 등이 대표적인 도시이다. 이 지역은 개방적인 지형으로 민족 간의 교류가 활발하였고 일찍부터 도시가 성장하였다. 특히 바빌론의 도시는 사원을 포함하는 성곽 내에서 성장하였고 종교 중심지로서의 성격을 지녔다.

나일강 하류의 이집트에는 테베(Thebes)와 멤피스(Memphis) 등의 도시가 유명하였다. 이 지역은 정기적으로 범람하는 나일 강이 상류의 비옥한 흙을 날라주어 농사가 잘되었다. 이렇게 발달한 농업을 바탕으로 작은 도시국가(nomos)들이 세워졌고, 기원전 3000년경에 이르러 대규모의 치수와 관개를 위한 강력한 공동체의 필요성에 의해 이들을 통합한 통일왕국이 성립되었다.

기원전 2500년경에는 현재의 파키스탄과 인도지역에 해당하는 인더스 강 유역에 도시가 형성되었다. 모헨조다로(Mohenjodaro)와 하라파(Harrapa)가 대표적인 도시이며 상하수도 시설이 정비되어 있는 것이 특징이다. 중국 황하 강 중류에는 수많은 씨족국가와 작은 도시국가들이 존재하였는데 은나라의 도읍 상(商)이 대표적인 도시이다.

이와 같이 고대의 도시들은 강 유역에 형성되었고 당시 종교의 중심지이며 행정의 중심지였다. 메소포타미아, 이집트지역의 도시들로부터 영향을 받아 그리스, 로마의 서구문명이 발달하였고 중국 황하문명은 오늘날까지 지속되어 8세기에 한국과 일본으로 전파되었다.

그리스·로마 시대의 도시

그리스 도시들은 기원전 7~8세기에 출현하여 에게해 지역을 중심으로 번성하였다. 아테네는 가장 발달한 대표적인 도시국가였으며 종교적 중심지인 아크로폴리스(Acropolis)에 파르테논 신전이 있고 이것을 중심으로 시가지가 형성되었다. 또 아크로폴리스 주위에 개방적이고 불규칙한 형태의 아고라(Agora)라는 광장이 있어서 회의, 재판 및 사교 등 다목적 용도로 사용되었다. 또한 그리스 시대에는 대규모의 계획적 도시개발이 시작되었는데, 히포다무스(Hippodamus)는 격자형의 도로망을 발전시켜 밀레투스, 네아폴리스 등의 식민도시에 이를 적용하기도 하였다.

로마제국은 기원전 6세기경 도시국가로 출발하여 이후 공화정과 제국을 거쳐 4~5세기까지 유럽을 지배하였다. 그리스의 도시가 항구, 신전의 건축이나 도로망의 정비 등 도시미를 갖춘 데 비해 로마의 특징은 규모가 크고 잘 정비된 도로, 상하수도 시설 등 실용성을 갖춘 시설들이 존재한다는 점이다. 도시 중앙에는 포럼(Forum)이라는 광장이 있어서 공공 집회와 시장기능을 담당했고, 재판소와 상거래 장소를 겸한 바실리카(vasilicas)라는 공공건축물이 있었다. 이밖에도 시민을 위한 원형극장, 목욕탕, 도서관, 사원 등의 건축물이 들어서 있었고 인슐라(insula)라는 사회적 특권이 적은 계층의 거주지역이 존재하였다. 로마제국의 도시의 틀은 로마제국의 확대와 함께 런던, 브뤼셀, 파리, 비엔나 등 유럽 주요 도시들에 영향을 미쳤다.

중세의 도시

중세 도시는 '상업의 발자국' 위에 생겨났다고 할 수 있다. 농업 위주의 경제에서 소규모 상업과 원거리 통상이 생겨난 이후 도시의 발달이 가속화되었다. 농업생산력이 증대하고 소규모 시장이 형성되어 발전한 중세 도시로는 인구 5,000명 내외의 런던이 대표적이다. 또한 11세기 이후 십자군 원정에 의해 동서교역이 가능해지면서 발달한 도시들로는 국제무역의 중심지였던 제노바, 밀라노, 베네치아, 파리 등이 있다. 특히, 오스트리아의 잘츠부르크와 독일의 하이델베르크, 스웨덴의 스톡홀름, 스위스의 취리히는 중세의 대표적인 도시로 손꼽을 수 있다.

15~16세기의 르네상스 시기에는 대부분의 도시가 8각형, 성형(星形), 5각형 등의 형태를 취하고 있었으며 그 내부는 격자형 또는 방사형의 가로망이 계획되었다. 또한 바로크 도시형태는 프랑스의 베르사이유, 독일의 카를스루에 등의 도시에서 볼 수 있다. 바로크 도시의 특징은 기하학적인 형태와 전망을 가진 직선도로와 격자형과 방사형의 형태를 조합시킨 정원과 원형 광장으로 절대왕정 시기의 군주의 위엄을 드러내는 정형성과 형식미를 보여주고 있다.

근·현대의 도시

18세기 산업혁명으로 인하여 인간은 에너지를 사용하게 되고 이는 곧 과학기술과 교통의 발달을 통해 도시의 입지와 성장패턴에 많은 영향을 미치게 되었다. 과학기술의 도입으로 대량생산이 가능해지고 이것을 소비하는 상업활동의 증대로 도시는 생산과 소비활동의 중심지가 되었다. 농촌으로부터 인구가 대량으로 유입되는 도시화 현상이 급속도로 일어나면서 노동자의 열악한 생활환경, 위생문제, 주택부족 등 도시문제가 발생하였다. 이러한 도시문제를 해결하기 위한 사회개혁 수단의 하나로서 도시환경을 조성하고 바람직한 방향으로 유도하려는 근대 도시계획이 등장하게 되었다.

19세기 말 영국의 하워드가 주장한 전원도시는 이러한 거대도시의 문제점을 해결하기 위한 것으로 쾌적한 주거환경 확보, 과밀·과대도시의 폐해를 제거하기 위해 도시(town)와 전원(country)을 일체화하는 기법을 고안하였다. 그는 도시의 인구를 제한하고 도시 주위에 넓은 농업지대를 포함하며 도시 자체의 수요를 충족할 수 있을 정도의 자급자족이 가능해야 한다고 주장했다. 이러한 소도시들을 철도와 도로로 연결하여 전체 인구가 약 25만 명 정도여야 한다는 것이었다.

한편 르 꼬르뷔제(Le Corbusier)는 입체적인 교통시설을 이용하여 도시를 기능적으로 구성함으로써, 대도시에도 충분히 쾌적한 생활환경을 조성할 수 있다고 보고 1922년 '인구 300만의 도시' 계획안을 발표하였다. 그는 도시의 중심부는 60층 정도의 고층빌딩을 세우되 건물 사이에는 충분한 녹지를 조성하고 모든 교통이 중심부에 집중되도록 하였다. 대표적인 도시로는 잉글랜드의 버밍엄, 스페인의 마드리드, 미국의 뉴욕, 프랑스의 파리 등이 있다.

현대의 도시는 급격한 도시화로 인한 인구의 집중과 도시의 대규모화로 특징지을 수 있다. 1957년 고트만(J. Gottmann)은 미국 대서양 연안의 보스턴에서부터 남쪽 뉴욕과 필라델피아를 거쳐 워싱턴 D.C.에 이르는 각 도시가 띠 모양으로 연속되어 마치 하나의 도시활동을 하는 광역지역을 이루고 있음을 보고 이를 메갈로폴리스(megalopolis)라고 불렀다.

우리나라 도시의 형성과정

우리나라 도시 중 가장 오래된 도시는 고구려 초기의 수도였던 국내성으로 전해지고 있다. 국내성은 북방의 외적 침입의 위험을 고려하여 산성을 쌓아 만든 산성도시이며 압록강 북쪽의 만주 부근에 위치하였다. 이에 비해 신라 시대의 도성은 자연 발생적인 취락에서 시작되어 점진적으로 도시의 형태로 발전되었을 것으로 추측된다. 삼국 시대의 도시는 왕이 있는 수도와 지방행정의 중심지가 대부분이었고 이들이 점차 정치·경제·

<그림 1-2> 우리나라의 도시성장의 공간적 변화

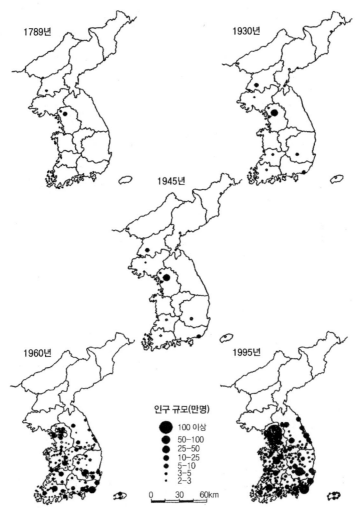

자료: 권용우 외, 『도시의 이해』(박영사, 1998), 37쪽.

행정의 중심지로 성장하게 되었다.

  신라의 삼국통일 이후에는 당나라의 주군제도를 모방하여 상주, 광주를 비롯한 9주와 충주, 서원 등 5소경으로 전국을 재편하였고 이들 도시들은 오늘날까지 지방의 중심도시로 성장하고 있다. 특히, 신라의 수도였던 경주는 지형상 왕궁의 주위에 나성이 없고 산성으로 둘러싸여 있는 것이 특징이다.

고려 시대에는 전국을 5도로 나누고 그 아래 주, 부, 군, 현의 행정단위가 있었다. 군사지역에 양계를 두었으며 수도인 개경 이외에 서경(평양), 남경(한양), 동경(경주)의 3경을 두어 중요시하였다. 고려 시대의 도시들은 정치와 군사의 중심지로서 대체로 성곽도시의 형태를 가졌고 농업과 수공업의 발달로 시장이 형성되어 경제적 중심지로서의 역할이 더해졌다.

조선 시대의 수도는 지금의 서울인 한양으로, 조선왕조는 전국을 8도로 나누어 관찰사를 배치하였으며 그 아래에는 부, 목, 군, 현의 지방행정단위가 있어 수령의 관할하에 두었다. 조선 시대 초기에는 행정중심지의 정치적 기능을 중심으로 도시가 발달하였으나 조선 시대 후기에는 상업 및 수공업의 발달로 16세기에는 시장이 전국적으로 확산되고 충청도의 강경, 함경도 원산, 전라도 전주 등이 상업도시로 성장하였다.

우리나라는 1876년 강화도 조약을 체결함으로써 일본에 의해 개항이 이루어졌다. 이와 함께 우리나라의 도시체계는 내륙지방의 도시에서 연안항구 도시로, 발전 방향이 급변하였는데, 이는 주로 생산물을 일본으로 반출하기 위한 것이었다. 당시의 신흥 도시는 부산, 인천, 남포, 원산, 대구 등으로 대부분 불평등조약을 통해 개항한 항구도시들이다. 1919년 한일합방 이후 1920년~1930년의 기간에는 일본의 식량기지화정책에 따라 호남지역의 농산물 집적지와 미곡 적출항이 발달했으며 함흥, 신의주, 청진, 목포, 상주 등이 신흥도시로 성장하였다. 일본은 1930년~1945년에 우리나라 도시를 공업위주의 병참기지로 만들었는데, 만주사변과 중일전쟁, 태평양전쟁을 수행하기 위한 자원 및 인력부족을 해결하기 위한 것이었다. 이 시기에는 산업동력이 개발되고 철도가 건설됨으로써 지역 간 교통망이 확장되어 도시 발달이 크게 확대되었다. 이때 도시의 정비에 관한 「조선시가지계획령」이라는 법령이 발표되었다. 또한 아오지, 회령, 강계 등과 흥남, 성진, 함흥 등을 잇는 북부 광공업도시가 성장하였고, 평양, 남포 등을 중심으로 관서 공업지대가 형성되었다.

1945년 해방 이후 해외동포가 귀국하면서 인구유입이 일어나 서울, 부산, 대구, 마산, 대전 등의 도시의 인구증가가 있었고 1950년 6·25 전쟁으로 인한 피난민 유입으로 부산, 대구, 광주, 대전, 전주 등의 인구가 늘어났다.

우리나라의 진정한 의미의 현대적 도시화는 1960년대부터라고 볼 수 있다. 제조업 중심으로, 기존 대도시의 기반시설을 활용하는 방향으로 산업전략이 추진되어 서울, 부산, 대구, 인천 등이 비약적으로 성장하였다. 또한 수출 및 내수산업 개발을 위한 공업화정책에 따라 울산, 청주, 여수 등에 공업단지가 건설되었고 1960년대 후반 고속도로 개통으로 육상교통이 원활해졌다. 1970년대 석유의 소비가 증가하면서 수입석유의 수송과 처리가 용이한 울산, 마산, 포항, 여수 등이 새로운 중화학 공업도시로 성장하였다. 1960년대 이후 우리나라에는 수도권으로의 인구집중으로 인한 위성도시 발달, 종주도시화, 그리고 거대도시화 현상이 나타나고 있다. 서울, 부산, 대구 등 대도시가 과대해짐에 따라 신산업 시설이 대도시 주변에 입지하고 있으며 1990년대 초 분당, 일산, 중동, 평촌, 산본 등 이른바 5개 신도시가 건설되어 주택이 대량 공급됨에 따라 도시로의 인구밀집이 촉진되었다. 2000년도 초반에도 신도시 개발은 계속되어 화성, 파주, 김포에 신도시를 건설 중에 있다. 그뿐만 아니라 국토균형발전 차원에서 추진되고 있는 행정중심복합도시의 건설, 지역경제 활성화 차원에서 추진되고 있는 기업도시 개발, 공공기관 이전과 연계되어 지역혁신을 창출하기 위한 혁신도시 건설이 추진 중에 있다.

종합해 볼 때, 근대적 의미의 우리나라 도시형성의 역사는 일제강점기

부터 시작되었으며 해방 이후 1960년대가 되어서야 도시관리의 제도적
기반이 형성되었다. 1970~1980년대는 성장과 개발중심의 도시정책으로
양적인 도시팽창이 심화되었다. 1990년대 이후에는 신자유주의와 세계화
사조의 영향으로 도시의 경쟁력이 강조되었고, 환경에 대한 인식변화로
지속가능한 도시발전이 중요한 정책변수로 등장하였다. 또한 정보통신
기술의 발달로 도시정보의 흐름이 네트워크화될 것으로 보이며, 이를 바
탕으로 한 거대도시권이 형성될 것이다. 도시 내부적으로는 지방자치와
분권화 경향으로 도시지배구조(urban governance)가 변화되고 있다. 이처럼
앞으로의 도시는 현대사회의 역동적인 변화의 소용돌이 속에서 도시민의
삶의 질과 경쟁력을 키워나가야 하는 과제를 안고 있다.

미래의 도시

현대사회는 산업사회에서 정보화사회로 이동하고 있다. 그렇다면 정보
화 시대 도시는 어떻게 변화할 것인가? 여러가지 견해가 있지만 종합해
보면, 다음과 같은 단계를 거칠 것으로 보인다. 먼저 대도시로의 집중과
교외화가 동시에 일어나서 대도시의 도심지에는 여전히 대기업 본사가
집중하고 주거 및 상업기능 등은 원격 의료서비스, 원격 교육 등이 가능해
짐에 따라 교외로 확산될 것이다. 또한 정보통신에 기반한 직종은 소음,
공해, 교통 혼잡과 같은 부정적인 외부효과가 없으므로 작업장과 주거지
역이 분리될 필요성이 적어질 것이다. 정보통신이 발달함에 따라 사람이
나 물건이 직접 이동할 필요성은 분명 적어질 것이다. 그러나 어디론가
이동하고자 하는 인간의 심리는 새로운 교통 수요를 창출할 것으로 보인
다. 한편, 정보화 진전으로 인해 디지털 정보에 접근하고 이를 이용할
수 있는 능력에 있어서 사회집단 간 격차 즉, 정보격차(digital divide)가

더 커질 것으로 전망된다. 카스텔(Castells)은 정보경제의 발전논리가 사회를 양극화시키고 문화를 고립시키며 공유된 공간의 이용을 분화시키는 현상을 더욱 심화시킬 것으로 보았으며, 이러한 도시를 이중도시라 불렀다. 이중도시란 한쪽에는 고부가가치를 생산하는 집단과 기능이 있고 다른 한쪽에는 가치절하된 사회적 집단과 쇠락한 공간이 있어서, 이 둘이 서로 공간적·사회적으로 양극화된 도시체계를 의미한다.

미래의 도시를 전망해 볼 때, 정보화 역시 장점과 단점을 가지며 이에 대비한 정책방안이 필요함을 알 수 있다. 특히, 정보화로 인한 사회적 불평등이 심화되지 않도록 정보네트워크 구축이 공공기관에 의해 이루어져야 하고, 시민단체의 감시역할을 강화하는 등의 노력이 필요할 것이다.

02 도시공간의 구조와 형태

황희연*

도시공간이란?

김씨는 도시 내 아파트가 밀집한 지역에 살고 있다. 평일 아침이면 버스로 30분 정도 떨어진 산업단지로 출근을 하고 주말에는 도심부에 있는 백화점에서 쇼핑을 하거나 가족들과 여가를 보내기 위해 도시 변두리에 있는 유원지나 동물원을 찾는다.

김씨의 일상을 통해 볼 수 있듯이, 우리 도시의 내부를 들여다보면 도시 내에는 여러 기능들이 분화되어 존재하고 있음을 알 수 있다. 사람이 거주하기 위한 주거공간, 재화를 생산하는 산업단지, 생산된 재화가 소비되는 상업지 등이 형성되어 있고 여가 및 문화생활을 즐기기 위한 공원, 유원지, 극장가 등의 문화공간들도 마련되어 있다.

이러한 기능들은 도시의 사회·경제적 특성에 의해 다양한 형태로 나타난다. 예를 들어 주거지역은 아파트 밀집지역, 단독주택 밀집지역 및 혼합

* 충북대학교 도시공학과 교수

지역 등으로, 산업단지는 중공업지역, 경공업지역 혹은 지식산업지역 등으로, 그리고 공원은 체육공원, 생태공원, 문화공원 등으로 분류된다. 이렇듯 도시는 인간이 필요로 하는 여러 기능을 담고 있는 복합적인 공간이며 도시민의 문화와 인류의 문명을 담고 있는 그릇에 해당된다. 도시공간의 구조와 형태에 대한 이해는 도시 내부의 기능이 어떠한 질서로 어떻게 형성되는지를 이해하는 것이다. 또한 우리는 도시공간구조와 형태의 이해를 통해 우리 시대의 삶과 문화를 이해할 수 있다.

도시공간은 어떤 형태로 이루어지는가?

도시 내 기능들은 일정한 원리에 의해 배열·조직되어 도시공간구조를 형성한다. 인간 활동에 필요한 기능들이 복합적으로 담겨 있는 도시공간은 주거활동이 이루어지는 주거공간, 노동과 업무 활동이 이루어지는 생산·서비스(상업·업무)공간, 위락과 문화활동 등이 이루어지는 여가공간, 그리고 이러한 활동들을 보조하기 위한 공간 등으로 구성되어 있다. 이들 공간들은 시대의 사회구조를 반영하고 있으며 같은 성격의 도시공간이라고 하더라도 사회현상에 따라 형태는 다르게 나타난다. 도시공간의 부분별 특성과 형태를 살펴보면 다음과 같다.

주거공간

주거공간은 인간이 생활하는 1차 생활공간으로서 도시민의 소득차에 의해 분리되는 경향이 있으며, 주택의 형태면에서 단독주택지역, 연립주택지역, 아파트지역 등으로 구분된다. 우리나라의 경우 저소득층은 판자촌, 달동네 등으로 불리는 곳에 많이 거주하고, 중산층은 아파트, 고소득층은 초고층 아파트나 고급빌라에서 거주하는 비율이 높다. 그러나 최근에는 정부의 적극적인 임대주택정책에 힘입어 저소득층의 주거형식이 임대 아파트 등으로 바뀌고 있으며 도시개발 방식도 다양화되고 있어 주거형식이 더욱 다원화되고 있다.

생산·서비스공간 : 공업·상업·업무지구

인간이 의·식·주를 지탱하기 위해서는 생활에 필요한 물질을 생산할 수 있는 노동공간이 필요한데, 이를 위한 장소를 생산공간이라 하며 2차 생활공간이라 부른다. 생산공간은 도시의 산업구조와 밀접한 관계를 가지고 있다. 도시에는 1차산업 활동을 위한 농경지는 감소한 반면, 2차산업 활동을 위한 공업단지와 3차산업 활동을 위한 상업·업무지구 등이 중심이 되어 생산·서비스공간을 형성하게 되며, 지식·정보산업 등 4차산업 활동을 위한 공간도 점차 확대되고 있다.

도시는 2·3·4차산업을 복합적으로 포용하고 있지만 산업구조의 비중에 따라 도시의 성격과 기능이 결정되기도 한다. 예를 들면, 2차산업이 중심을 이루고 있는 울산, 포항, 구미의 경우 산업도시로 불리며, 3차산업 중 관광산업이 주를 이루고 있는 서귀포, 경주 등은 관광도시로 불린다.

위락 및 문화공간

사람들은 먹고 자고 일하는 것 이외에 삶의 질을 높이기 위한 시간을 갖는다. 문명의 발달은 인간의 생산능력 향상과 함께 시간적 여유를 주었는데, 이는 여가활동으로 이어졌고, 소득수준의 증가에 맞춰 도시 내 위락 및 문화공간은 점차 증가하였다. 위락 및 문화공간은 사회현상과 연령계층, 소득계층에 따라 차이가 있다. 이러한 차이는 한 국가 내에서 지역별로

<그림 2-1> 도시의 주요기능

다르게 나타나기도 하지만 나라별 생활양식의 차이로 인해 매우 다양한
형태를 보이고 있다.

보조공간 : 도시기반시설

도시활동을 효과적으로 지탱하고 유지하기 위해서는 이들 활동을 보조
하는 공간이 필요하다. 도시의 보조공간은 도로, 철도, 통신, 상하수도,
에너지, 폐기물 처리 시설 등 각종 도시기반시설이 차지하는 공간이다.
공원·녹지시설도 도시기반시설로 정의되며 도시의 필수적인 보조공간에
포함된다. 오늘날 도시생활의 질을 판가름하는 지표가 보조공간의 수준에
달려 있을 정도로 보조공간은 도시민의 생활에 없어서는 안 될 중요한
공간이다.

도시공간구조는 어떻게 형성되는가?

우리가 생활하고 있는 도시의 공간구조는 어떤 요인에 의해서 생겨나는
가? 주거지역, 공업지역, 상업지역 등이 어떻게 형성되었으며, 각각의 규
모와 특성의 차이가 생기는 이유는 무엇일까?

일반적으로 사람들은 주거환경 조건이 좋은 곳에서 살기 원하며, 사무소나 점포를 구하는 사람은 가능하면 사람이나 자동차의 접근이 좋은 곳을 찾는다. 또한 공장을 지으려는 사람은 제품생산에 필요한 노동력과 원료공급이 용이하고 물건을 팔 수 있는 시장이 가까운 지역에서 생산활동을 하기 원한다. 이러한 조건을 가진 토지는 제한적이고 그 토지를 필요로 하는 사람은 많다. 따라서 토지를 두고 경쟁하며, 도시공간의 많은 부분은 시장체제의 경쟁 속에서 형성된다. 반면에 도시 내 토지이용의 효율성을 높이고 도시의 질서를 유지하기 위해 도시구조를 계획적으로 관리하기도 한다. 이처럼 도시공간의 구조는 다양한 요인에 의해 형성된다.

생태학적 요인

자연계에서 동식물들은 적자생존(適者生存)의 원칙에 의해 살아간다. 즉, 상호경쟁을 통하여 환경에 적응력이 높은 종은 해당 지역을 점유하고 그렇지 않은 종은 소멸되거나 타지역으로 이전하여 살아간다(천이현상). 이러한 생태적 현상이 도시 내에서 기능 간에, 혹은 소득계층이나 인종 간에도 나타난다. 도시생태학자들은 도시 내에서의 대표적인 지배적 기능

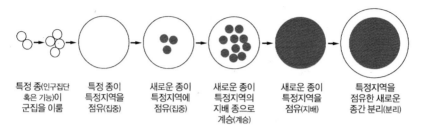

<그림 2-2> 생태학적 과정에 의한 도시공간 형성과정

| 특정 종(인구집단 혹은 기능)이 군집을 이룸 | 특정 종이 특정지역을 점유(집중) | 새로운 종이 특정지역에 점유(집중) | 새로운 종이 특정지역의 지배 종으로 계승(계승) | 새로운 종이 특정지역을 점유(지배) | 특정지역을 점유한 새로운 종간 분리(분리) |

을 상업·업무기능으로 보았다. 식물사회에서 우점종(dominant species)의 존재가 여타 종의 분포나 생존에 결정적인 조건을 부여하는 것과 같은 이치로, 상업지역이 도시 내의 여러 사회적 집단(인구 집단이나 기능 등)의 분포에 결정적인 영향을 미친다는 것이다.

또한 어떤 인구 집단이나 기능들이 영역을 침입(invasion)하여 종전의 점유자들을 밀어내고 지배하여 마침내는 그 공간을 완전히 계승(succession)하게 된다. 이러한 일련의 과정을 통해 결과적으로 새로운 인구집단이나 활동으로 토지이용이 분리(segregation)된다. 이는 자연생태계에서 식물이나 동물의 서식지가 분리되어 나타나고, 공생적 균형(symbiotic balance)을 통하여 종 간의 질서가 유지되는 것과 같은 개념이라고 본 것이다.

이와 같이 생태학적 요인에 의한 도시공간구조는 <그림 2-2>와 같은 과정으로 형성된다.

경제적 요인

도시 중심부는 도시 내에서 토지경쟁이 가장 활발한 지역이며 토지 가격이 가장 높은 지역이다. 따라서 적은 토지면적으로도 높은 부가가치를 얻을 수 있는 업종이 입지하게 되며 다른 지역에 비해 상대적으로 고밀의 토지이용을 보인다. 이러한 이유로 도시 중심부에는 고층 건물들

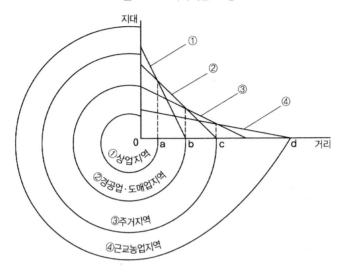

<그림 2-3> 지대이론 모형

이 자리를 잡는다. 도심으로부터 거리가 멀어질수록 도심으로 향하는 접근비용이 증가하게 되고 토지가격은 하락한다.

일반적으로 상업기능이 도시중심부에서 단위면적당 가장 높은 임대료 지불용의를 나타낸다. 그러나 도시중심부에서 멀어질수록 상업기능의 임대료 지불용의는 급격하게 낮아지게 되어 지대곡선이 가파른 경사를 보인다(<그림 2-3>의 ①). 이는 상업활동에 필요한 노동력 확보와 고객유치, 교통시설의 편리성을 도심부에서 취득하기가 가장 유리하며 도심부로부터 멀어질수록 수익성이 급격히 하락하기 때문이다. 이에 비해 단위면적당 수익성이 낮은 활동들은 접근성보다는 오히려 넓은 면적을 요구하며, 이러한 기능의 지대곡선 기울기는 도심과의 거리가 먼 활동일수록 완만하게 나타난다. 경제적 관점에서 볼 때 단위면적당 수익성이 높은 기능의 순으로 도심으로부터 상업지역, 경공업·도매지역, 주거지역, 근교농업지역이 나타나고 그에 따라 토지이용이 결정됨으로써 도시공간구조는 동심원 형태의 구조를 형성하게 된다.

그러나 현대도시에서의 접근성은 거리보다는 교통에 의해 많은 영향을 받고 있어 도시공간구조가 동심원을 형성하기는 현실적으로 어렵다. 또한 최근에는 정보통신의 발달로 인해 많은 부문에서 거리의 개념이 극복됨에 따라 도시공간구조도 새로운 변화를 겪고 있다.

정책적 요인

앞의 두 가지 요인이 사회·경제적 활동에 의한 자연적인 요인인 반면, 도시계획이라는 인위적 정책활동을 통하여 생태학적 요인과 경제적 요인에 의해 발생하게 되는 과열 경쟁을 조정하며 도시공간구조의 질서를 수립해 나가기도 한다.

도시계획은 도시의 개발·정비·관리·보전 등에 정책적 의지를 담은 정책수단으로, 공공의 안녕과 질서를 보장하고 공공복리를 증진하며 주민 삶의 질 향상을 목적으로 한다. 도시계획에서는 이와 같은 목적을 달성하기 위한 수단의 하나로 토지이용 행위를 규제하고 있는데, 이는 지역지구제를 통해 이루어지고 있다.

우리나라 지역지구제는 용도지역·용도지구로 나누어진다. 그 중 가장 주요한 수단이 용도지역이다. 「국토의계획및이용에관한법률」이 규정하고 있는 용도지역은 크게 4종류로 구분되며 각각의 종류와 지정목적은 <표 2-1>과 같다.

<표 2-1> 「국토의계획및이용에관한법률」 규정 용도지역

용도지역	지정 목적
주거지역	거주의 안녕과 건전한 생활환경의 보호
상업지역	상업과 기타 업무의 편익 증진
공업지역	공업의 편익 증진
녹지지역	자연환경·농지 및 산림의 보호, 도시의 무질서한 확산 방지

도시공간구조를 설명하는 다양한 이론들

도시가 성장함에 따라 도시공간구조를 설명하는 이론들도 점차 다양하고 복잡해 진다. 학자들은 도시공간구조를 어떻게 설명하고 있는지 알아보도록 하자.

중심적 축적 성장이론: 허드(R. M. Hurd, 1903)

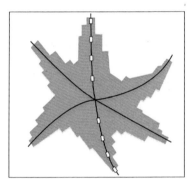

<그림 2-4> 허드의 성형 모형

1903년 허드는, 모든 도시는 도심을 중심으로 면적 형태로 성장하는 중심적 성장(central growth)과 철도·도로 등의 교통로를 중심으로 한 축적 성장(axial growth)을 한다고 주장했다. 이에 따르면 도시성장은 중심에서부터 운송로를 따라 축적으로 성장하려는 경향과 계속 중심부에 집중화하려는 경향 사이에 나타나는 균형점에서 이루어진다. 이런 형태의 도시 성장과 축적 성장은 처음에 주요 도로를 따라 중심에서 방사형으로 성장하다가 그 후에 사이를 채워나감으로써 성형(星形, 별모양)의 도시를 형성하는 특성을 지니고 있다.

지대이론에 근거한 방사형 팽창이론: 맥켄지(R. D. Mckenzie, 1925)

1925년 맥켄지는 허드의 지대개념에 근거하여 도시가 중심지역으로부터 지형에 따라 방사형으로 팽창한다는 것을 발견하였다. 그는 중심부에는 가난한 이민집단이 정착하고 그 외곽을 주거지대와 공업지구가 에워싸

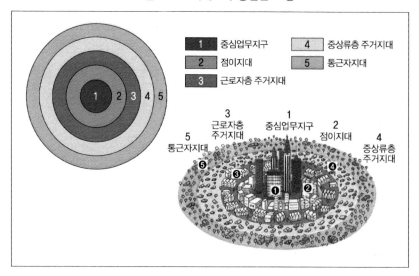

<그림 2-5> 버제스의 동심원 모형

1 중심업무지구
2 점이지대
3 근로자층 주거지대
4 중상류층 주거지대
5 통근자지대

3 근로자층 주거지대
1 중심업무지구
2 점이지대
4 중상류층 주거지대
5 통근자지대

게 되는데, 주민들이 사회적 지위와 인종에 따라 주거지역은 도시공간
상에 방사형 형태로 분포한다고 주장하였다.

동심원 이론 : 버제스(E. W. Burgess, 1925)

버제스의 동심원 이론은 미국 시카고 시를 사례로 연구한 『도시의 성
장』을 통해 1925년에 발표되었다. 당시 미국의 대도시에는 해외 이민자
와 농촌인구가 대량으로 유입된 시기였다. 일자리를 찾아 대도시로 몰려
든 사람들은 일단 도심부의 저급주택지에 정착한 후, 경제적 수준이 향
상되면 그보다 좋은 주거환경을 찾아 외곽으로 이동하게 된다. 이러한
과정에서 형성되는 동심원 지대를 버제스는 다음과 같이 설명하였다.

도심부에 해당하는 중심업무지구(제1지대)는 시민생활의 중심을 이루는
지역으로 사무소·쇼핑가·극장가·금융기관·호텔 등이 밀집되어 있다. 중
심업무지구 바로 외곽의 경계지역에 형성되는 점이지대(제2지대)는 본래

유부층이 거주하고 있었으나 중심업무지구가 확대되면서 유부층은 좋은 주거환경을 찾아 외곽으로 이동하게 되고, 그 자리에는 숙박업이나 경공업 등이 들어옴에 따라 상업·공업·주거기능이 공존하는 혼합적 토지이용지대가 형성된다. 점이지대 외곽에 형성되는 근로자층 주거지대(제3지대)는 점이지대에서 이주해 온 근로자들이 주로 거주하는 지역이다. 점이지대의 열악한 주거지역을 바로 벗어난 지역으로, 직장으로의 출·퇴근이 유리하기 때문에 근로자층이 주로 거주하게 된다. 그 밖으로 형성되는 중산층 주거지대(제4지대)는 중산층 주택과 고급아파트가 형성되는 지역이다. 교통의 중심을 이루는 곳에는 상점가가 형성되어 부도심으로 형성되기도 한다. 도시의 가장 외곽에 형성되는 통근자지대(제5지대)는 도시경계를 넘어서 승용차로 30~60분의 교통시간이 소요되는 지역에 형성된다. 이 지대는 고급주택이 산재해 있으며 거주자의 직장은 주로 중심업무지구 등 타지역에 위치에 있고 대부분이 승용차를 통해 출·퇴근을 한다.

이상과 같은 동심원 이론은 도시공간구조를 단순화하여 명쾌하게 설명하는 장점이 있지만, 실제 도시공간 상에서는 이 이론을 왜곡시키는 여러 변수(산·강 등의 지형, 교통망 등)가 작용하고 있어 많은 비판을 받아왔다. 그러나 그 기본개념은 오늘날까지 도시공간구조 이론의 핵심을 이루고 있다.

부채꼴 이론 : 호이트(Homer Hoyt, 1939)

호이트의 부채꼴 이론은 미국 내 142개 도시의 도시공간구조에 대한 분석결과를 토대로 연구된 「미국도시 주택지구의 구조와 성장」이라는 논문을 통해 1939년에 발표되었다. 호이트에 따르면 주택지구는 도시 중심에서 도시 외곽을 향해 방사형으로 형성되어 있는 교통로를 중심으로 확대된다. 이 과정에서 유사한 주택군들은 서로 모이게 됨으로써 부채꼴

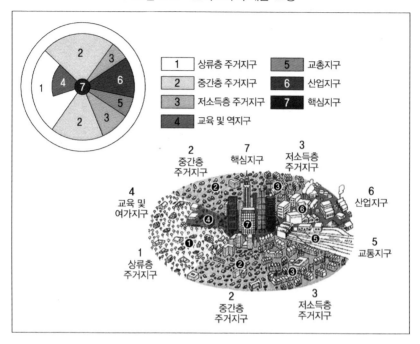

형태로 점차 외곽으로 형성된다는 것이다. 이때 상류층 주거지구가 먼저 형성되고 중류층 주거지구는 상류층 주거지구의 양측에 위치하는 경향이 있으며, 저소득층 주거지구는 반대측 방향이나 도시 중심부 바로 외곽에 많이 나타나게 된다.

또한 부채꼴 이론에 따르면 도시 중심에는 중심업무지구가 형성되고, 이를 중심으로 수로와 철길을 따라 경공업지대가 부채꼴 형태로 형성된다. 경공업지대에 인접하여 저소득층 주거지가 자리잡게 되고, 도시 중심으로 부터 거리가 멀어지면서 중류층 주거지 및 고소득층 주거지가 형성된다.

호이트의 부채꼴 이론은 많은 도시들에 대한 실증적 자료에 근거하여 만들어졌기 때문에 설득력을 얻었으며, 오늘날에도 널리 인정되고 있다.

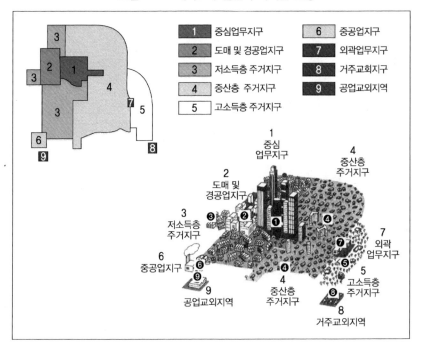

<그림 2-7> 해리스와 울만의 다핵심 모형

1 중심업무지구   6 중공업지구
2 도매 및 경공업지구   7 외곽업무지구
3 저소득층 주거지구   8 거주교회지구
4 중산층 주거지구   9 공업교외지역
5 고소득층 주거지구

다핵심 이론 : 해리스와 울만(C. D. Harris & E. L. Ullman, 1945)

   도시의 교통수단이 점점 더 발달함에 따라 도시공간구조는 더욱 복잡해져 이전의 이론들로는 충분히 설명할 수 없는 현상들이 발생하였고, 새로운 이론이 등장하였다. 그중 하나가 1945년 해리스와 울만이 「도시의 본질」이라는 논문을 통해 발표한 다핵심 이론이다.

   그들은 도시의 토지는 하나의 중심 공간에 의해 이용되는 것이 아니라 여러 개의 핵심 공간을 중심으로 토지이용이 이루어진다고 주장했다. 즉, 도시가 커지면서 도심부 이외에도 사람들이 집중하는 지역이 발생하게 되며 그러한 곳은 새로운 핵이 형성된다는 것이다. 해리스와 울만은 도시 내부에 핵이 형성되는 요인으로 다음의 4가지를 들었다.

제2장 도시공간의 구조와 형태 **3 5**

집적의 이익이란

마을에 식품가게가 몇 개 있었다. 수퍼마켓, 청과물 가게, 정육점이 가까운 거리에 있고, 이따금 생선장수 아주머니가 길가에 자리를 잡았다. 그런데 큰 변화가 일어났다. 누군가가 낡은 건물을 헐고 4층 건물을 짓더니, 1층 전체를 식품가게로 만들었다. 새로 생긴 하이퍼마켓은 늘 붐볐다. 사람들은 예전의 가게를 지날 때 미안해하면서도 이 큰 가게를 이용한다. 큰 가게의 채소·생선·육류는 보기에도 깨끗하고 싱싱하다. 대량으로 사와 대량으로 팔기 때문에 가격도 싸다. 사람들이 이 가게를 이용하는 이유는 또 있다. 같은 장소에서 여러 가지를 살 수 있다는 것이다. 채소·생선·육류·과일 등을 각각 다른 곳에서 팔면 소비자들은 여러 곳을 다니면서 구입해야 한다.

이처럼 서로 다른 여러 가지가 모이면서 발생하게 되는 이점을 집적의 이익 또는 규모의 경제(economy of scale)라 한다.

첫째, 특정한 요건을 필요로 하는 기능들은 요건이 충족된 지역에 집중하게 된다. 예를 들면 도매업지구는 교통이 편리한 외곽에, 공업지구는 지역 간 교통과 수자원 확보가 용이한 곳에 집중한다.

둘째, 같은 종류의 활동은 집적함으로써 집적의 이익을 얻을 수 있기 때문에 한 곳에 집중한다.

셋째, 집적함으로써 불이익을 초래하는 기능들은 서로 분리해 입지한다.

넷째, 어떤 활동은 중심부의 높은 지대를 지불할 능력이 없어 외곽의 일정 지역에 집중한다.

해리스와 울만의 다핵심 이론은 자동차가 일상화된 도시의 내부공간구조를 잘 설명하고 있다는 평을 받고 있으며, 현대 도시공간구조 이론의 중심축을 형성하고 있다.

사회지역구조 이론 : 머디
(R. A. Murdie, 1969)

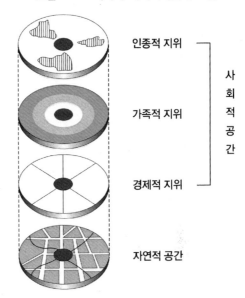

<그림 2-8> 머디의 사회지역분석 모형

1969년 머디는 미국의 여러 도시들을 대상으로 사회공간구조를 분석한 결과 세 가지 유형의 규칙성이 있음을 밝혔다. 그에 따르면 ① 사회·경제적 지위(직업이나 소득 등의 차이로 분류되는 계층)는 호이트의 부채꼴 이론과 유사한 공간이용 형태를 보이고, ② 가족구성이나 세대 유형은 버제스의 동심원 이론 형태를 나타내고 있으며, ③ 인종 그룹은 서로 다른 인종끼리 분리되어 독자적인 지역사회를 형성하여 다핵 패턴을 이루고 있다.

머디는 이와 같은 세 가지 차원으로 구성된 도시공간구조의 형성과정을 다음과 같이 설명하고 있다.

첫째, 인종 또는 민족에 따라 서로 다른 거주지를 형성한다. 소수민족끼리 각기 독립적인 거주지를 형성함으로써 여러 개의 거주지가 다핵 형태로 공간상에 분포하게 된다는 것이다.

둘째, 가족 수·자녀 수·연령·혼인상태 등의 가족구조에 따라서도 거주지가 다르게 형성된다. 젊은 소가족 세대는 도심부 가까이에 거주하려는 경향이 있고, 대가족 세대는 도시의 주변부나 교외지역에 거주하며 노년이 되면 다시 도시 중심부 가까이에 거주하는 것을 선호하게 된다. 이러한 경향에 의해 가족형태에 따라 도시 중심부를 기준으로 동심원 형태의 주거지를 형성한다.

셋째, 소득수준·교육정도·직업 등에 따라 주거지가 부채꼴 형태(sector)
로 형성된다. 서로 다른 사회·경제적 계층에 따라 고급주택지구와 저급주
택지구가 방사형으로 분포한다는 것이다.

이상과 같은 머디의 사회지역구조 이론은 현대도시의 공간구조를 설명
하는 이론의 완결판으로 인정받고 있다.

도시공간구조는 어떻게 변화하는가?

이상에서 살펴 본 도시공간구조는 시간의 흐름과 함께 끊임없이 변화하
여 왔다. 도시공간의 구조와 형태를 변화시키는 요인은 무엇인가? 무엇보
다 교통수단의 발달은 원거리 통행시간을 줄여 인간의 활동 범위를 더욱
더 확장시켰다. 이는 도시교외에 주거지역을 형성하는 계기를 마련하였다.
또한 건축기술의 발달은 초고층 아파트와 같은 다양한 형태의 주거환경을
만들어내어 우리도시의 모습을 변화시키고 있다. 정보통신의 발달도 도시
공간을 변화시키는 큰 요인으로 작용한다. 통신판매가 일반화됨에 따라
유통체계가 바뀌고 재택근무가 확대되기 시작하면서 사무실의 입지조건
이 바뀌고 있다. 이들 모두 도시형태를 변화시키는 데 영향을 미친다.
이렇듯 과학기술의 발달은 우리의 도시공간을 다양하게 변화시켜 왔다.

도시 내에 거주하는 사람들의 가치관에 따라서도 도시공간은 변화한다.
과거 개발지상주의 시기 도시공간의 구조와 형태는 산업과 경제 발전에
초점을 맞추어 형성되었다. 도로는 대량수송과 빠른 운송을 위해 직선형
의 넓은 형태로 만들어지고, 부족한 도로와 주차장을 확보하기 위해 개천
이 복개되고 하상도로가 생겨났다.

그러나 과거 무분별한 개발에 대한 반성과 함께 환경에 대한 인식이

도시와 도시 간의 공간구조 이론

* 중심지 이론: 크리스탈러(W. Christaller, 1933)

중심지 이론은 도시들의 중심지 간의 위치, 규모 및 분포 특성을 밝히고 있는 이론이다. 1933년 독일의 크리스탈러에 의해 제시되었고 1950년대 여러 학자들에 의해 체계화되었다. 중심지는 주변지역에 각종 재화와 용역을 제공하고 지역 간의 물자교환의 편의를 도모해 주는 장소를 말하며, 도·소매업, 교통·통신업, 행정·교육, 기타 서비스업과 같은 3차 산업의 기능을 공급하는 역할을 한다. 중심지가 미치는 영향권의 인구가 많을수록 중심지의 기능도 커지게 되는데, 중심지의 기능이 미치는 지역을 배후지라고 한다.

크리스탈러에 따르면, 중심지가 하나 존재할 경우 배후지의 이상적인 형태는 원형이나, 동일한 기능을 수행하는 중심지가 주변지역에 형성될 경우 중심지의 기능이 미치지 못하는 지역이 발생한다(<그림 2-10>의 C). 이러한 지역에 대해 중심지 상호 간에 경쟁이 일어나게 되고 이 과정에서 배후지의 중첩이 일어나게 된다(<그림 2-10>의 B). 그러나 거리가 증가함에 따라 접근하는 데 따른 비용이 증가한다고 보았을 때 배후지의 중첩이 일어나는 지역에서는 더욱 더 가까운 중심지를 찾게 될 것이고 그 과정에서 각각의 중심지는 육각형의 형태를 취하게 된다(<그림 2-10>의 A).

일반적으로 한 도시에는 규모를 달리하는 여러 개의 중심지가 존재하고 있다. 소규모 중심지를 통해 일상생활에 필요한 것들이 제공되고, 중규모 중심지에는 시장·은행·소규모 병원 등의 기능들이 위치한다. 대규모 중심지에는 지역중심으로서 교통·통신·금융·종합병원 등이 위치하여 넓은 지역에 재화와 용역을 공급한다.

중요해지면서 도시의 모습도 친환경적으로 변화하고 있다. 우리의 수도 서울의 모습을 보자. 복개된 도로와 고가도로로 덮여 있던 청계천변이 자동차 중심의 도로가 아닌 사람 중심의 도로로 바뀌고, 빌딩숲이 아닌 하천변 녹지대로 바뀌었다.

이렇듯 도시공간의 구조와 형태는 인간의 삶과 깊은 관계를 맺고 있다.

<그림 2-9> 크리스탈러의 '중심지 이론'에 나타난
중심지 위계에 따른 배후지의 범위

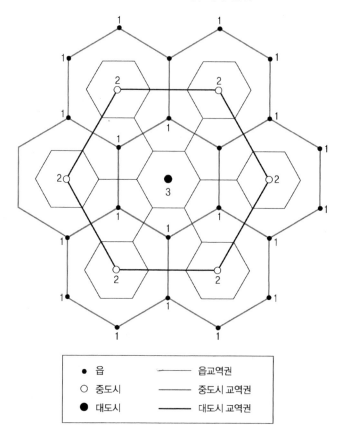

● 읍	—— 읍교역권
○ 중도시	—— 중도시 교역권
● 대도시	—— 대도시 교역권

<그림 2-10> 크리스탈러의 '중심지 이론'에 나타난
벌집형 중심지의 형성과정

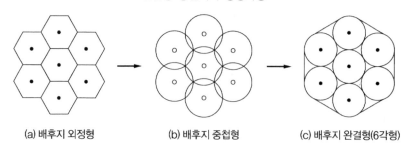

(a) 배후지 외접형   (b) 배후지 중첩형   (c) 배후지 완결형(6각형)

따라서 인간생활에 변화를 주는 요인은 도시공간 구조와 형태의 변화를 만드는 요인이기도 하다.

미래의 도시공간

이처럼 가치관의 변화와 과학기술의 발달은 우리 도시의 모습을 변화시키고 있다. 과거 우리 사회가 저지른 무분별한 개발에 따른 폐해는 우리 도시의 많은 부분을 멍들게 하였다. 다행이 최근 들어 산업사회를 거치면서 잃어버렸던 우리의 소중한 공간을 찾으려는 움직임이 여기저기서 활발히 전개되고 있다. 또 역사·문화적 가치를 발굴하여 우리 도시의 정체성을 보전하고, 친환경적 개발을 통해 자연과 더불어 살아가는 도시를 만들기 위한 노력이 전개되고 있다. 인간 중심의 계획을 통해 자동차보다 사람이 중심이 되는 교통망이 도시 곳곳에 확충되고 있어, 우리 삶의 환경은 더욱 풍요로워지고 있다.

또한, 현재 우리가 살고 있는 도시는 인터넷이라는 거대한 네트워크와 밀접한 관계를 맺고 있다. 인터넷을 통해 우리는 가상공간에서 원활한 커뮤니케이션을 할 수 있게 되었으며 대량의 정보 습득도 가능해졌다. 인터넷의 발달은 개인의 편익 향상에 국한하지 않고 도시나 국가 전역에도 영향을 주고 있다. 미래의 도시는 특정 지역을 기반으로 형성되어 발전되어온 과거의 도시들과는 달리 범지구적인 네트워크가 구축된 초광역적인 형태를 예고하고 있다.

우리는 도시공간의 구조와 형태의 형성원리와 변화에 대한 이해를 통해 바람직한 미래 도시상을 그릴 수 있다. 동시에 성장과 발전이라는 명제 아래 의미 있는 공간들을 잃어버리고 있지는 않는지도 고려해야 한다. 사이버 학교의 등장으로 우리의 학교가 과연 사라질 것인지, 대형할인점과 인터넷 쇼핑몰의 등장으로 인해 쇠퇴해 가는 재래시장이 경쟁논리에 의해 도태되는 현상을 어떤 시각에서 보아야 할 것인지를 숙고해 보아야 한다. 후손을 위해 미래사회가 요구하는 도시의 모습을 창출해야 할 책무가 있지만, 다른 한편에서 소중한 도시공간을 보존하여 물려주는 것 또한 이 시대를 사는 우리의 역할이기도 하다.

03 도시의 공공공간

도시의 공공공간이란?

도시에서 생활하고 있는 대다수의 사람들은 광장, 놀이터, 공원 등과 같은 공공공간(public space)에서만 공공의 삶(public life)이 이루어진다고 생각한다. 그러나 산업혁명 이후 나타난 개인주의적인 삶(privatization)의 추구로 공공의 삶은 급격히 변화되었으며 공공공간도 이러한 공공의 삶에서 나타난 광범위한 변화를 부분적으로 반영하면서 변화하고 있다. 그동안 역사를 통해 공공연하게 받아들여지던 공공의 삶에 대한 가정이 현대인들의 개인주의적 삶의 형태 및 도시의 분열화로 인해 현대사회에서 와서는 더 이상 받아들여질 수 없게 되었다. 과거에는 공공의 삶을 위해 필요했던 다양한 종류 및 일정규모의 공공공간이 현대사회에서는 반드시 필요한 것이 되지 않기도 한다. 예를 들어 과거에는 대면접촉을 통해 공공의 삶을 영위하였지만, 최근에는 화상 및 사이버공간을 통해 공공의 삶을 영위하기

* 연세대학교 도시공학과 교수

인센티브 조닝(Incentive Zoning) 제도

미국의 경우 1961년 뉴욕 시를 필두로 많은 도시들이 인센티브 조닝(Incentive Zoning) 제도를 도입하여 운용하고 있다. 이 제도는 도시건축을 통한 공공의 복리를 이루기 위해 강제로 규정하던 전통적 규제방식 대신 공익요소를 채택할 경우 용적률을 완화시켜 주는 등의 특징이 있다. 우리나라에서도 1991년 건축법 개정 시 최초의 인센티브제도라 할 수 있는 공개공지 규정이 신설되어 일정 규모 이상의 다중이용시설이 대지 안에 공개공지를 조성할 경우, 조성면적 비율에 따라 각종 규제를 완화해 주는 제도를 운영하기 시작하였다.

때문에 물리적 공공공간의 확보와는 다른 방향으로 공공공간의 종류와 규모에서 변화가 나타나고 있다.

우리나라는 전통적으로 사람이 살아가는 공간을 서구사회처럼 공적공간과 사적공간으로 엄밀히 구분하지 않았다. 하지만 서구화된 도시만들기를 통해 도시가 형성되어 가면서 공간에 대한 구분이 필요하게 되었다.

서구 도시에서 처음 공공공간이 사회적 관심이 되고 공공(the public)과 공공성에 대해 논의가 이루어진 것은 18세기 영국의 산업혁명 때부터이다. 점차 사회·병리적 문제로부터 벗어나 도시 내 건강, 안전, 화재 등과 같은 공공복리(public welfare)를 구현하기 위해 공공공간에 대한 관심과 공공공간을 조성하기 위한 운동이 대두되었다. 결국 공공공간의 개발과 설계와 관련된 사항들이 도시건축의 제도권 안으로 자리매김하기 시작했다. 구체적으로 용도지역제, 사선제한 등과 같은 규제를 통해 공공의 개입이 시작되었다. 초창기 공공개입방식은 대부분 강제적이면서도 규제 일변도였으나, 20세기 후반에 들어오면서 이러한 규제 위주의 개입방식에서 조금씩 탈피되었다.

도시공공공간의 용어

공공공간과 관련된 많은 용어들이 명확하게 정의되지 않은 채 혼용되고 있다. 여기에서는 공공공간을 논할 때 나타나는 용어들 가운데 토지와 관련된 공공공지 및 공개공지, 공간과 관련된 공개공간 및 공중공간의 의미에 대해 알아보기로 하겠다.

개념

토지적 측면에서 공공공지란 「도시계획시설의결정·구조및설치기준에 관한규칙제59조」에 의해 "시·군 내의 주요시설물 또는 환경의 보호, 경관의 유지, 재해대책 및 보행자의 통행과 시민의 일시적 휴양공간의 확보를 위해 설치하는 시설로 공유지에 조성된 공공성이 있는 공지"라고 정의되어 있다. 한편 공개공지란 1991년 개정 건축법에 처음으로 명기된 용어로 "사유 대지 안에 시민대중의 보행, 휴식 등을 위해 상시 개방된 장소"로 사유지에 조성된 공공성이 있는 공지로 구분된다. 공간적 측면에서 공개 공간이란 "건축물의 3층 이하 부분으로서 일반대중에게 상시 개방되는 건축물의 공간"을 말하며 공중공간이란 1층 이외의 층에서 일반대중이 이용하는 비영업용 공간으로 구분할 수 있다.

분류

도시의 지표면 위에 형성된 모든 것을 공간(space)이라고 광범위하게 정의할 수 있으나, 도시건축적인 측면에서 공간이란 건축물이 차지하는 공간을 뺀 나머지 부분이라고 정의할 수 있다. 하지만 이 또한 올바른 개념이라고 볼 수만은 없다. 왜냐하면 건물 내에 설치된 실내 공간이 공공

<그림 3-1> 공간의 도식화

	공간(Space)			
소유권	공적공간(Public Own Space)		사적공간(Private Own Space)	
개방성	폐쇄 (Closed to the Public)	개방 (Open to the Public)	개방 (Open to the Public)	폐쇄 (Closed to the Public)
위치		실내(Indoor) / 실외(Outdoor)	실외(Outdoor) / 실내(Indoor)	
이용자 측면	공공공간(Pubic Space)			

<그림 3-2> 공간 간의 관계성

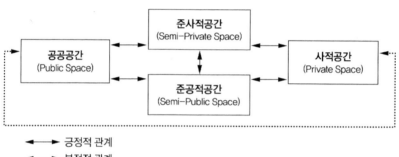

→ 긍정적 관계
⇢ 부정적 관계

공간으로 이용되는 경우도 있기 때문이다. 이처럼 공간에 대해 다양한 정의가 이루어지고 있으며, 이글에서는 다음과 같이 공간(space)과 공공공간(public space)에 대한 정의를 내리고자 한다.

우선, 소유권의 여부에 따라 공간은 <그림 3-1>과 같이 공적공간(public own space)과 사적공간(private own Space)로 나눠지고, 그러한 공간은 각각 일반인에 대한 개방 여부에 따라 공적공간은 '폐쇄된 공적공간 및 개방된 공적공간'으로 나눠지고, 사적공간은 '폐쇄된 사적공간과 개방된 사적공간'으로 분리된다. 특별히 개방된 공적공간은 준공적공간(semi-public space)으로 개방된 사적공간은 준사적공간(semi-private space)으로 분리할 수 있다. 또한, 공간이 어디에 위치해 있느냐에 따라 개방된 공적공간은 '실내형 또는 실외형 개방공적공간'으로 개방된 사적공간은 '실내형 또는 실외형 사적공간'으로 구분된다. 일반인에게 개방된 공적공간과 사적공간을 합쳐 공공공간(public space)이라 분리할 수 있다. 이용자 측면에서 본다면 공공공간(public space)이란 '공적공간 및 사적공간 중 일반인들에게 개방되어 있는 실내외공간을 모두 말한다'라고 정의할 수 있다.

사적공간은 개인, 가족 또는 개인 기업들이 소유하고 있는 영역(territory)을 말하는 것으로, 이들이 그들 나름대로의 친밀감과 격리된 느낌을 창출하기 위해서는 주변 환경과 철저히 분리되어 있어야 한다. 준사적공간은 비록 사적으로 소유된 공간이지만 소유자의 동의하에 또는 소유자의 의지에 의해 일반인에게 개방된 공간이다. 준공적공간은 공적공간 소유자들이 간판이나 상징물 등을 통해 일반인들의 사용을 알린 공적공간이다. 이러한 공간 간의 관계성은 <그림 3-2>와 같이 표현할 수 있다.

공공공간을 이루는 요소 및 시설물

공공공간을 형성하는 요소 및 시설물은 대지 안에 있느냐 또는 대지 밖에 있느냐에 따라 <표 3-1>처럼 구분된다. 지방정부에서는 도시 및 건축과 관련된 각종 사업계획수립 및 인허가 과정을 통해 공공공간을 조성하기 위한 많은 노력을 하고 있다. 예를 들어 서울시는 도심에서 추진

<표 3-1> 공공공간을 이루는 시설물

구분	요소	시설
대지 안	보행관련요소	보행자 진입, 1층 출입구, 차량 출입 등
	대중교통연계	건물 내 외부공간의 연결시설(썬큰, 지하철 진출입로 등)
	대지 내 보행로	보행자 연결통로, 확장보도, 단지 내 도로 등
	휴식공간 관련요소	옥내외 휴게소, 문화공간, 공개공간, 공개공지 등
	녹지공간 관련요소	지상부 조경, 실내조경 등
대지 밖	도로, 공원, 공용주차장, 녹지, 하천, 공공공지, 광장 등	

　단독주택의 경우 단독주택이라는 영역 안에 형성된 준공적공간과 준사적공간
은 새로운 공간을 만들어낸다. 즉, 공동공간(communal space)으로 거주민들의 안
전성을 증진시킬 수 있는 공간이 된다. 공공공간과 준공공공간이 많이 존재할 경
우 도시민들은 사회구성원으로 사회에 속해 있다는 느낌과 다양한 사회구성원
들을 만나고 이들과 여러 가지 활동들을 할 수 있는 공간이 된다. 이러한 공간들
이 어디에 위치하느냐에 따른 공간들의 관계는 매우 중요하다. 공간이 형성되는
장소, 그리고 공간 간의 연결은 특히 주거지개발에 있어서 매우 중요하다. 이러
한 공간이 잘 어울려야 거주자들의 안전성과 편리성 등이 조성될 수 있는 것이다.

되고 있는 도시환경정비사업의 경우, 공공성확보 및 공공공간을 마련해
주기 위해 사업 시행자들에게 각 구역마다 일정비율에 따라 공공용지를
확보하도록 하는 '공공용지부담율'이라는 내부규정을 시행하고 있다.

공공공간의 필요성, 권리, 그리고 의미

공공공간의 필요성

　공공공간의 필요성은 인간 활동의 여러 측면과 관련되어 있는데, 여기
에는 사회적·물리적 편안함, 안식, 참여 및 장소성 고양 등이 포함된다.
좋은 공공공간이란 이러한 요구사항들을 충족시키는 공간을 말한다.

　• 편안함과 안식　　사람들은 일상적인 도시의 삶으로부터 벗어나
어느 정도 편안함을 느끼며 피곤할 때 잠시의 휴식과 휴양을 마련해 줄
수 있는 장소를 찾게 된다. 와이트(Whyte, 1980)는 공공공간 이용자들에게

"공공공간이 사람들에게 매력을 이끄는 이유는 무엇인가?"라고 물었을 때 그들은 탈출(escape), 휴식처(oasis), 피난처(retreat)와 같은 용어들을 사용해 답했다고 한다. 편안함과 안식은 또한 날씨, 보호처 및 앉는 장소와 같은 물리적 장치들과 사용자의 목적 등과 관련이 있다. 또한 머무는 시간은 개인의 성향과 상관관계가 있지만 편안함과 안식의 정도는 사람들이 장소에 남아있는 시간과 함수관계를 가지고 있다고 본다.

• **참여(참가)**   도시의 활력(livability)은 일반인들에 의해, 그리고 그들의 다양한 활동에 의해 측정될 수 있으며 공공공간은 도시의 활력을 향상시키는 매우 중요한 요소 중의 하나이다. 또한 도시 내 보행활동의 주요한 결정인자 중의 하나는 주변 환경이 조성해 주는 경험의 특성에 달려 있다. 도시의 많은 인구는 좋은 환경을 조성하기 위한 주인자라고 할 수 있는 법석거림, 다양성과 흥미를 창출할 수 있는 기반이 된다. 사람들은 공공공간을 사용하고, 공공공간의 점유자가 되고, 다른 사람들과 교류하고, 쇼핑을 하고, 거리의 활동에 참여하는 주체가 될 뿐만 아니라, 공공공간에서 다른 사람을 관찰하고, 이야기하고, 공공행사를 관람하거나 참여하는 행동들을 한다. 사람들을 관찰한다는 것은 도시공간에서는 종종 이루어지는 일반인들의 활동 중의 하나이다. 와이트는 도시공원과 플라자의 사용자들이 도시의 활력을 찾고자 하며 도시의 삶에 어떤 형태로든 참여하려 한다고 보고하고 있으며, 린데이(Lynday, 1978)의 경우에도 사람들이 선호하는 좌석은 보행인들이 많이 지나가는 곳으로 사람들을 바라다볼 수 있는, 특히 거리의 모퉁이라고 하였다.

• **장소성 증진**   장소성이란 장소의 정체성을 표현하는 것으로 그 장소를 체험하는 사람들의 정신적 이미지에 근거를 두고 있으며, 사람들

은 그 장소가 갖는 자연적이고 사회적인 현상을 통해 장소를 이해한다. 공공공간이 필요한 이유 중의 하나가 바로 이 장소성의 증진이다. 민간기업에 의해 제공되는 성공적인 공공공간은 조성된 곳의 장소성을 증진시킬 뿐만 아니라 기업의 이미지를 긍정적으로 변화시킨다. 서울의 도심에서 조성된 공공공간으로 그곳의 장소성을 나타내주는 곳으로는 을지로 2가의 금수강산공원, 종로의 파고다공원, 태평로의 삼성본관 플라자 등등이 있다. LA나 샌프란시스코에 있는 기업이 조성한 플라자의 경우, 방문자들이 와서 즐기고 상호 교류를 할 수 있는 곳으로 조성되고 있다. 잘 설계되고 조성된 공공공간은 사람들을 유인할 뿐만 아니라 동시에 건물소유자, 개발자, 부동산 시장, 사용하는 기업에게도 경제적 이익을 가져다주는 것으로 연구 발표되고 있다. 루카이터 사이드리스(Loukaitou-Sideris,1993)는 "공공공간을 조성한 그들 사업의 풍요성은 결국 그들에게 경제적 이익을 가져오고 있다"라고 하였다.

공공공간의 권리

공공공간은 일반적으로 공공기관에 의해 조성되고 관리되며 공공공간을 사용하려는 사람들에게 접근이 가능한 장소로 정의된다. 하지만 도시환경 정비개선사업에 있어 민간기업의 높은 참여는 공공공간에서 시민의 권리를 제한하거나 포기하도록 하는 등 많은 갈등을 일으키고 있다. 실질적으로 준공공공간과 사적공간에서의 자유와 규제는 공공공간과 매우 다른 모습을 보인다. 진정한 의미의 공공공간이란 모든 사람들이 접근할 수 있으며, 사용자들에 의해 관리되고, 사용자들이 시설물들을 그들의 사용용도에 맞도록 자유롭게 위치를 변경시키거나 조작할 수 있는 권리가 필수적으로 부여되어야 한다. 예를 들어 의자를 이동시켜 여러 사람들이 둘러앉을 수 있도록 하는 것들이 이러한 권리의 한 예가 될 수 있다.

• **접근성**   접근성은 공공공간 논의의 가장 큰 쟁점으로서 "특정 공간에 누구를 들어오게 하고 누구의 접근은 규제하여야 하는가?"라는 문제이다. 린치(Lynch, 1981)에 의하면, 진정한 공공공간이란 일반인에게 개방될 뿐만 아니라, 서로 다른 집단과 활동들의 접근이 가능해야 하고, 같은 맥락하에서 공공공간에 들어가기 위한 접근성은 공공공간에 대한 기본권리 범주 안에 포함되어야 한다. 물리적인 측면에서 공공공간은 보행을 위한 진출입구에 어떠한 걸림돌도 없어야 될 뿐만 아니라 보행순환로와 잘 연결되어야 한다. 최근 국내에서의 무장애 도시건물에 대한 관심은 이러한 측면을 반영하고 있다. 뉴욕의 조닝규제에 따르면, 공공공간은 대중의 이용과 즐거움을 위해서 항상 일반인에게 개방되어야 한다고 규정하고 있다. 인접보행로와 공공공간의 연결은 접근성의 측면에서 매우 중요한 요소이다. 우리나라의 공공의 삶과 공공의 활동은 미국과 상당히 다르지만, 공공공간에서의 권리 중의 하나인 접근성은 반드시 보장되어야 할 기본적인 것이다. 따라서 도시환경 정비사업과정에서 조성되는 공공공간에 대한 일반인들의 접근성을 보존하거나 증진시키는 지침을 마련하는 노력이 더욱 더 필요하다.

• **활동자유**   활동자유란 공공공간이 공용(share)하는 공간이라는 것을 인정하면서 사람들이 원하는 공간을 사용하는 것과 활동들을 수행할 수 있는 능력의 정도를 언급하고 있다. 이러한 활동자유는 공공공간에서 사람들의 자유를 극대화시키도록 하는 공공공간의 조건과 이를 위한 공간설계의 총체적 결과물로 볼 수 있다. 그러나 몇몇 개인소유 공공공간은 특정한 사람들에 대해 강한 배타성을 보여주고 있다. 쇼핑공간에서의 선전 전단지 나눠주기나 연설과 같은 활동들은 강하게 제한되고 있으며, 이것은 공공공간에서의 권리에 대한 갈등을 보여주고 있는 대표적인 예이

다. 공공장소에서의 일정활동에 대한 자유권리는 민간과 공공의 협력 또는 사적관리의 증가로 더욱 더 제한될 것이다. 한국 사회는 미국과 같이 다원적민족의 집합체가 아닌 단일민족으로 구성되어 있어 공공공간에서의 인종에 따른 차별과 분리 같은 심각한 문제가 나타나지 않지만, 세계화의 추세와 외국인 노동자들의 증가 등으로 인해 무시할 수 없는 부분이되고 있다.

• **규제 및 변경**　　개인이건 집단이건 종종 그들의 활동 및 의견표출을 위해 공공공간을 필요로 한다. 이를 위해 공공공간의 관리자에게 공간사용에 대한 허가를 요청하거나 허가가 필요 없는 경우 자유롭게 그 공간을 사용하기도 한다. 어느 경우이건 공공공간의 사용자들은 공공공간에 주어진 유무형의 규제에 따르기보다는 그들의 의사전달 효율성 또는 이용의 편리성을 위해 주어진 공간을 변경시키려는 경향을 가지고 있다. 하지만 이러한 사용자들의 욕구 및 행태에 부응하도록 마련된 공공공간은 매우 적다. 예를 들어 도심에 형성된 많은 공공공간 중 일부 외부공간을 제외하고는 이동할 수 있는 의자나 테이블 등조차 마련되어 있지 않아 주어진 조건과 규제 속에서 이용할 수 밖에 없는 경우가 많다. 이러한 공공공간에 조성되어 있는 시설물들과 공간이용에 대한 규제에 대응하여 자신들의 요구에 적합하게 변경하려는 공공공간 사용자들과 관리주체 간의 갈등이 증폭될 것이라고 예견된다. 따라서 공공공간에 대한 규제를 완화하여 사용자들이 효과적으로 이용할 수 있도록 하는 노력은 공공공간의 이용을 촉진시키고 사용자들의 권리를 배려한다는 측면에서 매우 중요하다.

공공공간의 의미

의미 있는 공공공간은 개인과 집단을 연결해 주어야 하며, 도시에 마련된 자연 요소들을 극대화시키기 위한 기회를 마련해 주어야 한다. 따라서 이러한 연결을 가능하게 해주는 진정한 공공공간이란 과거에 대한 의미와 향수를 불러일으켜야 한다.

공공공간의 긍정적 의미는 사람들 간의 긍정적인 연결에 의해서 만들어진다. 개인 간의 연결은 개인 삶의 역사와 개인적인 경험뿐만 아니라 공공공간에서 만들어진 개인들의 경험으로부터 나온다. 개인적인 연결은 주로 사적인 것이며 개인의 어린시절, 중요한 사건들, 특별한 외부공간들을 포함하고 있다. 공공공간은 도시거주자들로 하여금 과거를 생각나게 하고 공공공간에서 일어났던 역사적인 사건들을 가르치기도 한다. 파고다 공원에서의 기미독립선언들이 그러한 예가 될 수 있다.

공공공간의 규칙적인 사용은 그 공간을 규칙적으로 사용하는 가족, 친구와 지인들과의 연결을 만들어준다. 우리나라의 도심에는 사람들이 어린시절을 회상하고 과거와 현재까지의 기억을 연결시키는 공공공간이 상당히 부족한 편이다. 따라서 과거와 현재를 연결시키고 개인과 집단을 서로 연결시키는 의미 있는 공공공간이 일반인들을 위해 필요하다.

공공공간 조성 사례

공공공간은 사회를 구성하고 있는 일반인(public) 들의 공공복리(public welfare) 달성과 도시환경정비사업이 가지는 공공의 목적을 동시에 달성하는 척도로 간주될 수 있다.

우리나라의 경우 도시환경정비사업은 1970년대 말부터 시작되었다. 그러나 대부분의 사업은 시작 초부터 사업의 적정성과 부정적인 결과로 인해, 끊임없는 비판을 받아왔다. 한 예로 서울시는 도시환경정비사업을 통해 물리적인 환경개선의 급격한 변화만 강조한 나머지, 사업이 가져다

| 왼쪽 | 오픈카페와 폭 좁은 보행로　| 오른쪽 | 청계천 복원 보행공간

주는 도시 내 공공공간에 대한 영향과 정비구역 내 시민들에 대한 영향에
관해 과소평가하였다. 그와 더불어 서울시는 공공자금의 부족이라는 명분
으로 도시환경 정비부문에 대한 민간부문의 역할을 강조했으며 사업에
대한 공공의 적극적인 참여를 꺼렸다. 결국 서울은 도시환경정비사업으로
인해 공공공간의 사유화, 도심공간의 기업위주 공간변화, 도심 내 주택부
족, 도심 내 거주자의 감소 등과 같은 많은 부정적인 결과를 양산하였다.
위에서 논의된 공공공간의 의미적 측면을 염두에 두고 도시환경정비구역
을 살펴보자.

종각역 주변

　옛 화신백화점을 재개발하여 1999년도에 준공된 종로타워 내 옥외 간
이식당가(Food Court)의 지하광장에서는 공연을 할 수 있는 공공공간도
마련되어 있었지만, 회전문을 들어서는 순간 문 앞에 붙여진 경고문(음식
을 먹는 것 이외의 다른 행동은 규제됨)을 볼 수 있었다. 넓은 의미에서 이곳은
시민들이 자유롭게 이용할 수 있는 개방형 사적공간으로 볼 수 있지만,
영역권의 관점에서 볼 때, 개인소유의 영역으로 일단 들어오면 일반인들

| 왼쪽 | 건물 사이에 돌출된 설비시설 | 오른쪽 | 을지로 1가 구역 내 썬큰

의 활동자유가 규제될 수도 있음을 단적으로 보여주고 있다. 공공공간에
서의 활동자유 규제현상은 민간 위주의 재개발이 증대될수록 준사적공간
의 증가와 더불어 가속화되고 있는 실정이다. 한국관광공사 건물 내 지하
에 마련된 정보센터는 일반인들이 편안하게 관광정보를 얻고 한국을 소개
하는 활동에도 참여할 수 있는 장소로 앞의 옥외 간이식당가와는 대조적
인 개방형 공적공간임을 보여준다. 건물 정면에 마련된 공개공지는 상당
기간 동안 주차장으로 사용되어 왔으나, 현재는 정보센터를 연결시키는
지하 출입구와 오픈카페를 조성해 놓았다. 하지만 이로 인한 보도폭 감소
와 더불어 청계천 공사로 인해 파손된 보도블럭들로 다음 목적지로의
이동을 어렵게 만들고 있다.

다동구역: 을지로 1가 구역 주변

지하에서 나와 예금보험공사와 한미은행 본점 빌딩으로 가는 길에는
관광공사 앞 인도에서 느꼈던 불편함을 씻어주듯 폭넓은 보도를 만날
수 있다. 하지만 두 건물 사이로 돌출된 설비시설은 무교동까지의 보행과
시각적 연결성을 단절시키고 만다. 한미은행 본점을 돌아서면 부분적으로

| 왼쪽 | 건물 사이에 조성된 쉼터 | 오른쪽 | 조경과 벤치가 함께 조성된 모습

조성된 '다동공원'이 아는 이들만을 반겨준다. 아직 완성된 모습의 공원은
아니었지만 조그만 정자와 함께 조성된 이곳이 앞으로 도심 속의 훌륭한
오아시스가 될 것을 기대해 본다. 하지만 가벽너머 공터에는 나부끼는
새마을 깃발과는 대조적으로 배달용 가스통들이 가득 차 있어 도시민들의
안전을 위협하고 있다.

아직 정비되지 않은 정다운 골목길을 따라 걷다보면 서울 시청의 동측
출입구가 보인다. 경찰차와 울타리로 접근이 어려웠던 이곳이 이젠 새롭
게 조성된 공원으로 일반인들을 반겨주는 곳으로 변화되었다. 하지만 그
것도 잠시, 정면으로 펼쳐진 중세 성곽과 같은 롯데호텔의 거대한 맹벽
(blank wall)과 호텔들 사이로 간신히 존재를 나타내고 있는 '원구단'의
모습은 역사보존에 대한 시민들의 노력이 더욱 필요함을 느끼게 한다.

전철역과 을지로 1가 구역을 지하로 연결시키는 삼성화재 지하통로와
썬큰(sunken)을 뒤로하며 국제빌딩과 동부 다동빌딩으로 가다보면 두 건물
사이에 조성된 '쉼터'가 있다. 이곳은 한여름의 뙤약볕에 지친 보행자를
위한 안식처가 되고 있다. 하지만 쉼터와 LG 다동빌딩 사이에 조성된
공개공지들은 조경만 된 곳도 있고, 조경과 휴식을 위한 벤치가 함께 있는
곳도 있고, 혹은 차량을 위한 출입구와 주차공간만으로 사용되는 곳도

| 왼쪽 | 서린구역 내 공영주차장 | 오른쪽 | 서린공원

있어 빌딩소유주들의 공공공간에 대한 인식차를 느낄 수 있게 해준다.

서린구역 주변

광교사거리를 지나 영풍문고빌딩 옆에는 "감전될 수 있으니 조심하십시오!"라는 무시무시한 문구가 화단 위에 붙어있어 일반인의 접근을 차단하고 있다. 모서리를 돌아서면 알파빌딩 사이로 공영주차장이 있다. 알파빌딩 옆에는 버스를 기다리는 이들을 위한 듯 보기에도 초라한 1.5층 건물이 있는데 이 건물은 재개발의 거센 개발압력에도 불구하고 살아남아 과거와 현재를 연결해 주고 있다. 바로 그 옆엔 청계천과 종로를 남북으로 연결시키는 '서린공원'이 조성되어 있었지만 양쪽 입구에는 "여기는 시민을 위한 공원이니 편히 쉬십시오"라는 안내표지판조차 하나 없어 마치 옆에 있는 거대한 SK빌딩의 부속정원인 듯한 느낌마저 들게 한다. 건너편 종로 보행로 뒤쪽으로는 바쁘게 지나가는 보행자와는 대조적으로 피맛골의 재개발 공사가 한창 진행 중이다. 인주빌딩을 돌아 청계천으로 내려오면 그 옛날 유명한 무교동 낙지골목에 대한 향수를 느끼게 하는 몇몇 음식점들이 간신히 명맥을 유지하고 있다. 청계천 복원에 따른 개발압력

속에 얼마나 오랫동안 그들이 버틸 수 있을까? 이런 것들은 '그곳의 과거, 현재와 미래를 연결시켜 주며 사회적 맥락을 표출시켜 주는 장소' 역할을 충분히 수행하는 곳이다. 청계천 고가가 완전히 사라지고 새롭게 복원된 광교와 청계천 모습이 한눈에 들어왔다. 반짝반짝 빛나는 대리석들로 된 조경과 몇 그루의 소나무들 그리고 관심 없는 보행자들은 그냥 지나쳐버릴 벽천과 대나무가 있는 썬큰이 SK빌딩 앞에 조성되어 있다. 썬큰을 향해 마련된 구내식당은 여름의 운치를 즐기기 위해 인근 직장인들도 가끔 이용한다고 하지만 보행로에서 내려가는 계단은 가파르기만 하다. 계단이용이 어려운 장애인들은 어떻게 접근할 수 있을까?

공공의 삶을 위한 공간

도시에 형성된 많은 공공공간은 공공의 삶과 도시문화를 위한 역할이 도외시된 채 점점 상업적이고 기업적인 목적에 부응해서 조성되고 있다고 해도 과언이 아니다. 몇몇 연구는 공공공간의 감소는 공공의 삶의 감소에 기인한다고 말한다. 하지만 공공의 삶은 사라진 것이 아니고 단지 공간적 또는 비공간적 배경의 넓은 범위 안에서 변형되거나 새롭게 나타나고 있는 것이다. 공공을 위한 공공공간은 발전되거나 재창조될 뿐만 아니라, 이용할 수 있는 인접거리에 있는 사람들에게 사랑받고 그들의 삶에 기쁨과 의미를 준다.

많은 사람들은 도시에서 태어나 그들 삶의 대부분을 그곳에서 보내며, 개인의 삶이 주로 이루어지는 집과 개인소유 건물들 내 사적공간에는 많은 관심을 갖지만, 다른 이들과 함께 공공의 삶을 나눌 수 있는 공공공간에 대한 관심은 그리 많지 않은 듯하다.

토지에 대한 자본논리와 개인주의가 가장 팽배한 도심에서, 특히 공공공간이라는 것들이 미력하지만 공공복리를 증진시키기 위해 만들어지고 있다는 사실을 알고 있는 사람은 그리 많지 않을 것이다. 지식문명의 급속한 전파와 더불어 새롭게 변화되어가는 공공의 삶을 그나마 함께 할 수 있는 도심 속의 공공공간을 계속해서 조성해야 한다. 그리고 그러한 공공공간들이 서로 다른 사람들의 필요를 충족시키고 모든 이들에게 접근가능하고, 활동의 자유를 마련하고 사용자들의 조정과 변경을 가능하게 하며, 개인과 집단 간의 연결을 증진하고, 지속가능한 환경이 되도록 노력해야 할 것이다.

04 도시의 외부공간

구자훈*

도시의 외부공간이란?

우리는 다른 나라를 여행할 때 거리나 공원과 같은 도시의 외부공간에서 주로 그 도시를 경험하게 된다. 시간의 켜가 차곡차곡 쌓인 유럽의 도시들이나 아시아의 옛 거리에서 우리는 그 도시의 문화와 역사, 그리고 그 사회의 한 단면을 엿볼 수 있다. 활기찬 거리의 모습에서, 때로는 숲과 조각이 어우러진 공원에서 여유롭게 거니는 사람들의 모습을 통해서 우리는 여행의 기쁨을 느끼게 된다. 그리고 우리네 삶의 행태와 모습을 되돌아보게 된다. 그러고 보면 도시에 살고 있는 우리들에게 가로나 길, 공원 등의 도시의 외부공간은 우리가 집이나 학교, 직장에 머무는 시간을 빼고는 대부분의 시간을 보내는 곳이다. 이곳에서 우리는 사람을 만나기도 하고 거리의 풍경을 보고, 듣고, 즐기며 살아가고 있다.

이런 시각으로 우리나라 도시의 모습을 돌아보면 아스팔트로 뒤덮인

* 한양대학교 도시대학원 교수

혼잡한 도로와 건물 사이의 황량한 주차장, 무엇에 쫓기듯 바쁘게 오가는 사람뿐인 삭막한 보도와 때로는 어지러이 길을 가로막고 주차된 자동차만이 즐비할 뿐이다. 잠시 멈추어 서서 이야기할 만한 작은 공간이나 여유롭게 쉴만한 작은 공원과 휴게시설도 전혀 없는 경우가 많다. 왜 우리네 도시의 거리에는 사람들이 쉴 수 있고 즐길 만한 활기찬 거리나 외부공간을 찾기 힘든가, 어떻게 하면 우리 도시의 외부공간을 활기차고 즐길 만한 매력적인 곳으로 만들 수 있는가에 대한 고민이 필요하다.

외부공간의 의미

과거에 길은 주로 사람들을 위한 공간이었다. 길은 사람들의 주된 이동 통로였고, 장이 열리는 곳이기도 했다. 이웃을 만나고 사람들과 자연스럽게 이야기를 나누던 곳도 주로 거리였다. 길은 단순히 어디를 가기 위한 통행의 장소 이상의 여러 가지 복합적인 기능과 활동이 일어나는 곳이었다. 특히, 동네 어귀의 작은 공간이나 골목길 또는 읍내의 거리나 작은 공터는 시민들이 주로 애용하는 우리 주변의 생활공간이었다. 이에 비해 오늘날의 도로는 기차의 선로와 같이 자동차라는 기계의 주행을 위한 하나의 공간이며 시설물이다. 도로에는 사람의 통행과 여러 가지 활동은 원칙적으로 고려되어 있지 않다. 그러다 보니 이제 도시의 주된 외부공간인 골목길까지도 자동차 소통과 주차를 위한 공간으로 변해버렸다. 이제 더 이상 길은 어린이가 노는 것은 물론 이웃 주민들이 한가로이 서서 대화를 나누기에도 부적합한 공간으로 바뀌었다. 특히, 합리적 이성주의를 표방했던 근대 도시계획으로 만들어진 시가지는 자동차 소통을 위한 장치물에 불과한 것이 되었다. 이처럼 사람들의 다양한 활동이 자연스럽고 편안하게 담기는 외부공간은 그리 많지 않은 실정이다.

이렇게 열악한 도시 환경 속에서도 여전히 많은 도시활동은 외부공간 즉, 길이나 광장, 공원 등과 같은 곳에서 일어난다. 예를 들면 보도를 걸어가고 있는 사람, 집 근처의 공터에서 놀고 있는 아이들, 벽에 기대거나 계단에 앉아 이야기를 나누는 사람들, 담당구역을 돌며 우유나 우편물을 배달하는 사람들, 길거리에서 우연히 이웃을 만나서 인사를 나누는 사람들과 같이 친구나 이웃 또는 낯선 사람을 자연스럽게 만날 기회를 제공해 주는 곳은 여전히 도시의 외부공간이다. 또한 길에서 열심히 전단지를 나누어 주는 사람들, 길의 한쪽에서 물건을 진열하고 사람들의 시선을 끌려고 애쓰는 상인들, 자동차를 고치는 정비소를 통해서 우리는 쇼핑의 즐거움을 느끼고 세상에 있는 다양한 직업의 세계를 엿볼 수 있는 곳도 여전히 도시의 외부공간이다.

이처럼 도시의 외부공간은 우리의 이웃을 자연스럽게 만나게 하고 이야기를 나누게 하며 쉬게도 하면서, 새로운 정보를 취득하고 창조적 사회경험을 할 수 있는 기회를 제공해 주는 우리의 삶의 일부가 담긴 생활공간이다.

외부공간의 활동 유형

도시공간은 인류 사회가 지금까지 창조한 것들 중에서 가장 자연스럽고, 포괄적이며, 수용적인 공간이다. 도시의 외부공간에서 일어나는 다양한 활동을 두고 어떤 학자는 필수적인 활동(necessary activities), 선택적인 활동(optional activities), 그리고 사회적인 활동(social activities)으로 구분해서 설명하고 있다.

필수적인 활동은 어느 길에서나 반드시 일어나는 이동을 위한 활동을 말한다. 예컨대 학교나 직장에 오가는 일, 버스나 지하철을 타러 가는

| 왼쪽 위 | 해변공원의 벤치(요코하마) | 오른쪽 위 | 라알광장의 오픈스페이스(파리)
| 왼쪽 아래 | 퀸시마켓의 보행몰(보스턴) | 오른쪽 아래 | 시청 앞의 광장(로텐부르그)

일, 심부름을 위해 가게나 우체국에 가는 일, 또는 거리를 걷다가 약속한
사람을 서서 기다리는 활동 등을 말한다. 다시 말해, 일상생활에 직접
관련된 이동을 위한 활동을 말하며, 이를 다른 활동과 비교해 보면 주로
'보행'과 밀접한 관련이 있는 활동이다. 단순한 보행을 위한 활동은 물리
적 환경의 영향을 그리 크게 받지 않고 어떠한 환경 수준의 상황 속에서도
반드시 일어나는 활동을 말한다.

  선택적인 활동은 사람들이 그 활동을 원하고 또 일정한 조건이 제공되
는 곳에서만 발생하는 활동이다. 예컨대 여유롭게 산책을 한다거나, 벤치
에 앉아 휴식을 취하거나, 잠시 머물러 음료수나 스낵을 먹거나, 사람들끼
리 인사나 대화를 나누거나, 또는 주변의 역사적 건물을 감상하는 활동

| 왼쪽 위 | 공원의 노인들(상해) | 오른쪽 위 | 소공원의 시민들(뉴욕)
| 왼쪽 아래 | 거리의 공연(쿠리티바) | 오른쪽 아래 | 국제 퍼포먼스 축제(에딘버러)

등을 말한다. 이런 활동들은 날씨와 그 주변의 장소가 이런 활동을 수용할 수 있는 외부적 환경 조건을 갖추고 있느냐에 따라서 달라진다.

선택적인 활동은 매우 중요하다. 왜냐하면 우리가 도시공간에서 느끼는 즐거움은 대부분 바로 이런 활동으로부터 유발되기 때문이다. 도시공간의 환경조건이 좋지 않을 때는 필수적인 활동인 최소한의 보행활동만이 일어난다. 우리 도시와 같은 열악한 수준의 거리와 공간에서는 오직 제한된 필수적인 활동만이 일어나게 되고, 사람들은 서둘러 집으로 가거나, 잘 꾸며진 상업용 실내 공간으로 들어가서 쉴 수밖에 없게 된다.

마지막으로 사회적 활동은 공공장소에 사람들이 있음으로 야기되는 사람들 사이의 활동을 말한다. 이를테면 사람들 간의 인사와 대화, 삼삼오

오 모여 나누는 담소들, 때로는 거리의 흥행사가 무엇을 보여주기도 하며, 때로는 그냥 사람들이 각기 제 볼일을 보는 것이 구경거리가 되는 것을 말한다. 그런가 하면 도시의 외부공간은 장이 서거나 의식과 축전이 열리고 놀이나 게임이 벌어지는 곳이기도 하다. 이와 같이 사람들은 도시의 외부공간에서 일어나는 다양한 사회적 활동을 통해서 다른 사람들과의 사회적 교류는 물론이고 문화적·역사적 전통과의 연결감과 연속감을 느끼기도 한다. 이를 통해서 우리는 단순한 즐거움을 넘어서 도시생활의 진수를 느끼게 된다.

사회적 활동은 사람들이 같은 공간에 있거나 움직이는 필수적인 활동과 선택적 활동의 직접적 결과로서 자연스럽게 연계되어 일어나는 '연계적 활동'의 특징이 있다. 이것은 필수적 활동이나 선택적 활동이 좀 더 나은 환경에서 이루어질 때 간접적으로 사람들 사이의 활동인 사회적 활동을 유발시킨다는 것을 의미한다. 이러한 사회적 활동과 매력적인 외부공간 환경 수준과의 연관성은 매우 중요하다. 즉, 보행자 전용도로나 광장과 같이 일정한 수준의 물리적 환경을 갖춘 외부공간에서 사회적 활동이 주로 일어나기 때문이다. 물리적 환경 수준 자체가 사람들 간의 사회적 접촉 자체를 직접 유발하지는 않지만, 외부공간의 물리적 환경 수준은 이런 사회적 활동의 가능성을 일으키는 시작점이자 배경으로써 중요한 역할을 하게 되며, 이를 통해 도시생활의 즐거움을 누리고 삶의 의미를 깨닫게 되기도 한다.

매력적인 외부공간의 조건

사람은 사람에게 흥미를 느낀다. 사람들은 다른 사람과 어울리거나 돌아다니고 다른 사람들과 가까이 있으려고 한다. 건물 안에서, 동네에서,

도시의 중심지에서, 유흥가에서 사람들이 모이는 곳이라면 어디든지 사람들과 그들의 행동이 다른 사람의 주의를 끄는 것은 사실이다. 이미 진행되고 있는 이벤트의 주변에서 늘 새로운 흥미거리가 시작된다. 만일 주변이 막힌 뒷마당과 거리를 볼 수 있도록 절반 정도 개방된 앞마당 중에서 한 곳을 선택하라고 하면, 대부분의 사람들은 거리를 볼 수 있는 앞마당을 선택할 것이다. 또 사람이 다니지 않는 삭막한 거리와 사람들이 여유롭게 다니는 생기있는 거리 중에서 어떤 길을 산책하고 싶은가라고 묻는다면 대부분의 사람은 사람의 왕래가 많은 거리를 선택할 것이다.

사람들이 도시의 외부공간에서 앉을 장소를 선택하는 데도 비슷한 경향이 있다. 주변 활동이 보이는 벤치가 잘 보이지 않는 벤치보다 훨씬 더 선호된다. 예를 들어 길 한편에 등을 맞대고 앉도록 배열되어 있는 벤치가 있는 경우에 사람들은 길을 바라볼 수 있는 벤치에 앉기를 선호한다. 길거리 카페의 경우에서도 카페 앞의 보도를 지나가는 사람들이 가장 즐거운 볼거리가 되며, 카페의 의자를 포함한 거의 모든 의자는 보행자의 활동이 활발한 지역을 향하도록 배치된다.

외국의 한 연구에 따르면, 보행자 전용 가로에서 사람들이 가장 많이 멈추어 서는 곳은 영화사진이 있는 극장 앞, 옷가게, 장난감이나 장신구점 앞, 신문 가판대처럼 다른 사람들이나 주위 환경과 직접적인 관계가 있는 진열대나 가게 앞이다. 반면에, 사람들이 멈추는 빈도수가 적었던 곳은 은행 앞, 사무실 앞, 그리고 사무기기, 도자기와 같은 재미없는 진열대 앞 등이라는 것은 매우 흥미롭다. 그런데 사람들이 이보다 더 흥미를 느끼는 대상은 거리에서 일어나는 사람들의 다양한 활동 그 자체이다. 사진 찍기를 막 끝낸 잘 차려입은 신혼부부, 바이올린이나 기타를 든 거리의 악사, 그림을 그리는 화가, 재미있는 모습으로 물건을 파는 상인 등 사람들의 흥미를 끄는 것은 사람들의 활동 그 자체이다. 사람들은 다른 사람들을 구경하기도 하면서 또 한편에서는 다른 사람의 구경거리가 되기도 한다.

이상의 내용을 통해서 알 수 있는 것은 사람들은 거리에서 거리의 건물이나 시설물보다 사람의 다양한 활동에 관심을 더욱 많이 갖고 있으며, 외부공간에서 가장 중요한 것은 그곳을 사용하는 사람들의 활동과 삶 그 자체라는 것이다. 따라서 매력 있는 외부공간은 필수적인 활동뿐만 아니라 선택적 활동과 사회적 활동이 다양하게 발생할 수 있는 여건을 만들어주는 공간이다.

외부공간의 역사적 교훈

유럽이나 아시아의 오래된 도시에서 자연발생적으로 형성된 외부공간은 오늘날 외부공간의 여러 가지 활동에 좋은 모델이 되고 있다. 많은 중세 도시와 자연발생적인 취락은 근래에 많은 사람들이 좋아하고 찾아오는 관광명소가 되었고, 학문적 연구의 대상으로서도 인기가 높다. 그 이유는 이들 도시가 가지고 있는 외부공간의 매력 때문이다. 즉, 대부분의 중세 도시가 그러한 것처럼 옥외에서 시간을 보내는 사람들의 활동을 고려하여 거리와 광장이 조성되어 있기 때문이다. 오래된 도시의 좋은 외부공간의 예로는 도시의 까페라고 불리는 베네치아의 산 마르코 광장(Piazza de San Marco)을 들 수 있다.

도시계획의 역사 속에는 이와 같은 매력적인 외부공간을 만드는 것과는 거리가 먼 두 번의 실패의 시기가 있었다. 첫 번째 실패의 시기는 르네상스 시대에 일어났다. 이 시대는 도시계획을 직업으로 하는 전문가들이 나타나 도시를 개조하거나 새롭게 계획했으며, 바람직한 도시의 모습에 관한 합리적인 이론과 이념의 발전이 이루어진 시기이기도 하다. 이 시기의 도시는 단순한 도구가 아닌 종합적으로 구상되고 인식되고 실현되는 예술

작품의 차원으로 진보하였다. 공간이 만들어내는 시각적 효과, 건물 그 자체의 미학적 아름다움들이 더 중요하게 생각되었다. 그러나 이 시대의 좋은 건축물이나 좋은 외부공간의 평가기준은 본질적으로 도시와 건물의 외관, 그것도 통치자를 중심으로 펼쳐지는 시각적 측면이었다. 또 도시를 계획하는 데 있어서 기능적 측면이 고려되기는 했지만, 이는 주로 새로운 교통수단인 마차를 위한 길, 퍼레이드나 행진과 같은 공식적인 사회행사와 관련된 것들이었다. 이 시대의 도시계획에서는 도시의 외부공간과 그 속에서 수행되는 사람들의 다양한 행태는 주요한 관심사가 되지 않았고, 고려되지도 않았다.

도시의 외부공간을 계획하는 데 있어서 두 번째 실패의 시기는 근대 도시계획이라는 이름으로 기능주의를 표방했던 1930년경이었다. 이 시기의 도시와 건물에 대한 관심은 이전의 미학적 측면을 뛰어넘어 합리적이고 기능적인 측면까지 고려한 계획기준을 만드는 단계로까지 발전한다. 건축과 도시계획에 관한 계획기준은 주거지에는 빛, 공기, 태양, 통풍이 필요하다는 원칙이 적용되었고, 이에 따라 건물은 태양을 향해서 질서정연하게 배치되는 것이 일반적이었다. 그러다 보니 종래와 같이 사람의 활동이 있는 거리와 반대 방향의 건물이 등장하게 되었다. 또 근대 도시계획의 생각은 사람이 사는 장소와 일하는 장소는 분리되어야 하고, 그 두 지역을 자동차가 신속히 연결해야 하는 것이 주된 원칙이었다. 그래서 도로는 두 지역을 연결하는 자동차의 소통을 원활히 하는 데 초점이 맞춰지곤 했다.

건축물의 미학적 개념을 추구하는 근대 건축가들과 기능주의를 추구했던 근대 도시계획가들은 건축물이나 도시를 계획할 때 사람들이 느끼는 심리적 요소나 외부공간에서의 사회적인 활동의 필요성 등에 대해서는 큰 의미를 두지 않았다. 따라서 건축물의 설계는 부지 주변의 외부공간에서의 놀이 활동, 사람들의 사회적 접촉의 방식, 만남의 가능성 등에 영향을 줄 수 있음에도 불구하고, 이 같은 점에 대해서는 상대적으로 관심이 적었고 사람들의 삶과 활동보다는 물리적 완성물인 건물 자체에만 주로 관심을 갖는 계획 개념이었다. 이 개념의 영향으로 인해 이후 새롭게 건설된 신도시와 신주택단지에서는 오래된 도시에서 볼 수 있었던 사람들의 삶을 고려한 거리와 광장과 같은 매력적인 외부공간이 현저하게 사라져갔다. 물론, 근대 건축가나 도시계획가들도 건축물 사이의 광활한 공간에 잔디밭을 만들면 수많은 오락적 활동과 풍요로운 사회활동이 펼쳐질 것으로 기대하였다. 그래서 이들의 조감도에는 잔디밭에서 쉬거나 여가를 보내고 있는 많은 사람들이 그려져 있었다. 하지만 실제로 사람들은 이러한 공간에 머물고 싶어하지 않았고, 그곳은 사람들이 없는 황량한 공간으로 남게 되었다.

이처럼 두 번의 역사적 변화를 거치면서, 근대 도시에는 사람들의 다양한 선택적 활동과 사회적 활동을 담을 수 있는 공간이 점차 사라지게 되었다. 그리고 자동차와 주차장만을 위한 공간과 휑하게 비어있는 넓은 잔디밭이 있는 외부공간만이 만들어져 왔다.

최근의 동향 및 정비방향

최근 서구의 도시들은 물론이고, 우리나라 도시 시민의 삶의 여건이 급하게 변화하고 있다. 우선 핵가족화로 가족 규모가 작아지고 아이들의 수가 줄어들면서 어린이들의 사회성을 키울 필요성이 높아지고, 노령화 현상으로 건강한 상태로 퇴직하는 노인들의 숫자가 늘어나고 있다. 이에 비해 우리 도시에는 어린이와 노인이 도시의 외부공간에서 놀고 쉴 만한 공간이 너무 적은 형편이다. 그런가 하면 직장의 상황도 바뀌었는데, 주

5일 근무제는 더욱 많은 자유시간을 제공해 준다. 또한 기술력과 효율성의 증대로 이전과는 차별화된 사회적·창의적 요구를 충족시킬 수 있는 외부에서의 다양한 동호인 모임과 축제와 같은 사회적 활동에 대한 공간 수요가 늘어나고 있다.

최근 생활양상의 변화로 인해 도시 외부공간의 조성과 개선 요구가 더욱 강하게 나타나고 있다. 이에 따라 국내외의 많은 도시에서는 도시의 외부공간을 이전의 소극적인 형태에서 적극적인 형태로 변화시켜 이용하고 있다 세계의 많은 선진 도시는 자동차 중심의 도심지에서 보행자 중심 시스템으로 변화하고 있다. 외부공간을 성공적으로 개조하고 있는 도시의 예를 들면, 스페인의 바로셀로나, 프랑스의 리옹과 스트라스부르, 독일의 프라이브르크, 덴마크의 코펜하겐, 미국 오레곤 주의 포틀랜드, 브라질의 쿠리티바, 아르헨티나의 코르도바, 오스트레일리아의 멜버른 등을 들 수 있다. 이들 도시에서는 도심부의 외부공간을 도시공간정책에 따라 보행자를 위한 거리와 광장을 조성하였고, 도시의 외부공간에서 시민들의 축제나 전시회와 같은 다양한 사회적·문화적 활동이 현저히 증가하고 있어서 많은 사람들의 관심을 끌고 있다.

우리나라의 도시도 외국의 선진 도시의 경우처럼 도시의 외부공간을 보행자 중심으로 개편하고, 외부공간에서의 다양한 활동이 가능하도록 개선해야 한다. 이를 위해서는 처음부터 너무 광범위하거나 포괄적인 프로그램으로 시작할 필요는 없다. 오히려 그 반대로 일상적인 활동, 흔히 주변에서 일어나는 활동, 그리고 일상생활의 무대가 되는 우리 주변의 외부공간에 관심과 노력을 집중해야 한다. 특히 외부공간에서 일어나는 앞에서 살펴본 세 가지 유형의 활동을 담을 수 있는 여건을 조성해야 한다. 이를 위해 첫째, 필수적으로 필요한 보행 편의를 위한 거리환경의 개선, 둘째, 선택적인 활동에 적합한 외부공간의 개선 및 시설 보완, 셋째,

프랑스 리옹 시의 매력적인 도시공간정책

송(Saone) 강과 론(Rhone) 강 사이에 위치한 프랑스에서 세 번째로 큰 130만 인구의 리옹 시는 로마 시대 유적을 가지고 있는 역사가 오랜 도시이다. 이 도시의 중심은 중세 후기인 1600~1700년대에 만들어졌지만, 1970년대와 1980년대 이후 도시중심부는 급증하는 교통량으로 몸살을 앓게 되고, 사람들의 거주지는 도시 외곽으로 퍼져나가면서 도심지역에 있는 도시 외부공간의 매력은 점차 줄어들었다.

리옹 시는 1989년 통합된 도시공간 개조계획을 수립하고 도시의 중요한 거리와 광장을 시민이 이용하기 좋은 수준 높은 공간으로 개조하기 시작했다. 리옹 시의 공공공간 개조정책은 녹지계획(Green Plan), 수변계획(Blue Plan), 조명계획(Lighting Plan)으로 나누어 진행되었으며, 중요한 관심은 도심부에서 자동차를 밀어내고 시민들이 보행하기 좋고, 쉬고 즐길 수 있는 공간을 만드는 것이었다.

리옹의 공공공간정책의 특징은 도시 전체에 통합된 디자인과 통합된 재료로 도심지역과 외곽 주거지역의 공공공간의 수준을 동일한 수준으로 유지시켜 주고, 각각의 공간마다 유명 건축가와 전문가를 동원하여 분수, 조각, 조명 등의 디자인적 특징을 통해서 공간의 매력을 더하고 있다.

| 왼쪽 | 도심부 강변의 녹색 보행자 도로 | 오른쪽 | 옛 도심거리에 조성된 보행자 도로

사회적·문화적 활동에 적합한 외부공간의 여건 조성 등이 필요하다.

이를 위해서 우리 도시의 공간구조를 승용차 위주에서 대중교통 위주로 바꾸고, 대중교통과 연계하여 장애인도 편하게 다닐 수 있도록 보행환경을 개선해야 한다. 또한 보행로 주변에 대화를 나눌 수 있는 작은 공간과

보행자 중심의 문화명소 인사동길

인사동은 우리의 역사와 문화를 맛볼 수 있는 도심지역의 상업지역이다. 구불구불한 골목길을 따라 전통 찻집, 골동품 상가, 화랑, 한옥들이 오랜 시간 자리를 지키고 있어 서울의 대표적 문화명소가 되었다.

1997년 4월부터 매주 일요일 실시되어 온 '차 없는 거리'는 인사동의 거리문화 형성에 기폭제가 되었고, 현재 젊은 층을 중심으로 많은 시민과 관광객들을 부르는 매력 있고 생기 넘치는 길로 탈바꿈하고 있다.

평일 인사동 길의 자동차는 아직 우리의 눈살을 찌뿌리게 하지만, 현재 인사동길의 전면 보행거리 조성방안이 검토 중이고, 전통문화업종의 보호와 주민이 참여하는 인사동 골목길 가꾸기가 추진 중에 있다. 이런 보행자 중심의 거리 조성을 위한 노력들을 통해, 인사동길이 소박하고 우아한 우리의 역사와 문화의 장을 마련하고, 사람 간의 만남의 기회가 많아질 수 있는 커뮤니티 공간으로 거듭나길 기대한다.

| 위 | 인사동길 | 아래 | 인사동 진입광장(사진: 길현기)

잠시 머물 수 있는 시설을 많이 만들어야 한다. 특히, 도심지에는 외부공간의 곳곳에 앉을 수 있는 공간을 많이 만들고, 사람들이 많이 머무르는 구역 안에서는 쉬거나 앉을 수 있는 작은 공간들, 즉, 쌈지공원이나 모퉁이의 공지, 출입구의 여유 공간, 기둥·나무·가로등 주위에 앉을 만한 장소나

잠시 휴식을 취할 만한 시설을 주의 깊게 배려해 주는 것이 필요하다. 그런가 하면, 지역 축제나 이벤트, 다양한 임시 행사들을 할 수 있는 공간을 위해서 도시의 주요 지점에 광장이나 공원 등을 확충하고, 사람의 통행이 잦은 도시의 주요 거리는 보행자 전용도로나 걷고 싶은 거리로 만드는 노력이 필요하다.

05 도시의 재개발과 재건축

김현수*

도시의 탄생과 쇠락

도시는 살아있는 유기체와 같다. 사람을 포함한 모든 생명체는 시간의 흐름에 따라 탄생, 성장, 쇠퇴, 소멸의 과정을 밟는다. 사람들이 모여 사는 도시 역시, 태동과 성장, 쇠락의 과정을 따라서 변화한다. 도시의 탄생은 경제적 동기(산업도시), 군사적 동기(국방도시), 정치적 동기(행정수도)에 의해 이루어지나, 이러한 도시들은 시간이 흐르면서 성장과 쇠락의 과정을 거치게 된다. 나라마다 이러한 변화의 배경과 과정이 다르게 나타나며, 이를 해결하기 위한 도시재개발의 접근방식에도 차이가 있다.

불량촌의 형성배경

18세기부터 시작된 산업혁명으로 도시화를 경험한 서구의 대도시들과

* 단국대학교 도시계획 부동산학부 교수

1960년대 이후 급속한 산업화와 도시화를 경험한 우리나라의 도시는 불량촌의 형성배경과, 이를 치유하기 위한 재개발에 있어서 서로 다른 양상을 나타내고 있다.

• **서구도시의 쇠락과 재활성화** 　전통적으로 북미와 서유럽 도시의 주거지역은 도심에 입지하고 있었다. 그러나 상업지의 확산과 서비스업의 증대로 주거지역이 상업업무지역으로 잠식되었다. 이에 따라 도심 주거지역의 많은 주택이 철거되고 새로운 주택형태 및 도시시설이 공급되는 과정이 서구 대도시의 재개발이다. 따라서 서구의 재개발은 기존의 저소득층 인구가 도심에서 다른 장소로 이동하고 더 높은 이윤을 창출하는 사무실, 상업시설, 그리고 고소득층 주거지로 변모하는 등 다양한 도시서비스가 제공되는 변화를 수반한다. 이는 글래스(Ruth Glass)가 1950년대 영국의 주거입지의 변화를 연구하면서 고안해낸 도시재활성화(gentrification)란 개념으로 설명된다. 도시재활성화란 도시확산과 반대로 교외 주거지역으로 빠져나갔던 인구가 도심으로 회귀하는 현상인데, 도심의 저소득층 주거가 중고소득 계층에 점유되어 쇠락했던 주거환경이 개선되는 변화를 말한다. 초기에는 소수의 중고소득층 사람들이 도심부 저소득계층이 모여 사는 저렴하고, 건축적으로 매력이 있는 주택을 구입·개량하여 이주하기 시작한다. 새로운 이주자들은 도심의 편리한 환경과 저렴한 주택가격에 매력을 느끼는, 상대적으로 고학력자이며 전문직 종사자들로 구성된다. 이러한 변화는 개발업자들의 관심을 끌고, 대규모의 조직적인 움직임이 이어져 일정 기간 후에는 중산층의 주거지로 변모하게 된다.

　기존의 주민들을 대체한 중산층 주민들은 새로운 커뮤니티를 형성하여 지방당국을 대상으로 주거환경개선을 위한 공공시설(학교, 공원, 도로 등)의 설치를 요구하는 등 정치적 세력을 형성하기도 한다. 중산층에 의한 주거환경개선에 따라 부동산 가격이 상승하게 되어 지역의 세수가 증대하고, 지역의 명성이 높아져, 지방당국의 지원도 강화된다.

도시재활성화는 후기산업도시에 나타나는 새로운 현상으로 이러한 변화는 인구구조의 변화, 주거선호의 변화, 전문직 여성인구의 증가 등과 깊게 연관되어 있다.

• **우리나라의 불량촌 형성** 북미와 유럽도시의 불량촌인 슬럼(slum)과 개발도상국의 불량촌(squatter)은 개념과 형성배경에서 차이를 보인다. 선진국 도시의 슬럼은 도시토지이용의 변화에 따라서 쇠락해간 노후불량주택이 밀집한 지역이다. 개도국의 불량촌은 급속한 도시화에 의하여 도시로 이주한 저소득층이 임시 거처를 마련하기 위해 국공유지를 무단 점유하여 무허가 주택을 짓고 사는 곳을 말한다. 흔히 가도시화(pseudo urbanization)라 일컫는 급속한 도시화의 상황 속에서 도시로 이주해온 가난한 농촌 출신들의 임시거처가 불량촌을 형성하게 된다.

우리나라를 포함한 많은 제3세계 국가들은 근대화 초기의 농업피폐와 독과점적 과정 속에서 실업 및 반실업의 시기를 경험하게 되고, 공식적 노동시장에서 배제된 비공식적인 도시경제 활동영역 속에서 저임금으로 살아가는 도시민들이 집단을 형성하게 되면서 불량촌이 등장하게 되었다. 개도국의 도시 빈민들은 공식적 주택시장에 진입하지 못하는 상황에 놓여지고, 불량촌을 대안적인 주거로 선택하게 된다. 도시화의 초기단계에는 도시빈민들의 지불능력에 적합한 저렴한 주택시장이 존재하지 않는다. 공식적 주택시장에서 소비자의 역할을 하자면 주택에 대한 지불의사와 지불능력을 갖추어야 한다. 하지만 도시의 빈민들은 스스로 주택문제를 해결할 수밖에 없으므로, 그 결과가 불량촌으로 나타나게 된다.

왜 도시 재개발이 필요한가?

도시를 재개발의 목적은 도시문제가 발생한 지구의 환경개선 및 활성화 이다. 주거환경을 개선함으로써 주민들의 주거안정을 도모하고 낙후된 건물을 대체하거나 개량함으로써 경제성을 높인다는 목적을 가지고 있다.

• **낡은 주택의 개량**　　도시 재개발은 주택이나 공공시설물이 낡고 불량해지는 것을 개선하고 예방하기 위한 목적을 가지고 있다. 개별 주택 이 낡고 불량해지는 것을 내버려두면 주변의 다른 주택에 나쁜 영향을 미치고, 결국 지역사회의 주거환경 전체를 악화시키게 된다. 특히 불량 노후화된 주택이 몰려있는 경우에는 도시 전체의 환경이 악화될 우려가 있을 뿐 아니라, 주민들의 위생문제에도 치명적인 영향을 미칠 수 있으므 로 도시 재개발이 필수적이다.

• **공공시설의 개선**　　재개발은 단순히 불량주택이나 노후 혹은 부적합 한 건축물을 철거·개보수하는 것에서 끝나는 것이 아니다. 교통시설과 교통체계의 정비, 지역사회를 위한 학교, 공원, 우체국 등 다양한 공공시설 과 서비스를 적절하게 공급하여 지역사회의 활기를 되찾는 것을 목표로 하고 있다. 즉, 궁극적으로 시민의 삶의 질을 향상시키고 도시의 공공시설 및 서비스를 공간적으로 적절하게 배치하는 것이다.

• **공동체적 삶의 회복**　　도시 재개발은 주민들의 사회경제적 여건을 향상시키며 공동체적 삶의 질을 높인다. 특히 미국과 같이 다양한 인종이 사는 사회 재개발은 흑인 주거지의 자녀 및 성인 교육, 취업 알선 및 직업훈련 등의 사회 재개발(social renewal)의 목표를 가지고 있다.

• **토지의 효율적 이용**　　도시는 인구와 산업이 고도로 집중함으로써 밀도가 높으며, 토지 가격도 비싼 곳이다. 토지를 더욱 효율적으로 이용하는 것은 도시 재개발을 포함한 도시계획의 중요한 목표이다. 특히 도심부의 중심업무지역(Central Business District: CBD)의 재개발은 토지이용의 경제적 효율성을 높이는 것을 주된 목표로 삼고 있다.

• **주변지역과의 조화로운 환경조성**　　도시 내부의 큰 빌딩들 사이에 낙후된 주거지나, 불량무허가 건물들이 동시에 존재한다면 그 도시의 이미지는 어떤 느낌일까. 도시는 도시다움을 갖춰야 하지만 무조건적인 개발만을 의미하는 것은 아니다. 즉, 도시 재개발은 도시 내의 낙후된 지역과 급성장한 개발지역과의 균형적인 모습을 갖추도록 하는 중요한 정비수단이다.

• **재해상의 문제해결**　　도시 내 건물의 노후·불량화 및 밀집화로 기성 도시는 각종 재해로부터 자유롭지 못하다. 이러한 재해로부터 벗어나기 위해서는 계획적·종합적인 방법으로 도시를 재개발하여 정비함으로써 해결할 수 있다. 따라서 도시 재개발은 도시 내의 각종 재해의 예방이라는 차원에서도 그 필요성이 요청된다.

어떤 곳을 재개발하는가?

노후하여 재개발을 필요로 하는 곳은 대개 가난한 사람들의 주거지와 관련이 깊다. 도시 재개발에 대한 앞선 경험이 있는 영국과 같은 나라에서도 도시 재개발은 대도시의 저소득층 주민들이 모여 살았던 슬럼지역의 주거환경을 개선하기 위해 시작되었다.

| 왼쪽 | 불량촌 내부의 모습 | 오른쪽 | 불량촌 정경

　저소득층이 거주하는 불량 주거지역은 대개 주거공간이 협소하고 상가
나 공공건물들과 같은 생활편익 시설들이 부족하다. 또한 건물들이 너무
낡고 도로가 좁아 자동차가 진입하기도 어려운 곳이 많다. 또한 사람이
집을 짓고 살아가는 데 필수적인 시설인 도로와 상하수도, 위생 시설이
제대로 갖춰지지 않은 곳들이 재개발이 필요한 곳들이다. 또한 겉으로
보기에는 멀쩡해 보이지만 동네 안으로 들어가 보면 살벌한 곳이 있다.
예를 들어, 미국 북동부의 시카고나 디트로이트의 중심부 같은 곳은 오래
전에는 번화하였던 도심부였으나 사람들과 큰 기업들이 떠나가고 범죄
소굴로 전락한 곳이다. 이렇듯 사회적 문제가 발생할 가능성이 있는 지역
에 다시 일자리를 공급하고, 건전한 생활의 활기를 불어넣는 것도 넓은
의미의 재개발이라 할 수 있다.

도시 재개발의 유형

관련제도에 의한 구분

도시 재개발의 근거법인 「도시및주거환경정비법」에서는 도시 재개발을 주택재개발사업, 주택재건축사업, 주거환경개선사업, 그리고 도시환경정비사업(도심재개발사업, 공장재개발사업)으로 구분하고 있다.

주택재개발사업이란, 정비기반시설이 노후하고 노후·불량한 건축물이 밀집한 지역에서 주거환경을 개선하기 위한 사업을 말한다. 달동네의 판잣집을 허물고 아파트를 건설하는 기존의 합동 재개발이 이에 속한다.

주택재건축사업이란, 정비기반 시설은 양호하나 노후·불량 건축물이 밀집한 지역에서 주거환경을 개선하기 위한 사업을 말한다. 오래된 연립주택이나 저층아파트를 허물고 아파트를 건설하는 재건축사업이 이에 속한다.

주거환경개선사업이란 도시 저소득 주민이 집단적으로 거주하는 지역으로서 도로와 같은 정비기반 시설이 극히 열악하고 노후·불량한 건축물들이 과도하게 밀집한 지역에서 주거환경을 개선하기 위해 수행하는 사업을 말한다. 재개발과 재건축이 주로 시장기능에 의한 사업임에 비하여 이는 정부의 지원에 의하여 이루어지는 공공사업의 성격을 가진다.

도시환경정비사업이란, 상업·공업지역 등으로서 토지의 효율적 이용과 도심 또는 부도심 등 도시기능의 회복이 필요한 지역에서 도시환경을 개선하기 위하여 시행하는 사업을 말한다. 특히, 도심재개발이란 도심지 또는 부도심지와 간선도로변의 기능이 쇠퇴해진 시가지를 대상으로 낡고 작은 집들을 허물고 대형의 오피스나 상가를 짓는 사업을 말하며, 공장재개발이란, 기반시설이 노후하여 공업생산기능이 저하된 지역의 환경을 개선하는 사업을 말한다.

정비방식에 따른 구분

도시 재개발을 정비방식에 따라 구분하면 다음과 같다.

• **철거 재개발**(Redevelopment) 철거 재개발은 밀집된 시가지, 불량한 시가지 또는 비위생적인 주택지를 대상으로, 기존 건축물을 전면적으로 제거하고 새로운 건축물과 공공시설을 확보하는 물리적 방식 위주의 재개발사업이다. 이러한 방식의 재개발은 기반시설 여건이나 대지 여건이 극히 열악하여 현재의 상태로는 도저히 정비가 어려운 경우에 적용하며, 건축물과 가로, 주차장, 공원 등 도시시설을 재정비하는 데 목적이 있다. 사업 이후의 환경개선 효과는 크나, 기존 시가지의 역사와 문화, 특히 공동체 조직의 파괴가 문제로 지적된다.

• **수복 재개발**(Rehabilitation) 지구 수복에 의한 재개발은 도시기능과 생활환경이 점차 악화되고 있는 대상지에서 건축물의 신축을 부분적으로 허용하되 나머지 건축물을 수리·개조함으로써 점진적으로 개선하는 재개발 방법이다. 대상지 안에 보존할 가치가 있는 건축물에 대해서는 되도록 증축 및 개량을 통해 그 가치를 증진하도록 한다. 지구수복은 전면 재개발과 지구보존의 복합적 성격을 지니고 있어 지구환경에 어울리지 않는 건축물의 개선을 권고하고 지정하는 내용도 포함하고 있다.

• **보존 재개발**(Conservation) 재개발 대상지가 현재는 그런대로 유지되고 있지만, 앞으로 악화될 염려가 있거나 역사적·문화적으로 보존해야 될 건축물을 포함하는 경우에 적용하는 방식이다. 건축물의 용도를 규제하고 건축을 제한함으로써 재개발 대상지가 지금보다 더 악화되는 것을 방지하고 그 가치를 보존하려는 수법이 지구보존에 의한 재개발이다.

<그림 5-1> 봉천 3구역 재개발의 모습

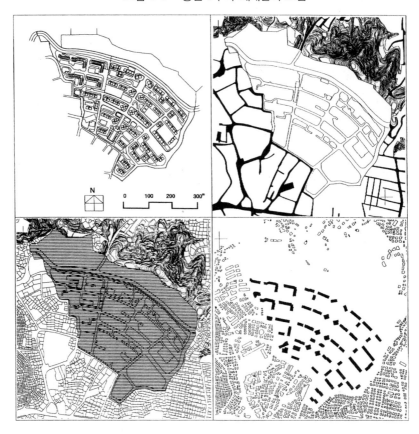

이 수법은 재개발 대상지 자체를 보존하고 건축물이 훼손되지 않게 할 뿐 아니라 지구환경을 개선하면서 가로, 주차장, 공원 등 도시시설을 동시에 정비하는 것을 목적으로 한다.

• **순환 재개발**   재개발 구역의 일부 지역 또는 당해 재개발구역 외의 지역에 주택을 건설하거나 건설된 주택(양 주택을 합하여 '순환용주택'이라 함)을 활용하여 재개발 구역을 순차적으로 개발하거나 재개발구역 또는 재개발 사업시행 지구를 수개의 공구로 분할하여 순차적으로 시행하

는 재개발 방식으로서, 일시에 재개발할 때 발생하는 문제를 해소할 수
있다.

• 부지 및 서비스 재개발(Site and Service)　　사람이 살아가는 데에
필요한 가장 기초적인 시설인 토지와 공공서비스(도로, 상하수도, 전기, 학교
등)를 정부가 공급해 주고 주택은 주민 스스로가 자조적으로 해결하도록
지원해 주는 재개발 방식을 말한다. 이는 주로 아시아나 남미, 아프리카
등 제3세계 국가의 대도시 재개발에서 많이 적용되어온 방식으로서, 대표
적인 예가 인도네시아의 KIP(Kampong Improvement Programme)이다. 이는
정부의 적극적인 노력과 세계은행의 재정적 지원, 그리고 주민의 자조적
인 노력, 그리고 점진적인 개량방식을 동원함으로써 성공을 거둔 사례로
알려져 있다.

도시 재개발은 어떻게 변화해 왔는가?

우리나라 불량주택지구 형성배경을 시대적으로 4단계로 구분하면 다음
과 같이 구분할 수 있다. 제1시기는 일제식민지, 제2시기는 8·15 해방과
6·25 동란 이후, 제3시기는 1960~1980년대 초, 제4시기는 1980년대
초 이후이다.

우리나라 불량촌의 제1시기라고 할 수 있는 일제 식민지하의 토막민촌
혹은 토굴은 원시적인 영세민 주거형태이다. 일제 치하의 토지소유권 재
편과 식량의 수탈정책으로 광범위한 이농민이 형성되었는데, 이러한 이농
민들의 상당수는 해외로 이주하였지만 대부분 도시로 이주하였고, 그들이
정착한 곳이 바로 토막민촌이었다. 그 후 8·15 해방 이후 6·25 동란 등
전쟁과 혼란기의 무질서 속에서 발생된 불량지구(특히, 무허가 불량주택지

구)가 사회문제로 대두되었다. 1966년 돈화문에서 퇴계로 구간을 불량지구 개량사업지구로 지정, 세운상가를 건립한 것이 재개발 사업의 시작이었다. 이후 1968년 고지대 불량지구에 대한 주택개량사업의 재개발이 시행되었으며, 「1973년주택개량촉진에관한임시조치법」의 제정에 따라 주택개량사업이 분리됨으로써 도시 재개발은 도심 재개발과 주택 재개발로 구분되었다. 또한 1976년 「도시계획법」에서 도시재개발에 관한 규정을 분리, 「도시재개발법」을 제정하였으며, 1982년 「주택개량촉진에관한임시조치법」의 효력만료에 따라 주택 개량사업을 도시 재개발 내로 흡수하여 「도시재개발법」을 개정, 재개발 사업을 도심지 재개발과 주택개량 재개발로 구분하였다.

한편, 도시 재개발 사업과는 별개이나 재개발 사업과 유사한 재건축 사업과 주거환경 개선사업의 근거법이 정비되었다. 재건축사업은 1987년 「주택건설촉진법」(2003년 주택법으로 개칭) 개정으로 사업추진의 근거를 마련하였으며, 주거환경 개선사업은 1989년 「도시저소득주민의주거환경개선을위한임시조치법」에 의하여 출발하였다. 재개발, 재건축, 주거환경 개선사업 등 유사한 성격의 사업이 각기 다른 법령에 의하여 추진되던 과정에서 많은 불편함이 드러나, 2002년에는 「도시및주거환경정비법」이 제정되었고 관련 사업들을 통합·운영하게 되었다. 그간 불량주택정비를 위한 정부의 정책변화를 살펴보면 <표 5-1>과 같다.

도시 재개발의 명암

• **고밀개발로 인한 기반 시설의 과부하**　　재개발이 이루어지면, 지구 내의 세대수가 증가하여 지구 주변의 도로, 공원, 학교 등 공공시설에 대한 부담이 크게 늘어난다. 공공시설의 부족으로 인한 문제는 재개발지

<표 5-1> 불량주택정비를 위한 정부의 정책변화

사업방식	철거, 이주단지 시민아파트	현지 개량	합동재개발·재건축
시기	1950~1970년대 초	1970~1980년대 초	1980년대 중반~현재
주도	정부(공권력 위주)	주민(주민자력 위주)	주민+건설업체 (사업성 위주)
내용	·강제철거 ·이주정착지 조성 ·시민아파트 건설	·주민 스스로 구획정리 사업실시	·주민은 토지, 건설업체는 사업비 부담 ·일반분양 주택 추가 건설 (사업성 확보)
결과	·공권력 투입으로 사회문제화	·주민 부담 능력부족으로 실적저조	·활성화 ·고밀개발 문제점

구 내뿐 아니라 주변지역의 주민들에게까지 피해를 주게 되고, 이러한 고밀개발은 일조권, 채광, 통풍의 확보를 어렵게 한다. 따라서 주거환경개선을 위한 사업의 결과가 오히려 환경을 악화시키는 결과를 초래했다는 비난을 사고 있다.

• **고층개발로 인한 경관의 파괴**　재개발 지구들은 구릉지에 입지하는 경우가 많은데, 이러한 경사지에 초고층의 아파트가 입지하여 도시경관을 훼손시킨다. 서울시의 경우 과거 일반 주거지역에 한하여 용적률 400%까지 허용한 결과 구릉지와 한강변에는 초고층의 판상형 아파트가 배치되어, 도시경관이 악화되었다.

• **재해의 우려와 환경파괴**　재개발 구역의 대부분이 구릉지에 입지하면서도 대규모 아파트 건설을 선호하고 있다. 이때 기존 지형을 과도하게 절개하여 옹벽과 축대 등의 인공구조물을 10m 이상 설치하는 경우가 많다. 이러한 행위는 장래에 지반 및 축대 붕괴로 이어져 인명피해가 우려되므로 주민의 안전을 위해 규제가 필요하다. 재개발 구역은 국공유지의

| 왼쪽 | 재개발 전의 모습 | 오른쪽 | 재개발 후의 모습

공원 및 녹지를 무단으로 점유한 지역이 많다. 재개발 사업이 추진되는 과정에서 자연공원과 근린공원 등의 녹지훼손 또한 심각하다.

• **주변지역과의 단절**　주변지역과의 연계를 고려하지 않고 사업을 추진한 결과 도로망과 보행동선이 단절되거나, 저층의 주거지역 사이에 고층아파트가 돌출되어 조화를 이루지 못하는 경우가 빈발한다. 또한 인접 주거지역에 대하여 일조권과 조망권의 침해 시비가 일어나기도 한다.

• **교통환경의 악화**　재개발 이전의 달동네는 도로여건이 열악하고, 자동차 보유가 낮은 수준이었으나, 사업 이후 대부분의 세대가 자동차를 보유함에 따라 진입로와 주변지역의 교통체증이 심각해진다. 더욱이 사업의 편의를 위하여 2개 지구로 분할하여 추진하는 경우 좁은 진입도로로 인한 불편함이 가중된다. 특히, 용적률이 증가할수록 교통량이 증가하므로 고밀도 재개발 사업지구에서는 이러한 체증이 더욱 심각한 실정이다.

• **개발이익의 독점과 원주민의 주거문제**　개발이익을 추구하는 사업 추진으로 원주민의 부담 능력을 고려하지 않은 대형 평형 위주의 재개발

사업이 이루어지고 있어, 개발에 따른 이익이 건설업자와 일반분양자 등 특정계층에게 독점되고 있다. 사업의 결과 소득이 낮은 원주민의 부담능력에 적합한 소형주택의 재고는 감소하게 되고, 소형주택의 가격은 상승하게 되어 저소득층의 주거부담이 가중되는 문제가 발생한다.

• **지역 사회의 붕괴**　주택 재개발 사업이 대규모 또는 일정한 범위 내에서 동시 다발적으로 실시되는 지역에서는 사업 기간 중에 상주인구의 급격한 감소를 경험하게 된다. 이것은 재개발 사업을 위해 한꺼번에 많은 지구 내 주민들이 인근 주택지 등 다른 지역으로 이동하기 때문이다. 이러한 급격한 인구감소는 기존 커뮤니티의 와해와 지역경제의 침체를 가져오는 요인이 된다. 특히 인근 지역에 입지한 주택지의 전세 가격에도 부정적인 영향을 미쳐 기존 저소득계층의 생계를 더욱 압박하는 결과를 초래한다.

달동네 들여다 보기 : 서울의 마지막 달동네, 난곡

신림 7동은 행정구역상으로 관악구에 속해 있다. 관악구의 서남부에 자리잡고 있는 신림 7동은 '난곡' 혹은 '낙골'이라고 불린다. 대부분의 이주민들이 '도심 빈민촌 철거 정책'에 의해 철거를 당했고 지금의 신림 7동으로 이주해 들어왔다. 이후 서울역 뒷골목이나 용산 등지에서 몇 십 세대가 들어왔고, 이후 산발적인 이주가 이어지면서 늦게 이주한 사람일수록 산꼭대기에서부터 천막을 치고 살다가 차차 일반적인 주택의 형태를 갖추게 되었다. 현재 면적은 0.82km², 5,447세대 1만 5,601명이 주택 3,657동에 거주하고 있다. 생활보호 대상자 및 저소득 가구는 다음과 같다. 거택 121세대 155명, 자활 122세대 336명, 한시생계 95세대 171명, 한시자활 267세대 802명, 모자가정 7세대 17명, 국가유공자 10세대 25명,

사진으로 바라본 난곡

소년소녀가장 10세대 23명이다.

바람직한 도시 재개발

재개발은 대상지의 발생과정, 주민의 소득수준, 입지적 특성, 토지소유
관계 등의 상황에 따라 사업여건이 다르므로 재개발의 접근방식도 다양해
야 한다. 도시 및 주거환경개선 사업에서 제시된 다양한 사업 수법들은

이러한 지역 여건을 고려하여 선택되어야 할 것이다.

과거의 재개발 사업은 공공의 적극적 노력이 결여된 상태에서 물리적 방식에 의한 주거환경개선과 수익성 추구의 사업으로 이루어져 왔다. 이를 극복하기 위해서는 주민, 지역사회단체, 관할행정기관 등 지역사회의 구성원들이 재개발 사업에 적극적인 관심을 갖고 참여해야 한다. 또한 본인의 부담없이 밀도만 높여 노후주택을 재건축하는 관행에서 탈피하여 건물의 유지관리나 개보수를 통하여 건물의 사용연한을 연장시키는 노력이 선행되어야 한다. 또한 동시에 대규모의 물량이 재건축되는 경우에 발생하는 부작용에 대비하여 종합적인 기본계획의 수립이 선행되어야 한다. 재건축 사업에서 개발이익이 사유화됨으로써 노후주택이 투기의 대상이 되고, 주택가격 앙등의 원인이 되고 있으며, 주변 시가지에 대한 광범위한 외부효과를 초래하고 있음에도 이에 대한 억제장치가 미흡한 실정이다. 개발이익의 사회적 환수를 통하여 이러한 악순환의 고리를 끊어야 할 것이다.

06 도시의 공원과 녹지

최재순*

도시에서 자연이 왜 중요한가?

사람은 누구나 맑은 공기와 깨끗한 물, 따사로운 햇볕, 그리고 푸른 녹지가 있는 쾌적한 환경 속에서 살기를 원한다. 그러나 자연에 묻힌 시골에 살던 사람들이 산업화로 도시에 모이고, 도시개발을 하는 과정에서 크고 작은 산림이 사라지고 하천이 콘크리트로 덮이는 등 도시의 자연이 날로 줄어들었다. 휴일만 되면 많은 사람들이 교통체증으로 인한 고생을 감수하면서 산으로 들로 가는 것도 도시에서 맛볼 수 없는 자연을 만끽하기 위해서이다. 공원과 녹지는 나무와 풀, 그리고 물이 있어 맑은 공기를 만들어주고 건물이 많아 답답한 회색도시를 푸르고 시원하게 해주는 청량제 역할을 하고 있다. 따라서 공원과 녹지는 도시의 자연이라고 할 수 있으며, 도시민에게 푸른 자연을 제공해 주는 원천이다.

* 시립인천대학교 소비자아동학과 교수

도시공원과 녹지란?

「도시공원법」에 따르면, 공원은 도시에서 자연경관을 보호하고 시민의 건강·휴양 및 정서생활의 향상에 기여하기 위한 시설로, 녹지는 도시의 자연환경을 보전하거나 개선하고 공해를 방지하여 양호한 도시경관의 향상을 도모하기 위한 시설이라고 정의하고 있다. 두 가지 모두 자연보전이라는 공통적인 의미를 담고 있으나, 공원은 여가생활을 즐기는 공간으로 조경·휴양·유희·운동·교양·편익·공원관리 등의 시설을 갖추고 있어 녹지와 구분된다. 기본적으로 공원은 주택지나 도로에 인접하도록 계획하여 접근성이 높아야 하고, 어느 정도의 면적과 벤치, 산책로 등 시설을 필요로 한다.

녹지는 「도시공원법」에서 정의하는 시설녹지 이외에 「도시계획법」 규정에 의해 설치하는 것으로 그 설치 목적에 따라 완충녹지와 경관녹지로 구분되며 보전녹지, 자연녹지, 생산녹지 등과 녹지대, 수경시설 등을 총칭한다. 좁은 의미로는 공원 이외의 자연적인 푸르름(식물, 수역), 즉 녹음(green)을 의미하며 넓은 의미로는 공원을 포함한 오픈 스페이스(open space)로서 공원과 녹지는 상호 밀접한 관계에 있기 때문에 쉽게 구분하기가 어렵다. 이는 공원이 녹지가 될 수 있다는 의미이다. 공원과 녹지를 묶어 공원녹지라고 표현하기도 한다. 넓은 의미로는 법규상의 녹지나 공원뿐만 아니라 건물 또는 구조물이 없는 토지 중에서 교통용지를 제외한 토지, 즉 하천, 산림, 농경지, 비오톱, 분구원 등을 포함하는 것이라고 할 수 있다.

공원녹지의 역할

공원녹지는 도시에서 살아가는 사람들에게 많은 혜택을 주고 있다. 공원녹지 내의 식물은 대기 중의 이산화탄소와 자신이 흡수한 물을 원료로

비오톱이 되는 녹지공간

비오톱을 구성하는 가장 중요한 요소는 지형과 식생, 생물이다. 예를 들면 동물은 직접적 또는 간접적으로 지형과 식생, 생물의 환경자원에 의존하여 그것들을 먹이채집·영소지(營巢地), 보금자리, 은신처 등으로 이용하여 생활하고 있다. 비오톱은 숲, 초지, 농경지나 하천, 수로와 같은 물가 등의 주요한 서식지와 지형 등의 공간적인 통합으로 구별된다. 이것은 도시계획에서 오픈 스페이스(공터= 비건폐지)로 구분되는 경우가 많다.

생태 네트워크 계획은 생물을 다양하게 기르고 생물들과 접할 수 있는 도시를 구현하기 위해 비오톱을 조성해 가는 계획이다. 따라서, 본 계획에서는 앞서 설명한 바 있는 오픈 스페이스 전반을 '비오톱이 되는 녹지'로 하여 계획 대상에 넣기로 한다. 또한, 생태 네트워크 계획에서는 위에서 기술한 비오톱이 되는 녹지공간 중에서 도시공원, 학교 교정, 공공시설 광장, 시민농원(시설녹지) 등을 비롯하여 보안림이나 하천구역, 생산녹지, 녹지보전지구 등 법률과 조례 등에 의해 지정된 지역(지역제 녹지)을 나타내는 용어로 '녹지'를 사용한다.

도심 속 생태계 보전 공간이 되는 비오톱

하여 광합성을 하며 대기 중에 산소를 방출하는데, 1만 m^2의 녹지는 1년간 16t의 이산화탄소를 흡수하고 12t의 산소를 배출한다고 한다. 이것은 성인 21명이 1년간 숨쉴 수 있는 양으로 도시의 넓은 녹지는 그야말로 거대한 산소공장이라고 할 수 있다. 그리고 나무는 무성한 잎을 통해 자동차 등에서 배출된 질소산화물이나 황산화물 등 오염물질을 흡수하여 공기를 맑게 정화하고, 뿌리로부터 흡수한 수분을 잎을 통해 방출하여 건조하기 쉬운 도시에 습기를 제공해 준다. 나무를 많이 심게 되면 홍수를 예방할 수 있는데, 비가 많이 올 때 물을 흡수한 후 건조할 때 서서히 배출하여 주기 때문이다. 도시 내에서 띠 형태로 조성된 녹지는 바람의 통로가 되어 대기를 움직이게 하여 도시 내 오염된 공기를 희석시키기도 하고 그 지역의 온도를 낮추어 줌으로써 숲보다 온도가 높은 도심부의 열섬화 현상을 완화시켜 준다. 그뿐만 아니라 건물 등 도시구조물에서 발생하는 강한 바람을 막아주고 시끄러운 소음을 막아 조용한 분위기를 만들어준다. 도시의 모습과 조화된 녹지공간은 시민들에게 심리적인 안정감을 주고 시각적인 아름다움을 느끼게 해준다. 그리고 곤충, 새, 야생동물이 서식하는 공간이 되어 도시를 생명력과 활력이 넘치는 공간으로 만들어준다. 나무가 많고 녹지가 넓은 도시일수록 아름답고 쾌적하고 살기 좋은 도시가 된다.

녹지의 이용 측면에서 보면 옛날 시골의 정자나무 아래에서 동네 사람들이 모여 정담을 나누었던 것처럼 주택가에서 서로 이야기를 주고받는 대화와 휴식공간이 되기도 하고 체력단련, 유희활동 등 육체적·정신적 건강향상에 기여하고 자연학습, 문화체험 등을 할 수 있는 열린 마당이 되기도 한다. 사람과 환경의 관계 속에서 만들어지고 이용되는 도시공원은 환경학습을 하기 좋은 곳으로 들풀과 잡목림, 연못, 야생조류 등 자연관찰을 할 수 있으며, 자연에 대한 관심을 갖고 지식을 탐구하기도 하고, 각종 활동 프로그램에 참가할 수 있다.

도시공원은 환경학습 소재의 보고이다. 특히, 행동반경이 작은 어린아이들에게는 인격을 형성하는 중요한 시기라는 점에서도 가까운 곳에서 일상적으로 자연을 접할 수 있는 공원녹지의 존재가 중요하다.

환경학습에는 사람들의 경험이나 요구도에 따라, 가까운 자연에 대한 관심이 희박한 단계, 관심을 갖고 지식을 탐구하는 단계, 활동에의 참가를 요구하는 단계, 스스로 활동을 하는 단계 등이 있다. 환경학습의 단계가

가족과 함께하는 공원 체험: 가족단위 프로그램

· 가족과 함께 짚으로 새끼꼬기
· 공원 내의 동해(凍害)에 약한 수목들 짚싸주기
· 옛날 화로에 밤, 고구마 등 구워먹기(보라매 공원, 용산 공원, 시민의 숲)
· 산유수 열매 따기 및 산유수차 만들기

가족과 함께하는 공원체험(허수아비 만들기, 요술풍선 만들기, 종이접기)

올라갈 수록 사람들의 참여 태도는 더 적극적이고 자발적인 경향을 보인다. 환경학습의 초기 단계는 공원관리 측에서의 홍보가 큰 역할을 하는데, 예를 들어, 지역의 들풀을 육성하기 위한 이식작업, 잡목림을 조성하기 위한 묘목 심기, 잡초 뽑기 등의 관리작업, 연못에 수생식물 심기, 야생조류의 조사, 장애자들을 위한 자연관찰회의 개최 등 처음에는 단발적인 이벤트 참가 등이 있다. 환경학습을 하게 되면 공원 그 자체에 매력을 느끼게 되는데, 실제로 활동에 참가한 사람들 중에서 처음에는 단발적인 활동의 홍보에서 시작했다가 지속적으로 자원봉사 활동을 하는 경우가 많다. 이들은 실제로 활동에 참가하는 가운데 환경에 대해서 더 깊이 이해하여 스스로 활동을 만드는 단계로 이행된 단적인 예이다.

공원녹지는 어떻게 변화해 왔는가?

근대적인 의미의 공원이 출현하기 전까지는 숲, 바위, 물 등 유원지로서의 자연적 조건을 갖추고 있는 근교 야산, 자연환경이 양호한 사원(寺院)의 경내, 숲이 있는 사직단과 건축물, 정원과 후원이 있는 궁궐(창경원, 비원, 덕수궁 등)이 공원녹지의 기능을 수행했다. 마을의 정자나무도 주민들의 쉼터 역할을 해왔다. 유럽의 경우 봉건영주나 귀족들이 수렵을 하면서 여가를 즐기던 대정원이나 수렵장이 19세기 중엽 민주주의의 발달에 따라 시민들의 요구로 개방하면서 출현하였다. 즉, 상공업의 발달로 도시에 인구가 집중되면서 대중의 위락과 운동욕구가 증가하고 도시 미관 향상의 필요성에 의해 공원을 조성하게 되었다.

우리나라는 조선 말기 문호개방과 함께 외국인들이 거류하기 시작하면서 그들만이 모여 사는 장소가 형성되고 휴식장소가 필요하게 되었다. 1884년 조선국 외아문(外衙門)과 외국 사신 간에 조인된 인천제물포외국조계장정에 의해 만들어진 외국공동조계(外國共同租界) 안에 미국, 영국, 청나라, 프랑스, 독일, 러시아, 일본 등 7개 국가가 참여하였다. 이곳에 1889년 최초의 근대식 공원인 만국공원(萬國公園)이 조성되었으며 이 공원은 현재에도 자유공원이란 이름으로 남아있다. 이후 1893년에 인천 일본인 거류민단 지역에 동공원(東公園)이 조성되었으며, 1896년에 영국인 건축가인 브라운에게 의뢰하여 탑골의 원각사터에 경성 최초의 공원인 파고다공원 조성을 시작하였고 1899년 완료하였다. 또한 1896년에는 독립협회에서 주관하여 시민들의 모금으로 현재 독립문이 위치한 서대문 밖 영은문과 모화관이 위치해 있던 영천에 영은문을 헐고 파리의 개선문과 같은 모양의 독립문을 짓고 그 주변에 독립공원을 조성하였다. 하지만 이 공원은 1898년 독립협회가 강제 해산됨에 따라 제대로 관리되지 못하고 개원 3년 만에 농경지로 바뀌었다. 일반 백성의 힘으로 만든 최초의 공원이 사라져 버린 것이다. 그로부터 90년이 지난 1988년 서울시에서 독립문 주변의 서대문 형무소 자리에 다시 독립공원을 조성하였다. 1897년 일본

| 왼쪽 | 월드컵공원(평화의 공원) | 오른쪽 | 서울숲 군마상

정부에서 일본 거류민 지역인 남산 북서사면에 청일 전쟁승리를 기념하고자 1ha 토지를 빌려 화성대공원을 조성하였고, 1910년 일본인 거류지역의 외곽인 서사면, 현재 남산분수대와 식물원 지역 30만 평을 한양공원으로 조성하는 등 구한말 한성에는 4개의 공원이 있었다. 이외에도 1904년과 1910년 사이에 일본 육군과 해군에 의해 현재의 함경북도 청진과 경상남도 진해에 군사 신도시를 만들면서 근대적 공원이 조성되었다는 기록이 있으며, 1907년에는 대구의 일본인 거주지 주변에 달성공원이 조성되었다.

도시계획 시설로서의 공원은 1930년대 들어 「조선시가지계획령」에 의거 탄생하게 된다. 서울을 중심으로 살펴보면 대공원인 자연공원이 9개, 소공원인 근린공원 31개와 아동공원 86개, 준공원인 도로공원이 13개, 운동장 1개소 등 총 140개소의 공원이 지정되었으나 제2차세계대전과 일본의 패전으로 대부분 건설이 중단되고, 1970년대에 이르러 어린이대공원, 낙성대공원, 서소문공원 등이 조성되고 어린이공원을 본격적으로 개발하게 된다.

1980년대에는 그 당시 창경원 동물원을 이전하면서 서울대공원을 조

| 왼쪽 | 월드컵공원(하늘공원) | 오른쪽 | 월드컵공원(염원의 장)

성하고 86아시안게임, 88올림픽대회를 기념하는 아시아공원, 올림픽공원
이 조성되었으며 한국과 프랑스 수교 100주년을 기념하는 파리공원이
조성되었다. 그리고 옛 공군사관학교 자리에 공군의 상징인 보라매 이름
을 딴 보라매공원을 개원하였으며 독립공원이 조성되었다. 또한 서울 근
교 큰산의 자연성 회복 등을 위한 사업을 시작했는데, 북한산이 서울에서
유일한 자연(국립)공원으로 지정되었다. 그리고 아름다운 도시환경 조성
을 촉진하기 위하여 우수 조경시설에 표창하는 서울시 조경상이 제정되
었다.

1990년대에 들어서는 21세기 환경도시에 대비하기 위하여 단순한 나
무심기 차원에서 벗어나 물과 녹음이 풍부한 도시를 만들기 위하여 서울
시에서 '공원녹지확충 5개년계획'을 수립하고 남산을 잠식하고 있는 외
인주택 등 많은 시설을 철거하고 야외식물원을 조성하는 등 남산제모습
찾기사업을 추진하였다. 영등포 시립병원, 영등포 OB맥주공장, 천호동
파이롯트공장, 동대문구 전매청 창고, 성수동 삼익악기 공장, 등촌동 성진
유리공장 등 시설이적지와 여의도광장을 공원으로 조성하였다. 그리고
도시 내 생물서식공간 마련과 관찰학습을 위하여 길동생태공원과 여의도
샛강 생태공원을 조성하였다.

| 왼쪽 | 월드컵공원(난지천 전경) | 오른쪽 | 여의도공원 자전거 길

　또한 자연과 사람이 더불어 사는 녹색도시로 바꾸기 위하여 약 1,000만 명의 서울시민이 1그루씩 심는 '생명의 나무 1,000만 그루심기 운동'을 전개하여 1,641만 그루를 식재하였다. 그리고 생활권 가까이에 녹음이 풍부한 열린공원인 마을마당을 조성하였으며 덕수궁길 보행자 중심의 녹화거리 시범사업과 도시환경림 조성, 자연관찰로 조성 등 산림생태계 기반조성을 위한 사업도 추진하였다.

　2000년 들어서는 월드컵 주경기장 건설과 아울러 난지도 매립장을 생태적으로 건강한 공간으로 조성하는 월드컵공원 조성사업이 추진되어 105만 평 규모에 평화의 공원, 난지천공원, 하늘공원, 노을공원, 난지한강공원 5개 지역으로 나누어 조성되었다. 이 공원들은 현재 곤충, 조류, 파충류가 살아가는 생태적인 공간으로 변모하고 있다. 또한 서울의 좌청룡인 낙산을 뒤덮고 있던 아파트 등 건물을 철거하고 공원을 조성하면서 낙산공원 복원을 하였으며, 옛날 신선이 노닐던 선유도의 정수장을 옮기고 정수시설을 활용하여 한강의 역사와 생태를 볼 수 있는 테마공원으로 조성하였다.

<표 6-1> 도시녹지와 공원의 기능

기능	내용
도시환경의 유지·개선	생태계의 형성, 도시기상의 조절, 대기의 정화
도시방재(防災)	재해 시의 피난처, 연소의 방지, 소음방지, 방풍
도시경관	아름다운 도시경관, 쾌적한 환경조성
건강·레크레이션 공간	휴양, 산책, 레크레이션, 스포츠, 여가활동
정신적 충족	일상생활 속에서의 녹지, 꽃, 사람과의 만남 마음의 안락함, 계절감

도시공원과 녹지의 기능

도시에서 공원과 녹지를 구분하는 것은 큰 의미가 없다. 왜냐하면 공원 내에 녹지인 산림과 개발제한구역이 일부 중복되어 있고 녹지에 공원이 중복되어 있기도 하기 때문이다. 공원과 녹지를 세부적으로 분류하여 보면 공원은 「도시공원법」에 의한 도시공원과 「자연공원법」에 의한 자연공원으로 크게 나누어진다. 도시공원은 어린이공원과 근린공원, 도시자연공원, 체육공원, 묘지공원의 5가지로, 자연공원은 국립공원, 도립공원, 군립공원의 3가지로 나누어진다. 도시공원은 주로 이용에 따른 분류이며 자연공원은 관리주체에 따른 분류이다. 녹지는 다양하게 분류되는데, 도시계획법상 녹지지역은 보전녹지, 생산녹지, 자연녹지로 구분되고 도시계획시설인 시설녹지는 완충녹지와 경관녹지로 구분되며 이와 별도로 개발제한구역이 있고 녹지대, 수경시설, 가로수 등 다양한 녹지가 있다. 다음으로는 이러한 도시공원과 녹지가 갖고 있는 기능, 즉 효과 측면을 살펴보자.

도시환경의 유지개선

도시녹지는 인간뿐 아니라, 각종 야생동물에게 서식공간과 먹이를 제공해 주는 기본적인 역할을 한다. 즉, 지역 내 자연생태계의 평형을 유지

하는 기능을 담당한다. 또한 도시 지역 내 녹지가 많이 분포하면, 기온상
승을 억제해 낮과 밤의 일교차를 줄여 도시 기상이 조절되고, 대기오염을
정화하고 산소를 공급한다. 나아가 녹지가 하나의 숲을 이루면 삼림욕으
로 대표되는 리후레쉬(refresh)효과가 나타난다.

도시방재

도시녹지는 재해 시의 방재역할을 담당한다. 특히, 현대의 도시는 각종
재해에 대해 극히 취약한 체질을 갖고 있다. 화재의 경우 지진을 동반한
대화재에 오늘날의 도시들은 거의 무방비라 할 수 있다. 화재 시의 근린공
원, 어린이공원, 보행자전용 녹도(greenway)는 방재의 거점으로서 훌륭한
피난처가 된다.

도시경관

도시녹지는 도시형태를 규제하고 유도한다. 무질서한 도시 확산(urban
sprawl)을 방지하고 도시를 적정규모와 형태로 한정시키기 위해서는 시가
지 주변의 녹지를 계획적으로 보전하는 것이 중요하다. 또한 도시 내의
종류가 다른 토지이용의 구별을 위해서도 그 사이에 녹지를 조성하는
것이 필요하다. 또한 도시 도로변의 녹지는 경관조화, 장식, 랜드마크
(landmark) 기능을 한다. 도시 내의 산림은 도시 토지이용과 지형의 단조로
움을 피하고 인공환경과 자연환경의 조화를 가져온다.

건강·레크레이션 공간

도시녹지가 주는 기능 중 하나는 건강 및 레크레이션 공간으로 활용된

자연관찰 학습을 위한 습지공원과 재생에너지를 사용하는 생태공원

다는 점이다. 특히, 이 기능은 경제사회의 발전에 따른 개인소득의 향상과 자유시간의 증대로 더욱 확대되고 있다. 시민들은 레크레이션 활동을 통해 정신적 휴식과 육체적 건강을 얻는다.

정신적 충족

도시공원과 녹지는 정신적 만족감을 준다. 일상생활에서의 녹지 및, 꽃 등을 접할 수 있어 심리적으로 마음의 안락함을 얻을 수 있다. 또한 사람과의 만남을 주선하는 하나의 커뮤니티(community) 장소가 된다. 생활권 주변의 도시녹지는 일상생활 속에서 주민 간의 의사소통의 장으로서 그 역할을 한다.

공원에서 이루어지는 행사는?

도시의 공원녹지에는 자연성이 서서히 회복되면서 그동안 도시개발 과정에서 사라진 수많은 종류의 동·식물이 다시 터전을 잡았다. 단순히 수목과 풀이 있던 공간에 곤충과 개구리·살모사 등 파충류, 버들치·피라미 등의 어류, 황조롱이·흰뺨검둥오리 등 조류와 남산제비꽃·백리향·할미꽃 등 초화류가 자연스레 들어와 공원의 자연을 만들어가고 있는 것이다. 공원녹지에 사는 동·식물은 도시를 생태적으로 건강하게 하는 데 많은 역할을 하면서 자연을 느끼지 못하는 도시민들에게 경험하고 관찰할 수 있도록 해준다.

자연과 생태가 있는 공원녹지에 문화가 도입되고 있다. 문화의 시대를 맞아 휴식생활과 운동공간으로 주로 이용되던 공원이 다양한 활동이 이루어지는 문화공간으로 새롭게 태어나고 있는 것이다. 공원의 문화는 이용 프로그램 운영이라는 형태로 나타나는데 숲이 있는 공원은 정서순화뿐만 아니라 문화 욕구의 촉매가 된다는 것을 보여준다. 즉, 새로운 문화가 솟아나는 샘으로서의 역할을 하고 있다고 볼 수 있다. 서울의 공원에서 이루어지는 프로그램으로는 도시 근교의 남산, 관악산, 아차산 등 9개산에 등산을 하면서 전문가의 안내로 산의 역사, 문화, 생태를 관찰하고 배우는 숲속 여행 프로그램이 운영되고 있으며 길동생태공원에는 곤충·잠자리·버섯·거미 등 다양한 생물에 대하여 배우는 생태학교, 여의도 샛강생태공원에서는 조류·어류·양서류 등을 관찰하는 생태관찰학습이 이루어지고 있다. 남산공원과 보라매공원에서는 식물재배에 대한 이론과 실습, 분재

| 왼쪽 | 일요 생태학교(길동생태공원) | 오른쪽 | 공원벽화 그리기(어린이공원)

재배 교육을 하는 시민녹화교실, 남산야외식물원에서는 방학기간과 봄,
여름에 어린이들을 대상으로 자연학습과 자연놀이를 하는 남산자연학교
와 식물원예교실, 서울대공원에서는 방학기간 동안에 하는 식물교실·동물
교실 등 다양한 자연학습프로그램을 개발하여 운영하고 있다. 그리고 관
악산 축제와 서울대공원의 장미축제, 남산골 한옥마을의 민속문화 공연,
여의도공원에서 예술가와 시민이 작품을 만들어보는 '당신도 예술가',
송파나루공원에서 농악·사물놀이 등을 공연하는 전통문화예술공연 등 문
화예술 프로그램도 운영되고 있다. 열린 공간이 부족한 청소년을 위해
천호동공원에 만화창작실과 힙합댄스실, 방송·영화 제작을 위한 영상창작
실 등으로 구성된 청소년미디어센터를 조성하였고, 응봉공원에 인공암벽
을 설치하여 장비사용법, 매듭법, 하강법, 확보법 등을 배우고 실습해 보는
암벽 등반교실이 운영되고 있다. 또한 남산, 보라매공원 등 일부 공원에
앰프, 의자, 꽃길, 폐백물품 등 예식에 필요한 비품을 무료로 대여하는
야외결혼식장을 조성·운영하는 등 공원이 다양한 형태의 학습과 문화생활
이 이루어지는 공간으로 자리 잡고 있다.

공원녹지 개선방안

공원

  공원은 도시민들이 생활권 주변에서 이용할 수 있는 공간이 되어야 하는데, 대부분 도시 외곽에 면적이 집중되어 있다. 이 같은 현상은 도시 외곽의 산림을 보전하고자 공원으로 지정하여 관리하고 있기 때문이다. 이는 상대적으로 도심지역의 공원 면적이 적음을 의미한다. 이것은 산림이 있는 자치구의 경우는 행정구역에서 차지하는 공원면적 비율이 40~50%이나 산림이 없는 지역은 5~10%를 나타내고 있는 것으로도 알 수 있다. 지역별 공원녹지의 불균형은 도시 전체의 녹지 네트워크 구성에 어려움을 가중시키고 개별 지역의 환경의 질에도 나쁜 영향을 미치게 된다. 그리고 최근에 조성된 생태공원 등 일부 공원을 제외하고는 도시공원이 특성화되지 못하여 시민들의 다양한 이용수요를 충족하기에 미흡하다. 또 지역적으로 산재되어 있어 공원녹지 상호 간 연계성이 부족해 녹도, 자연탐방로 등에 의한 공원 간의 네트워크화가 필요한 실정이다.

녹지

  녹지지역은 그간 대규모 택지개발 사업 등으로 전용되어 면적이 감소되고 녹지 간 연계성 부족, 녹지축의 단절로 도심 내의 녹지는 양적으로 부족하고 질적으로 저하되어 생물서식의 부적절한 장소가 되고 있다. 그리고 도시 열섬과 산성비 등 대기환경의 변화로 산림의 자연성이 저하되고 이로 인한 외래 종의 확산이 증가하고 있다. 서울의 경우 녹지가 전체 도시면적의 41.8%를 차지하고 있으나, 보전녹지는 0.03%인 0.07km^{2}에 불과하다. 다음은 녹시율 부족을 들 수 있는데 녹시율은 사람의 시계(視界)

생태 네트워크

도시 생태계의 회복을 도모하기 위해 도시 전체를 대상으로 비오톱으로서 중요한 녹지를 중심으로 도시에 점재하고 있는 녹지를 네트워크화하는 시스템이다. 생태 네트워크 계획에서는 생물 다양성을 유지, 증대시키기 위해 자연환경의 보전, 재생·창출을 권하고, 도시 및 그 주변에 녹지를 적절히 배치한다.

일상생활에서 만나는 도심의 생태공원과 녹지

내에서 식물이 점하고 있는 비율을 의미한다. 도시개발로 인해 도심의 많은 녹지공간이 잠식되어 시민이 느끼는 녹지만족도는 상대적으로 떨어지는 것이다. 또한 도시 내부지역에 인구가 집중함에 따라 건축물, 옹벽 등의 콘크리트 벽면이 증가하여 삭막한 분위기를 점증시킬 뿐만 아니라, 추가적으로 소음·분진·열섬화 등 도시의 환경악화를 지속시키고 있다. 서울의 경우 시설녹지로 지정된 면적 가운데 52.4%인 $1.05km^2$만이 조성되어 있어 이에 대한 개선이 요구된다.

앞으로 공원녹지는?

자동차의 증가 등으로 날로 심각해지는 도시 환경의 문제를 해결하기 위하여 공원녹지의 역할은 매우 크다. 동·식물과 사람이 더불어 살 수 있는 건강한 생태도시를 위해 공원녹지에서의 생태적 변화가 예상된다. 다양한 직업형태에 따른 여가시간의 변화, 주 5일제 근무에 따른 여가시간의 증가 등으로 공원녹지에서 여가를 즐기려는 시민의 수요가 증가하였다. 또한 고령화 현상, 청소년 등 계층별로 특화된 여가수요 등 사회현상과 연계한 여가패턴의 변화에 부응하는 새로운 공원녹지가 많이 필요해지고 있다. 즉, 시민들의 이용을 고려한 공원녹지를 만들고 주민들을 위한 프로그램과 적절한 관리, 생태적인 녹지 네트워크 등을 고려한 공원녹지에 대한 정책이 뒷받침되어야 한다.

주민생활 가까이에서 이용할 수 있는 공원을 빠른 시일 내에 많이 만들되, 공원녹지의 지역적 불균형을 해소하여 필요한 곳에 골고루 배치해야 한다. 공원녹지를 많이 만들어 시민들의 다양한 수요를 충족하고, 환경성과 자연성이 확보될 수 있도록 해야 하며 자연과 함께하는 지속가능한 생태도시를 위해 공원녹지의 환경을 개선하고 녹지량을 높여가야 한다. 또한 민간에서도 생활 주변 지역을 녹지로 가꾸고 녹색 도시를 만드는 데 참여할 수 있도록 운동을 전개하고 지원할 수 있는 시스템을 구축해야 한다. 그리고 다양한 수요를 충족할 수 있도록 공원녹지 계획을 수립하고 가능한 이용프로그램을 개발·운영하는 것이 바람직하다.

새로운 공원녹지를 확보하고 늘려나가기 위해 주택밀집지역의 골목공원과 1동 1공원 조성, 학교녹화 활성화, 미시설공원의 실질적 공원화, 도시 내 시설이적지의 공원화, 소풍공원과 같은 테마공원 조성 등이 필요하다. 그리고 동·식물이 함께 사는 생태도시를 위해 단절된 녹지축 구축 및 연결, 걷고 싶은 녹화거리 조성, 가로변 녹지량 확충, 미시설녹지 조성, 꽃이 어우러진 육교 가꾸기 등 녹지의 네트워크화를 추진하고 생태 유수지 조성, 야생동물이 서식할 수 있는 근교의 산 만들기, 마을수목원 만들기, 녹색주차장 확대 등 자연생태계 보전 및 복원이 필요하다. 또한 콘크리트로 뒤덮인 도시의 하천을 생태적으로 살아있는 공간으로 가꾸어 가는 것이 필요하며 시민과 함께하는 도시가꾸기를 위해 아파트 단지 내 녹지관리지원, 건축물 옥상녹화, 도시구조물 벽면녹화, 공공기관 담장녹화, 마을녹화 지원, 녹지관리실명제, 큰나무 등록제, 나무은행 운영 등이 있다.

공원녹지에 대한 다양한 수요를 충족할 수 있도록 하기 위하여 공원이용프로그램의 다양화, 청소년 문화공간 조성 등 공원의 문화화와 대기질 개선을 위한 수경시설 확충, 어린이공원 수준향상, 가로녹지 급수망 확충, 공원 산책로의 자연성 회복, 공원 내 연못 수질개선 등의 과제가 있다. 그리고 시민수요에 부응하는 공원녹지 제도를 갖추기 위해 공원이용활성화를 위한 조직 정비, 자원봉사자 양성 및 활용시스템 구축, 민간조경에 대한 관리의무 강화 등의 과제가 있다.

공원녹지는 도시에서 큰 비용을 들이지 않고 환경오염을 자연적으로 치유할 수 있는 기능이 있는 자연이라고 할 수 있다. 따라서 도시에서 지속적으로 공원녹지 면적을 확보하고 보전하는 것은 생태보전과 환경개선을 위해 매우 중요한 과제이다. 특히, 도심의 공원녹지 확보는 도심의 오염물질 저감 및 열섬화 현상을 완화하는 데 크게 기여한다. 새로운 공원녹지면적을 확보하고 도심 평탄지의 대부분을 차지하고 있는 건물 옥상지붕의 녹화와 입체적인 벽면녹화 등으로 녹색도시로 가꾸어 가는 것은 도시에서 자연을 느끼게 하면서 건강하고 질 높은 생활을 하는 데 있어 매우 중요한 일이다.

07 도시의 그린벨트

권용우[*]

그린벨트제도는 언제, 어디서 시작되었는가?

왜 사하라는 사막으로 변했을까. 한때 찬란했던 메소포타미아와 이집트 문명은 왜 무너졌을까. 이는 숲을 파괴하고 도시를 세운 결과이다. 현대사회에서도 도시화와 산업화 과정에서 도시가 비대해지고 이로 인해 환경파괴 등과 같은 문제가 발생하고 있다. 특히, 우리나라의 경우 1960년대 이후 성장 위주 정책을 추진하면서 인구와 산업기능이 도시로 집중되었고, 이에 따라 도시권이 광범위하게 확대되었다. 그에 비해 도시환경 조성을 위한 투자는 저조하여 많은 도시문제에 노출되어 있다. 이에 대한 해결책이 바로 그린벨트(greenbelt)이다.

최근 우리나라에서는 1971년 이래로 30여 년간 환경보전에 기여해온 그린벨트제도와 관련한 찬반논쟁이 뜨겁다. 그런데 그린벨트제도는 언제, 어디서 처음으로 시행되었을까.

* 성신여자대학교 지리학과 교수

그린벨트(greenbelt)란 도시팽창을 억제하고 도시주변지역의 개발행위를 제한하기 위해 설치된 공지와 저밀도의 토지이용지대를 의미한다. 대체로 그린벨트는 도시 주변지역을 띠모양으로 둘러싸는 형태를 이룬다. 그린벨트는 지정된 지역의 형편에 따라 약간의 차이가 있으나 대체로 다음과 같은 몇 가지 공통된 목적을 지닌다. 첫째, 도시로의 인구집중을 억제하여 도시과대화를 방지한다. 둘째, 녹지대의 형성, 자연풍치의 환경조성 및 보호, 상수도 수원보호, 오픈 스페이스(open space) 확보, 비옥한 농경지의 영구보전 등을 통해 자연환경을 보전한다. 셋째, 대도시 공해문제가 심화되는 것을 방지한다. 넷째, 위성도시의 무질서한 개발과 중심도시와 연계화되는 것을 방지한다. 다섯째, 안보상의 저해요인을 제거한다.

그린벨트라는 용어는 1898년 영국의 도시개혁 운동가인 하워드(Howard)가 제시했던 전원도시의 개념에서 유래한다. 영국은 산업화로 세계에서 가장 먼저 발전을 이룩했지만 각종 도시문제로 고통을 겪었다. 하워드는 1898년 자비로 출판한 유명한 저서 『내일의 전원도시(Garden Cities of Tomorrow)』에서 도시생활의 편리함과 전원생활의 신선함을 함께 누릴 수 있는 이상적인 전원도시를 구상하였다. 전원도시는 도시, 농촌, 도시-농촌 혼재지역을 3개의 말발굽 자석에 비유하여 그 이해득실을 비교한 후 도시와 농촌의 이점을 취하자는 것이다. 그는 1903년 런던에서 북쪽으로 52km 떨어진 시골에 레치워스(Letchworth)라는 첫 번째 전원도시와 1919년에 런던에서 30km 떨어진 곳에 두 번째 전원도시인 웰윈(Welwyn)을 건설하였다.

우리나라에서 그린벨트제도는 언제 시작되었는가.

　우리나라의 그린벨트는 1971년 7월 30일 서울을 시작으로 하여 1977년 4월 18일 여천지역에 이르기까지 8차에 걸쳐 대도시, 도청소재지, 공업도시와 자연환경 보전이 필요한 도시 등 14개 도시권역에 설정되었다. 그린벨트의 총 면적은 5,397.1km²로서 전 국토의 5.4%에 해당되며 행정구역으로는 1개 특별시, 5개 광역시, 36개 시, 21개 군에 걸쳐 지정되었다. 그린벨트 지정 당시의 목적은 ① 도시인구의 집중방지, ② 무질서한 도시의 확산방지, ③ 자연녹지의 보존, ④ 전통적인 농촌경관의 유지, ⑤ 국방상의 보안유지, ⑥ 전 국토의 균형적 개발이었다. 이후 1999년 12월의 주택 및 부속건축물에 대한 규제완화에 이르기까지 50차에 걸쳐 법개정을 걸쳤다. 그러나 1999년의 전면개정을 제외하고는 30여 년간 운영되는 과정에서 지구해체는 없었다. 주로 그린벨트 안에서의 건축물 규모 등 행위제한에 관한 규제완화만 있었던 것으로 나타나 그린벨트는 함부로 훼손되어서는 안 되는 곳이라는 인식이 폭넓게 형성되었다.

　그린벨트는 도심 내 녹지공간이 턱없이 부족한 우리나라에서 그나마 녹지대를 형성하고 유지함으로써 자연환경 및 상수도의 수원을 보호하며, 비옥한 농경지를 보전하고 도시공해문제의 심화를 방지하는 등 환경적 가치가 대두되었다. 1980년대 말부터 등장하기 시작한 시민환경단체는 이러한 인식을 강화시켰으며, 특히 1990년대 초 이래 대형 환경사건이 잇따라 터지면서 국민들의 환경의식이 높아졌다. 또한 물량위주의 성장주의에서 삶의 질에 대한 관심이 높아지게 되면서 생태보전구역으로서의 그린벨트라는 관념이 등장하게 되었다. 이에 따라 그린벨트는 '개발유보지'와 '생태보전구역'이라는 개념이 동시에 공존하면서 갈등을 일으키는 양상을 보이게 된다.

조선시대에도 그린벨트제도가 있었다. 바로 한양 금산제도이다.

도성 안팎에 일정한 구역, 즉 금산을 정해두고 그 안에서는 농사를 짓는 일, 돌을 캐고, 흙을 퍼가는 일, 집을 짓는 일 등을 하지 못하게 했다고 한다. 조선 후기에 와서 한양의 인구가 늘어나고 토지가 부족해지면서 제도의 효력이 약해지긴 했지만, 구한말까지 유지되었던 제도이다. 오늘날 서울 강북지역의 주요 녹지대가 대부분 과거에 금산제도로 묶였던 곳이라 한다.

세계의 그린벨트제도

영국

1935년 영국의 런던도시계획위원회에서는 런던 주위에 그린벨트를 설치하자고 제안했으며, 1938년에는 「그린벨트법(Greenbelt Act)」이 제정되었다. 1944년에 애버크롬비(Abercrombie) 교수가 성안한 대런던계획에서는 런던 주변지역에 폭 10~16km의 그린벨트를 설정하고 개발이익의 환수를 법제화하였다. 1947년에 「도시농촌계획법(Town and Country Planning Act)」을 제정하여 지방정부에서 지역개발을 시행할 때 그린벨트를 포함한 개발계획의 수립을 의무화하였다. 이러한 법제화가 가능했던 것은 제2차세계대전 직후 정부의 권한과 기능이 막강해져 개발권을 국유화하였고, 그로 인해 개발허가제를 골자로 하는 강력한 계획제도를 도입할 수 있었기 때문이다. 1955년에 「계획정책지침 2호(Planning Policy Guidance II)」를 제정하여 그린벨트제도를 확립한 후, 런던 이외의 지방정부별로 그린벨트 설치를 확대하여 현재까지 시행 중에 있다. 특히, 영국은 14개 권역에 15,557km²의 그린벨트를 보유하고 있으며 국토 전체 면적의 12%가 그린벨트이다. 그린벨트 지정 후에는 해제와 신규지정 등의 변화가 있었다. 1970년대 이후 지역주민의 요구에 의해 그린벨트 면적이 2배로 증가했는데, 1974년의 런던 대도시권 그린벨트는 3,031km²이었으나, 1993년에 와서는 8,456km²로 늘어 2.8배가 증가했다. 여기에는 몇 가지 이유가 있다. 첫째, 그린벨트 주민들은 대부분이 중산층인데 이들은 자연 상태의 개방성(openness)을 선호하여 그린벨트의 보전을 강력히 지지한다. 둘째, 그린벨트 내 대토지 소유자는 농부, 왕실, 주택사업자 등이나 이들의 수효는 상대적으로 소수이다. 이에 지방의회에서는 그린벨트 내 유권자의 다수를 점유하는 중산층의 요구를 들어주어 그린벨트의 보전을 지지하고 있다. 셋째, 일반시민이나 시민환경단체들도 그린벨트를 보전하려 하는 등 영국의 그린벨트는 국민들의 광범위한 지지를 받고 있다. 그리고 중앙 정부의 환경교통성도 기본적으로 그린벨트를 보전하는 입장이다. 그러나 절대적 보전보다는 장기적으로 주택문제 등 다른 지역정책과 연계하여 필요한 경우 구역 조정을 시도하는 등 융통성 있게 운영하고 있다. 영국의 영향을 받은 오스트레일리아, 뉴질랜드, 남아프리카공화국 등은 명칭은 약간씩 다르지만 대부분 그린벨트제도를 도입하고 있다. 네델란드, 러시아 등에도 그린벨트와 유사한 녹지대가 설치되어 있다.

독일

독일은 1891년 「아디케스법(Lax Adickes)」을 제정하여 토지이용규제와 개발이익의 국가환수를 처음으로 제도화하였다. 독일은 선진국 중 가장 강력하게 개발규제를 시행하는 나라로 전 국토를 '개발허용지역'과 '개발 억제지역'의 두 가지로 구분하고 있다. 개발허용지역은 시가지구역이나 지구상세계획이 설정된 지역이기 때문에 독일의 전 국토는 사실상 개발을 제한하는 그린벨트에 해당된다.

프랑스

프랑스의 토지이용 제도는 토지의 용도를 건축이 가능한 지역과 건축이 제한된 지역으로 구분하여 농지와 임야의 무질서한 개발을 방지하고 토지 이용과 도시개발이 계획된 범위 내에서 수행되도록 유도하고 있다.

미국

미국은 개발권양도제(Transfer of Development Right: TDR)를 두고 있다. 이 제도는 임의 지역에서 도시화로 인구가 증가할 경우 해당 지역의 개발 권과 이용권을 분리시켜 지역문제를 해결한다. 개발권양도제에 따르면 토지 이용권은 토지 소유주에게 남겨두되 개발권은 공공기관에게 양도할 수 있다. 개발권을 공공기관에게 이양하는 것은 공공선을 위해 환경과 경제면에서 불건전한 토지이용과 개발을 배제하기 위해서이다. 이때 공익 우선의 규제조치로 손해를 보는 토지 소유주에게는 적절한 손실보상이 이루어진다. 이 제도에 따르면 공공녹지를 보전하기 위해 녹지보전지구 내에서는 농경과 제한된 위락용도 이외의 그 어떠한 개발도 규제된다.

일본

일본은 1956년에 「수도권정비계획법」을 제정하여 그린벨트 적용을 시 도했다. 그러나 그린벨트제도에 대한 사전 준비가 미비하여 관리상의 허 점이 많이 노출되었다. 이에 1965년에 「수도권정비계획법」이 개정되었는 데 이때 그린벨트에 관한 규제조항이 많이 완화되었다. 1968년에 「도시계 획법」을 개정하여 그린벨트 성격을 지닌 '시가지화 조정구역'을 채택하였 다. 그러나 '시가지화 조정구역'의 개발허용 범위가 너무 넓어 일본에서의

1998년 12월 24일 헌법재판소에서는 그린벨트에 관해 의미 있는 판결을 내렸다. 헌법재판소는 "개발제한구역의 지정이라는 제도 그 자체는 토지재산권에 내재하는 사회적 기속성을 구체화한 것으로서 원칙적으로 합헌적인 규정"이라고 판결하였다. 다만 "구역지정으로 말미암아 일부 토지 소유자에게 사회적 제약의 범위를 넘는 가혹한 부담이 발생하는 예외적인 경우에도 보상규정을 두지 않는 것은 위헌성이 있다"는 헌법불합치 결정을 선고하였다. 이러한 헌법재판소의 판결은 그린벨트 주민의 재산권을 보상해 주어야 한다는 여론을 수렴한 판결이라는 점에서 원칙적으로 의미 있는 결정이다. 그린벨트로 인해 혜택을 받는 非그린벨트 주민은 어떠한 형태라도 재산권 행사에서 불이익 당하고 있는 그린벨트 주민에게 고마움을 표시해야 한다는 사회적 보상원칙에도 부합된다. 그린벨트가 헌법정신과 일치한다는 결정도 순리적인 결정이다. 도시확산을 방지하고 환경을 보호한다는 그린벨트 설치목적이 헌법에 위배되지 않는다는 판결이다. 만일 그린벨트제도가 헌법정신과 일치하지 않는다면 지난 30여 년간 시행되어 온 그린벨트제도는 위헌이 되어 걷잡을 수 없는 혼란이 야기될 것이다. 이렇게 볼 때 헌법재판소는 정부와 국민들에게 토지보상과 환경훼손 문제에 있어 풀어야 할 과제를 제시했다고 판단된다.

그린벨트제도는 사실상 폐지된 상태이다.

그린벨트제도를 바라보는 다양한 입장들

그린벨트에 관련된 주체는 구역 내 토지·가옥 소유자, 중앙정부, 지방정부, 국회의원, 지방의회, 전문가, 시민환경단체, 언론 등이라고 할 수 있다. 이들은 각자의 입장에 따라 그린벨트에 관한 다양한 의견을 개진하고 있으며 그 내용은 조정론, 보전론, 해제론의 세 가지로 정리할 수 있다.

• **조정론**   조정론자는 그린벨트의 전면 해제까지는 가지 않더라도 현실 여건에 맞추어서 제한을 점차적으로 조정해야 한다고 주장한다. 조정론은 현실적으로 수도권 등 대도시권은 환경평가를 통해 부분해제 하고, 전주권 등 중소도시권은 전면해제 한다는 내용으로 정리되었다.

• **보전론**   보전론자는 현재의 도시 관련법에 적시된 몇 개의 조문으로는 그린벨트 보전에 한계가 있으므로 그린벨트를 '개발제한구역'이 아닌 '국토보존지역'으로 격상하여 적극적으로 관리해야 한다고 주장한다.

• **해제론**   해제론자는 그린벨트가 있어도 도시의 무분별한 확산이 진행되어 녹지지역의 의미가 퇴색되고 있으며 개발가능지가 고갈되었기 때문에 그린벨트를 해제해서 개발해야 한다고 주장한다.

2000년 7월 이후 그린벨트가 해제 조정되면서 해제론은 상당히 수렴되었다. 그러나 현실적으로 당장 해제하게 되면 그린벨트 내에 거주하는 일정수의 세입자들이 갈 곳이 없기 때문에 해제론의 적용에는 신중을 기할 필요가 있다. 일부에서는 일단 해제되었으니까 좀 더 유리한 조건이 도출될 때까지 기다려 보자는 온건론이 등장되었다. 그러나 임야만 제외하고 그린벨트는 완전히 해제하여 재산권을 행사해야 한다는 강경론도 상존한다. 그리고 일단 그린벨트 제한만 풀게한 후 다른 문제는 점진적으로 해결하자는 중간론도 있다.

지속가능한 그린벨트 관리방안

그린벨트에 관해 어느 입장을 택한다 하더라도 그린벨트가 국민의 삶의

그린벨트제도에 대한 입장

환경부는 1998년 12월 28일 '개발제한구역 제도개선시안에 대한 의견'이라는 의견서를 통해 공식 입장을 표명하였다.

첫째는 제도개선의 방향이다. 그린벨트 지정의 궁극적인 목적은 쾌적한 도시환경을 유지하기 위한 것이므로 환경에 미치는 전반적인 영향을 감안하여 제도의 기본 틀은 유지되어야 한다. 구역조정으로 인한 영향을 최소화하기 위해 구역조정은 당초 불합리하게 지정된 지역과 지역주민의 생활불편을 최소화하는 범위로 한정해야 한다.

둘째는 도시권별 구역 전체 해제의 내용이다. 구역 전체를 해제하는 것은 그 영향이 클 수 있으므로 과학적·객관적 검토를 거쳐 신중히 결정하되, 도시확산의 우려가 없고 환경상 나쁜 영향이 예상되지 않는 도시권에 한정해야 한다. 전체 해제 도시권 선정을 위한 작업은 도시계획전문가뿐만 아니라 환경전문가를 참여시켜 더 과학적이고 객관적인 평가를 신중하게 실시하는 것이 바람직하다.

셋째는 일부 해제도시권의 구역조정 내용이다. 상수원에 영향을 미치는 지역 등 해제 시 환경상 영향이 우려되는 지역에 대해서는 그린벨트를 현행대로 유지하는 것이 바람직하다. 동 지역에 대해서는 상수원보호구역 등 환경관련 보호지역 지정 또는 환경대책이 마련된 후 해제 여부를 검토해야 한다.

넷째는 해제지역의 관리와 난개발 방지의 내용이다. 도시권별로 도시면적의 일정비율 이상을 보전녹지지역으로 지정하게 하는 등 녹지보전대책을 구체화해야 한다. 해제지역의 무분별한 개발시 경관훼손·수질오염 등이 우려되므로 상세계획구역으로 지정하는 등 계획적인 저밀도 개발을 유도해야 한다. 그리고 그린벨트로 존치되는 지역은 생태공원, 자연 학습원 등 자연 친화적이며 교육·휴식공간으로 이용할 수 있는 시설에 한정하여 허용해야 한다고 지적하였다.

질을 담보해 줄 수 있는 생태공간의 특성을 유지하면서 지역경제의 활성화를 도모하기 위해서는 다음과 같은 몇 가지 측면이 충분히 반영되어야 한다.

• **지속가능성**(sustainability)　　　그린벨트는 미래에 등장할 생태도시(ecocity)의 건설을 위하여 남겨두는 생태공간이다. 따라서 그린벨트는 '개발을 제한하는 지역'이 아니라 '생태를 보전하는 지역'으로 재정립되어야 하고, 그 명칭도 '환경생태벨트', '생태보전벨트', '국토환경벨트' 등의 의미로 전환되어야 한다.

• **친환경성**(pro-environmentalism)　　　1992년의 리우환경회의나 1996년의 이스탄불 도시정상회의 등에서 확인된 바와 같이 오늘날 도시에서는 경제적 번영보다 일상적인 삶의 질이 더욱 중시되고 있다. 이렇게 볼 때 지속가능하고 친환경적이며 살맛나는 건강한 도시와 환경을 만들기 위해서는 그린벨트 문제를 철저히 친환경주의 입장에서 접근하여야 한다.

• **공공적 시민정신**(public citizenship)　　　그린벨트 구역과 주변지역과의 땅값 차이 등은 원거주민의 심한 불만을 야기하는 요인이다. 원서주민의 땅을 사서 들어온 외지인은 처음에는 그린벨트가 개발제한구역임을 인식하지만 시간이 지날수록 재산권 침해와 활용에 대한 집착에 매달리게 된다. 절대 다수의 국민들은 생태환경인 그린벨트의 존속을 희망하고 있다. 시민단체들은 원거주민도 보호하고 시민환경도 지켜야 할 사명감을 갖고 국토환경을 우선적으로 생각하는 동시에 그린벨트 내 주민의 복지향상을 꾀하고자 노력해야 한다. 원거주민도 보호하고 시민환경도 지키면서 국토환경을 생각해야 하는 공공적 시민정신의 측면이 고려되어야 한다.

• **형평성**(equity)　　　지난 30여 년간 그린벨트 원거주민은 이렇다 할 '환경보존의 대가'를 받지 못해 여러 가지 불이익을 호소하고 있으며 자녀의 분가 시 공간 부족 등 각종 생활환경의 불편을 감수해 왔다. 그러나

그린벨트 활용 사례 : 스톡클리 파크 히드로(Stockley Park Heathrow)

스톡클리 파크는 영국 런던교외 지역인 히드로에 위치하고 있으며, 총면적
142ha에 컴퓨터 관련 첨단연구시설, 비즈니스시설, 레저시설 등이 복합개발된
사이언스 파크(Science Park)이다. 11개의 호수를 조성하고 17만 그루의 수목을
식재하여 쾌적한 환경을 창출하였다. 시설면적은 전체의 28%인 40ha에 불과하
고 나머지는 골프장, 공원 등 레크리에이션 시설로 개발하였으며 기타 수영장,
체육관, 사우나, 스포츠클럽을 갖추고 지역주민들에게 공개하고 있다. 원래 그린
벨트였던 지역에 건설되었으며, 지역주민에게 골프장(18홀)을 설치하여 제공하
고, 만성적인 오염에 시달리던 인근 힐링던 강(Hillingdon River) 오염 정화비용
부담, 지역주민의 고용증대 등을 제시하는 등 주민과 합의하에 개발하였다.

그린벨트 문제가 제기될 때마다 그들이 겪는 생활상의 고통은 경시된
채 그린벨트 해제를 주장하는 의사만 부각되곤 하였다. 지난 수십 년 동안
재산권을 행사하지 못한 그린벨트 원거주민들에게 적절한 혜택이 돌아가
야 더불어 살아가는 시민적 형평의식을 공유할 수가 있다.

도시민의 생활공간, 그린벨트

그린벨트를 어떻게 조정할 것인지도 중요하지만, 장기적으로 개발제한
구역이 지녀야 할 역할과 기능을 재정립하는 것이 더욱 중요하다. 또한
어떤 식으로든 조정이 이루어진다면 조정 이후 해제되는 지역과 여전히
개발제한구역으로 남게 되는 토지를 어떻게 효율적으로 활용하고 관리할
것인가 하는가에 초점을 맞춰야 한다.

사실상 우리나라는 그린벨트가 지정된 이후 현재까지 장기적인 계획이
나 정책이 미흡하여 주민들의 요구에 부합하지 않거나 사회적 변화를

수용하지 못했다. 앞으로 새로운 정책환경과 사회적 욕구의 변화에 따라 이에 적합한 기능을 제공할 수 있다면 그린벨트는 도시민의 생활 속에 필요한 공간으로 인식될 수 있고 동시에 보존도 가능할 것이다.

최근 세계 곳곳에서 그린벨트를 활용한 사례를 접할 수 있다. 특히, 지역 여건과 주민의사를 반영할 수 있도록 지방정부에게 실질적인 그린벨트 지정과 관리권한을 이양하고, 도시민들을 위한 스포츠·레저공간(골프장, 축구장, 박물관 등)으로 활용하는 사례는 우리에게 좋은 시사점을 준다.

08 도시의 경관

민범기[*]

도시경관이란 무엇일까?

　도시경관(景觀)이란 무엇일까? 아마도 누구에게나 쉬운 질문이지만 동시에 알쏭달쏭한 질문이 될 수도 있을 것 같다. 도시경관이란 한마디로 말하면 도시의 모습이다. 대답은 간단하지만 도시의 모습 즉, 도시경관을 형성하는 데 영향을 미치는 요소들이 무엇인가를 생각해 보면 그리 간단하지 않다.

　도시의 경관은 그 도시가 갖는 자연환경과 사람들의 활동에 의해 형성된다. 이것은 어느 한순간에 형성된 것이 아니라 오랜 기간을 두고 축적된 결과이다. 도시경관을 구성하는 것들은 도시 속에 있는 산이나 강과 같은 자연환경과 더불어 건물, 길, 그리고 다리와 같은 좀 덩치가 큰 인공구조물, 그리고 가로등, 간판, 공중전화 박스 같은 작은 가로장치들에 이르기까지 이루 말할 수 없이 많다.

* 건축사, 디엔에이 종합건축사사무소 대표

| 왼쪽 | 서울 남산타워 | 오른쪽 | 뉴욕의 고층건물군

도시의 얼굴들

도시경관을 이루는 여러 요소가 어떻게 모여 있느냐에 따라 도시의 모습은 상당히 다양한 특징을 보여준다. 위에 제시된 도시들의 사진을 보자. 아마 우리는 어느 도시의 사진인지 쉽게 구별할 수 있을 것이다. 무엇을 보고 이들을 구별할까? 고층건물군과 낯익은 몇몇 마천루를 본다면 우리는 금방 뉴욕인 줄 알아챌 것이다. 한강의 다리, 남산타워, 고궁과 어우러진 고층건물군들은 흔히 보아온 서울의 대표적인 모습들이다.

강이나 바다, 산과 같은 자연환경과 건물, 탑, 다리 또는 어느 거리의 모습 같은 대표 경관은 그 도시를 특징짓는 아주 중요한 요소이다. 왜냐하면 많은 사람들의 머릿속에서 그 도시에 대한 강한 인상으로 자리 잡기 때문이다. 또한 그 도시에 사는 사람에게는 그들이 공유하는 자부심이나 이정표가 되기도 하고, 방문자들에게는 다른 도시와 구별되는 특별한 이미지로 자리 잡는다.

도시의 경관이 도시의 얼굴로서 특정한 모습을 갖기 때문에 중요한 것만은 아니다. 그것은 그 도시와 사회를 반영하는 거울이기도 하다. 왜냐하면 도시경관은 하루아침에 만들어

상해 야경

진 것이 아니라 오랜 세월을 두고 그 도시에 살던 사람들의 활동에 의해 변해온 결과이며 그 사회의 제도와 가치관 등에 영향을 받기 때문이다.

도시 들여다 보기

만약 우리가 어느 도시에 여행을 가서 며칠동안 서로 본 것에 대해 이야기하기로 했다고 생각해 보자. 우리가 똑같은 장소를 다녔다고 하더라도 기억해 내는 경관이나 느낌은 모두 다를 것이다. 도시의 경관은 눈으로 보이는 도시의 모습이다. 눈으로 보고 느낀다는 것은 상당히 주관적인 것이어서 보는 사람이나 보는 방법 또는 목적에 따라 달리 보이고 달리 느껴질 수밖에 없다. 지금부터 도시를 보는 몇 가지 관점에 대해 생각해 보고자 한다.

• **도시경관의 미(美)와 구성요소**　도시의 어떠한 모습을 보고 사람들은 아름답다고 느끼는가? 무엇이 도시경관을 구성하는 요소인가? 사람들이 좋아하는 장소나 경관에는 비례나 균형 같은 미적인 원리가 숨어 있지

도시 이미지의 구성요소에 대한 케빈 린치의 연구

수많은 도시경관의 구성요소 중에 우리 마음속이나 기억에 남는 가장 중요한 요소는 무엇일까? 우리는 마음속에 그려진 어떤 사물의 모습을 이미지(Image)라고 부른다. 이 이미지는 관찰자와 대상 간의 상호작용에 의해 형성되고 이것은 어떤 대상을 요약적으로 머릿속에 정리해 놓은 그림과 같은 것이다. 물론 우리는 도시에 관해서도 이러한 이미지를 각자의 머릿속에 그려 놓게 되는데 이것은 우리가 약도를 그릴 때 드러나게 된다. 이렇게 지도처럼 그려지는 이미지를 인지지도 (Cognitive map)라고 부른다.

미국의 건축학자 케빈 린치(Kevin Lynch)는 그의 연구를 통해 사람들이 도시경관 속에서 가장 인상깊게 기억하고 있는 다섯 가지 요소들을 찾아냈다. 길(Path), 강가나 호숫가와 같은 도시의 단부(Edge), 구역 또는 지역(District), 광장·로타리·전철역과 같은 교통의 결절점(Node), 그리고 눈에 잘 띄는 건물이나 구조물과 같은 랜드마크(Landmark)가 그것이다.

그의 연구 결과는 도시를 구성하는 수많은 요소 중에 무엇이 도시의 이미지를 형성하는 중요한 것들인가를 설명해 준다. 이 요소들은 도시 속에서 특정한 장소를 찾아갈 때 이정표 역할을 하기도 하고 어떤 도시를 기억할 때 인상 깊은 요소로 남기도 한다. 또한 도시계획이나 도시설계에 있어 도시 이미지를 형성하고 방향감각을 제공하는 중요한 요소로 적용되고 있다.

는 않은가? 도시나 건축, 조경을 연구하는 학자나 건축가들은 시각적인 대상으로서 도시경관의 미(美)에 대해 관심을 가지고 분석하고자 하였다. 이들은 대부분 자연과 잘 조화된 도시환경, 거리나 광장의 크기와 둘러싼 건물의 높이 비례, 도시의 스카이라인(skyline)에서 나타나는 리듬감, 도시를 이루는 건물 간의 조화와 적당한 대비, 이정표 역할을 하는 도시의 랜드마크, 도시의 역사와 문화를 담은 장소나 건물군(建物群) 등이 아름다운 도시를 이루는 요소들이라고 생각한다.

도시경관 요소를 세분해 보면 시각적인 느낌(Optics), 우리가 둘러싸여 있다거나 노출되어 있다는 등의 장소(Place)에 대한 느낌, 그리고 색채, 질감, 특성과 같은 대상의 내용(Contents)으로 구분할 수 있다.

그런데 도시경관은 개별적인 요소에 의해 아름답게 느껴지는 것이 아니라 주변과의 조화 또는 대비를 통해 느껴지는 관계의 미학이라는 점이 중요하다. 왜냐하면 도시경관은 수많은 건물과 시설, 그리고 자연이 어우러져 보이는 집합체이기 때문이다.

• 이야기하는 경관　　우리가 산에 오르거나 강 건너편에서 도시를 바라본다고 생각해 보자. 우리는 경관 속에서 언덕 위의 교회, 언덕 허리에 위치한 학교, 그리고 그 주변의 집들을 쉽게 구분해 낼 수 있으며, 이러한 광경을 보면 금방 사람들이 모여 사는 주거지역임을 알 수 있다. 또한 우리가 남산에 올라 오피스 빌딩이 밀집되어 있는 것을 본다면 우리는 많은 사람들이 업무를 보고 일하는 지역임을 쉽게 알 수 있다. 이렇듯 도시의 경관은 자기 자신을 이야기한다.

어떻게 우리는 경관의 이야기를 들을 수 있을까? 대답은 간단하다. 우리는 쉽게 그 모양을 보고 집과 교회, 학교와 사무소건물을 구별해 내고 이것을 통해 건물들이 모여있는 지역이 어떤 성격을 갖는지를 유추해 낸다. 왜냐하면 각각의 건물은 그 특징이 있고 우리는 경험에 의해 그것들을 구별하는 방법을 배웠기 때문이다. 환경심리학이나 기호학에서는 우리가 환경으로부터 기호(sign)를 풀어 의미를 파악한다고 설명하는데 건물의 모양이나 지붕, 창문 등의 형태는 이러한 기호를 구성하는 요소가 된다. 만약 우리가 뾰족지붕과 첨탑을 가진 건물을 본다면 쉽게 교회란 것을 알 수 있는데 지붕과 탑의 모양은 교회라는 의미를 전달하는 기호가 되는 것이다. 이렇듯 기호학에서는 환경이나 경관을 의미를 전달하는 기호의 장으로 보았다.

경관은 의미를 전달하기도 하지만 상징(symbol)을 표현하기도 한다. 기호는 구체적인 하나의 의미만을 지칭하는 것이 보통이지만 상징은 여러 가지 의미를 함축할 수 있으며 어떤 개념이나 생각을 전달한다. 교회의 첨탑이 단순히 '교회'라는 의미를 전달하면 기호가 되지만 이것이 '사람과 신의 교류' 또는 '신의 지배'를 의미한다면 그것은 상징이 된다. 예로부터 인간은 고대로부터 도시에 상징적 경관을 만들어내려고 노력했다. 이러한 상징적 경관은 종교나 정치적인 지배와 관련된 것이 많았다. 이러한 경관의 상징성은 보통 특정한 대상을 두드러지게 나타내려는 노력으로 드러난다. 도시 어느 곳에서나 잘 보이게 건축한 신전, 교회, 사찰, 탑 또는 궁궐 등이 그 대표적인 예이다. 그런데 때로는 이러한 건물뿐 아니라 커다란 규모의 광장이나 공원과 같은 장소 또한 상징적 경관이 된다.

이러한 기념비적인 건축물들은 보통 이것을 건축할 당시에는 사회의 구성원들을 동원해 어떤 목표를 완성하게 하는 단합의 구심점으로서의 역할을, 완성 이후에는 경외의 대상으로서 통치자나 신의 지배와 위엄을 상징하는 역할을 하게 된다. 이러한 상징은 현대 도시에서도 계속된다. 현대 도시의 가장 흔하고도 강력한 상징물은 하늘로 높이 솟은 마천루일 것이다. 이것은 현대화된 도시, 도시의 번성과 경제력, 나아가서는 우주로 통하는 문을 상징한다고 여긴다. 이제 막 경쟁력을 갖기 시작한 동남아나 중국의 도시들이 기념비적인 고층 건물을 세우기에 여념이 없는 것은 이런 이유에서일 것이다.

도시경관은 어떻게 만들어지나?

• 시간이 만드는 도시경관   도시의 경관은 하루아침에 만들어지는 것이 아니다. 도시에 사람이 살기 시작하는 순간부터 길을 만들고 집을 짓는 등 사람의 활동이 모이고 쌓여서 도시경관이 만들어진다. 즉, 시간의 축적을 통해서 형성되는 것이다. 도시경관은 그 모습을 고정시키는 법이 없고 끊임없이 변화한다. 왜냐하면 도시에 사는 사람들의 생각과 믿음, 그리고 필요에 따라 끊임없이 도시가 변화되기 때문일 것이다.

현대 종로의 모습을 찍은 사진을 보자. 우리는 고층건물과 자동차로 꽉 들어찬 거리의 모습을 볼 수 있다. 그런데 한 세기 전 종로의 모습은 과연 어떠했을까? 사람과 전차, 우마차가 다니고 단층이거나 2~3층 높이

2006년 종로의 모습

의 건물들이 줄지어 있었을 것이다.*

무엇이 도시의 모습을 이렇게 바꾸었을까? 종로 주변의 경제적 활동이 활발해짐에 따라 점점 더 많은 사람들이 모여들고 같은 면적의 땅에 더 많은 집들이 필요했을 것이다. 이러한 필요에 따라 서서히 더 높은 건물들이 생겨나기 시작했다. 이러한 변화를 가능하게 한 또 하나의 요소는 바로 기술이다. 기술은 경제적인 또는 사회적인 필요를 물리적으로 실현시킬 수 있는 수단이 된다. 현대의 건축과 토목공학 기술, 그리고 교통수단의 발달은 동서양을 막론하고 현대의 도시를 과거와는 상당히 다른 양상으로 만들었다. 과거의 도시는 교통수단이 발달하지 못했으므로 주로 걷는 사람을 위주로 만들어진 반면에 현대의 도시는 자동차가 편리하게 이동할 수 있는 형태로 재편된다. 토목기술을 바탕으로 넓고 곧게 뻗은 도로가

* 서울특별시 홈페이지의 문화관광 메뉴에 들어가면 서울의 옛모습을 볼 수 있는 갤러리가 있다. www.seoul.go.kr

생기고 곳곳에 다리가 놓여진다. 발달한 건축술은 100층이 훨씬 넘는 건물도 어렵지 않게 지을 수 있게 해준다. 이러한 모든 요소들이 결합해 현대의 도시는 과거의 도시와는 상당히 다른 경관을 갖게 됐다. 이러한 변화는 현대의 거의 모든 도시들이 겪어 왔고 또한 겪고 있으며 이 과정 속에서 과거의 소중한 자취들이 파괴된 것도 사실이다.

• **도시경관과 제도**   도시의 경관은 앞에서도 말한 바와 같이 사람들의 활동이 축적된 결과이다. 이러한 활동을 개인의 자유에만 맡겨둔다면 어떻게 될까? 아마 결과는 혼돈 그 자체일 것이다. 아파트 단지 옆에 시꺼먼 연기를 내뿜는 공장들이 줄지어 들어설 수도 있으며 단독주택 옆에 덩치 큰 빌딩이 들어서 일년 내내 햇빛을 볼 수 없게 될 수도 있다. 이런 일이 생긴다면 생활의 불편은 물론 도시경관 역시 흉한 모습으로 변해갈 것이다. 개인은 흔히 도시전체의 기능이나 경관을 생각하기보다는 각자의 이익을 극대화하기 위한 방향으로 움직인다. 이러한 개개인의 욕구를 조정하고 바람직한 방향으로 유도하는 것이 법과 제도의 역할이다. 도시전체가 제 기능을 유지하며 조화된 모습을 갖도록 하는 것이다. 아름답고 조화된 도시경관을 갖기 위해서는 법과 제도가 제대로 기능해야 한다고도 말할 수 있다.

도시경관과 관련된 가장 대표적인 법은 「국토의계획및이용에관한법률」과 「건축법」이다. 「국토의계획및이용에관한법률」은 도시의 기능유지와 관리를 위한 여러 규정과 도시계획 등에 관한 절차를 담고 있고 「건축법」은 개별 건축물을 지을 때 지켜야 할 여러 규정과 절차 등을 규정하고 있다. 넓은 의미로 보면 이러한 법과 제도 자체가 모두 도시와 도시경관의 형성에 영향을 미친다고 할 수 있지만 세부적으로는 '지구단위계획'이나 '건축심의' 등 세부적인 절차를 통해 조화로운 도시경관을 형성할 수 있도록 유도하고 있다. 하지만 이러한 법과 제도가 우리의 경관을 조화롭게 만드는 데 효과적으로 작동한다고 할 수 있을까? 다음 장에서는 우리 도시경관의 현황과 해결방법을 모색해 보고자 한다.

아름다운 도시 가꾸기

우리 도시경관의 현황과 문제

• 우리 도시의 오늘　　우리의 도시는 아름다운 경관을 많이 가지고 있다. 서울을 예로 들면 도시 복판을 가로지르는 한강과 도심 속에 솟아있는 남산, 그리고 서울을 감싸 안은 북악과 관악, 500년 도읍의 숨결을 간직한 고궁과 한옥이 간간이 남아있는 골목골목들……. 그러나 이런 우리 고유의 광경은 개발과 성장위주의 도시정책으로 사라져가고 있으며 그나마 얼마 남지 않은 유서 깊은 장소들마저 언제 없어질지 모르는 위험한 상황에 처해 있다. 현대화 과정에서 필연적으로 들어설 수밖에 없었던 고층건물들도 주변과의 조화를 생각하기엔 사치스러웠던 것이 개발시대의 현실이었을까? 아무튼 우리의 도시는 지금 옛 것과 새로운 것, 높은 것과 낮은 것, 개발할 것과 보존할 것 등 여러 가지들이 뒤섞여 조화되지 못하고 여러 문제를 만들어내고 있는 것이 현실이다.

최근에 와서 시민들과 정부는 부쩍 도시경관의 문제와 이를 바로잡는 정책을 내놓고 이에 대해서 고민하고 있다. 최근에 사회적인 관심을 모았던 경관 문제를 아파트 경관과 도심경관을 중심으로 우리 경관의 현주소를 살펴보고자 한다.

• 도시경관의 화두 '아파트'　　국민의 재건의식을 고취하고 토지이용

을 효율화한다는 취지로 한국 최초의 단지식 아파트인 마포아파트를 1961년 착공한 이래 1970년대 초반에는 반포와 압구정동 일대에 아파트를 짓기 시작하여 본격적인 아파트 시대를 열었고 이제는 대표적인 도시주거형태로 자리잡았다. 이렇게 아파트가 도시 곳곳에서 전통적인 주거형태를 대체하고 나서부터 도시의 주거환경을 개선하고 대량의 주택을 빠른 시간안에 공급하여 주택문제 해결에 도움을 준 것이 사실이다. 하지만 천편일률적인 아파트의 외관과 획일적인 단지배치, 주변을 생각하지 않는 아파트가 난립하는 등 도시경관에도 부정적인 여러 문제를 가져온 것이 사실이다. 이 중 대표적인 몇 가지 문제를 살펴보기로 한다.

먼저 저층 주거지역 내에 들어선 소위 '나 홀로 아파트' 문제를 살펴보자. '나 홀로 아파트'는 주변 건물보다 훨씬 높게 지어지기 때문에 주변경관과 어울리지 않을 뿐 아니라 주변지역에 일조, 통풍, 조망권 침해는 물론 사생활 침해 등 갖가지 문제를 가져온다. 이렇게 주변에 많은 영향을 주는 나홀로 아파트가 지어지는 이유는 지금까지 법이나 제도 등이 무계획적인 아파트 개발을 제대로 조절할 수 없었다는 데 있다. 정부에서는 최근에 이러한 문제를 해결하기 위해 관련법을 손질하는 등 제도를 보완하고 있다.

다음으로 지적할 수 있는 문제는 한강변을 병풍처럼 막고 있는 획일적인 아파트 경관이다. 보통 한 도시의 대표적인 수변 공간에는 물과 어우러진 건물들의 아름다운 경관이 펼쳐진다. 파리의 센 강변이나 홍콩의 구룡반도에서 바라본 홍콩 섬의 경관은 그곳을 방문한 관광객들에게 가장 깊은 인상을 남기는 경관이다. 하지만 우리의 한강변은 어떠한가? 담을 치듯 들어선 지루한 아파트의 행렬이 계속될 뿐이다. 우리는 한강변의 경관을 좀 더 다양하고 변화 있는 모습으로 가꾸기 위한 노력을 기울여야 할 것이다.

| 왼쪽 | 한강변의 아파트 | 오른쪽 | 저층주거지역과 뒤섞인 아파트

  다음으로 지적할 수 있는 것은 구릉지에 마구잡이로 들어선 아파트들이
다. 이는 도시경관을 해치는 또 하나의 요소로 지적되곤 한다. 예전에
언덕 위로 빼곡히 들어찼던 소위 '달동네'가 재개발되면서 고층 아파트단
지로 탈바꿈한 곳이 서울에만 수십 군데이다. 하지만 구릉지 위에 덩치
큰 아파트가 마구잡이로 들어섬에 따라 스카이라인의 부조화는 물론 기존
의 경관을 크게 훼손하고 있다. 또한 아파트 부지를 조성하기 위해 무리하
게 흙을 파내거나 채우다 보니 보기 흉한 거대한 옹벽이 생기고 안전상의
문제가 생길 가능성도 높다. 이렇듯 아파트로 덮여 가는 도시의 구릉지를
지형이나 경관을 생각해 좀 더 세심하게 개발하려는 노력이 필요하다.

  • 도심 속의 경관문제   서울의 도심은 옛 역사의 정취와 현대의
모습이 혼재되어 있다. 오랜 역사를 가진 도시의 도심에서는 대부분 옛
모습을 간직한 역사경관과 현대적인 경관의 보존과 조화에 관한 문제와
슬럼화 되어가는 도심의 재생에 관한 문제를 가지고 있다. 이제부터 도심
속에서 생기는 이들 문제를 짚어 보기로 하자.
  역사경관이란 역사적으로 가치 있는 건물이나 여러 문화재 또는 이것들
이 모인 지역에서 보이는 경관을 말한다. 서울 속에는 이러한 역사 경관이

여러 곳에 있다. 궁궐이나 남대문, 동대문 같은 여러 문화재, 그리고 북촌이나 인사동 같이 역사를 간직한 지역도 있다. 이러한 역사 경관은 어떠한 문제를 가지고 있을까? 먼저 궁궐이나 남대문 등의 문화재를 보자. 최근에 경복궁은 복원사업을 마무리했고, 국가에서 관리하는 문화재들은 정기적으로 보수와 관리가 이루어져 비교적 잘 보존되고 있다. 하지만 이렇게 특별히 관리되는 몇몇 문화재를 제외하고 다른 소중한 옛 자취는 이미 사라졌거나

새 건물이 들어선 화신백화점 자리

사라질 위기에 처해있다. 일제 강점기에는 서울을 둘러싸던 성벽의 대부분이 '도로개설'이라는 명분으로 그 대부분이 헐렸고 우리의 많은 문화재가 식민정책으로 모습이 바뀌고 헐리는 수모를 겪었다. 해방 이후 지금까지도 개발 논리에 따라 소중한 유산들이 사라져 가고 있다. 우리나라 최초의 건축가 박길룡이 설계한 화신백화점(1935년 건축)을 비롯하여 국제극장, 신신백화점과 같은 유서 깊은 근대건축물은 물론, 정겨웠던 수많은 도심의 뒷골목도 고층 건물에 밀려 사라지고 있다. 서울에 남아 있는 도시형 한옥 군락지인 북촌 한옥마을 또한 1991년 건축규제를 완화한 이래 한옥이 헐리고 난개발이 이루어지는 등 그 명맥유지가 어려움에 처하자 주민과 건축가, 대학교수 등의 전문가들이 모여 북촌 살리기에 나서고 있다.

어느 도시에나 새로 개발되고 성장하는 지역이 있는가 하면 생기를

| 왼쪽 | 북촌 한옥마을 | 오른쪽 | 세운상가 도심재개발 지구

잃고 쇠퇴하거나 여러 문제를 가진 지역이 존재하기 마련이다. 우리의 도시들은 대부분 오랜 역사를 지닌 까닭에 도심부 곳곳에는 예로부터 자생적으로 형성된 상업지역이나 시장, 그리고 경공업지역이 존재한다. 서울의 경우 충무로의 인쇄 골목이나 세운상가 주변의 공구상가나 조명·전자상가 등이 그 대표적인 예이다. 인쇄골목의 경우 인쇄소와 종이를 취급하는 상점, 인쇄물 디자인·기획회사, 이들을 고객으로 하는 식당 등에 이르기까지 골목을 따라서 각각의 기능이 연계관계에 따라 거미줄같이 서로 엮여 있으며, 이러한 지역은 자생적으로 형성되었지만 그 나름대로의 공간적 질서를 지니고 있다. 하지만 물품과 차량, 사람들이 지나기에 도로가 상당히 비좁고 주차를 위한 공간도 부족하여 도로에서 물품의 하역과 적재가 이루어지는 바람에 교통흐름을 방해하고, 화재 등의 위험에도 노출되어 있다. 또한 어떤 지역은 노후하고 열악한 환경으로 인해 상업활동이 위축되고 이에 따라 지역이 더욱 쇠퇴하는 악순환이 되풀이되기도 한다.

이러한 도시공간을 재정비하기 위해 우리의 경우 점진적으로 도시환경을 개선하기보다는 기존의 도시조직을 철거하는 방식을 주로 적용해 왔다. 그 결과 도심 곳곳에서 기존의 저층 상업지역이 헐리고 고층건물들로

복원된 청계천의 모습: 청계천의 복원은 도심에 상징적이고 매력적인 경관요소를 제공함으로써 도시를 활력있게 하고 있다.

탈바꿈했다. 이러한 재개발 방법은 이른바 현대적인 이미지의 도시를 만드는 것에는 성공했을지 몰라도 기존의 도시조직을 파괴하여 주변지역과 조화를 고려하지 못하고 특징 없는 고층건물 숲만을 양산하는 등 여러 가지 문제를 낳기도 했다.

이러한 지역을 재생하기 위해 거리공간을 재정비하고 낡거나 관리가 되지 않은 건물들을 리노베이션하여 도시의 경관을 새로 가꾸는 방법도 있다. 상업활동이 위축된 지역은 보행로와 건물을 정비하여 더 매력적인 공간으로 만들고 사람들을 끌어들여 활발한 상업 활동이 이루어지도록 해야 한다. 이렇게 점진적인 방법으로 기존의 도시환경을 개선해 나아간다면 도시의 옛 자취를 최대한 보존하고 주변환경과 어울리는 다양한 도시경관을 만들어나갈 수 있을 것이다.

외국의 도시경관 가꾸기

미국의 도시경관 가꾸기

미국은 일찍이 1893년 시카고 박람회를 계기로 도시미화운동(City Beau-
tiful Movement)을 시작하였다. 박람회장의 건물들과 환경이 기존의 도시
시카고와는 확연히 구별될 정도로 아름답고 쾌적했기 때문에 백색도시
(White City)라고 불렀으며, 이 박람회장에서 추구했던 가치들을 기존 도시
에도 적용하여 도시환경을 개선하고 미국의 도시들을 유럽의 대도시 수준
으로 끌어올리고자 하는 도시미화운동을 촉발시켰다. 이 운동은 클리브랜
드, 샌프란시스코, 워싱턴 D.C.계획에 이르기까지 미국의 많은 도시계획
에 영향을 미쳤다. 현대의 미국에서는 도시설계(Urban Design)나 디자인
심의제도(Design Control), 각 도시의 자치법규 등의 다양한 방법을 통해
기본적으로 건물을 자유롭게 지을 권리를 인정하면서도 동시에 도시에
세워질 건물의 높이를 제한하거나 보행로의 확보, 녹지를 만들어야 할
공간, 산이나 유서 깊은 건물과 같은 도시의 대표적인 경관이 가리지 않게
하기 위한 시각적인 통로의 확보, 주변의 역사적인 건물 양식과 어울리게
하기 위한 건축 디자인의 방향 제시 등에 이르기까지 공공의 이익을 위해
지켜야 할 여러 규범을 상세하게 정해놓고 있다.

최근에 와서는 사회문제를 일으키는 슬럼지구나 쇠퇴한 공장과 항만지
역 등의 도시문제를 해결하는 수단으로 광장이나 보행자공간 등의 공공공
간을 충분히 확보하는 방향으로 재개발하고, 간선도로를 지하화하여 녹지
축을 만든다거나 항구지역을 수변의 생태 공원이나 여가공간으로 탈바꿈
시켜 도시의 환경을 개선하고 이를 통하여 사회 문제를 해결하려는 노력
을 하고 있다.

| 왼쪽 | 뉴욕의 전경 | 오른쪽 | 런던의 야경

영국의 도시경관 가꾸기

  영국의 도시는 오랜 역사와 전통을 지녔다. 따라서 이들은 도시 속의 역사적인 건물이나 기념물 등을 보존하는 것이 중심된 도시미화정책이다. 영국은 「도시계획법」에 의해서 20만 동 이상의 역사적 건축물을 지정하고 이를 헐거나 변경할 때는 행정청의 승인을 받도록 하여 이를 보존하고 있으며, 보존지구제도를 통하여 가치가 있는 일정 지역을 지정하여 개선계획을 세우고 주민들이 지역을 유지관리할 수 있도록 보조금을 지급하는 등의 노력을 기울이고 있다.

  또한 영국의 지방자치단체에서는 건물을 새로 짓거나 도시개발을 할 때 '개발허가제도'에 의해서 승인받도록 하여 주변경관과 조화를 이루도록 규제하고 있다. 건물을 지을 때는 높이, 형태, 질감, 장식 등에 대한 미적 영향을 심의를 통해 검토하고 있다.

  2002년에 출간된 런던도시계획안내서 "The Draft London Plan"에서는 "더 살기 좋고 매력적인 런던을 만들기 위해서는 더 높은 디자인(설계) 기준이 필요하다. 좋은 디자인(설계)은 경제적 투자를 유인하는 데 효과적이다. …… 중략…… 좋은 디자인(설계)은 도시 형태와 변화 양상, 그리고 런던의 역사 환경을 포함해 지역의 사회적·역사적·물리적 맥락(연관관계)을 이해하고 존중하는 데서 비롯된다"라고 기술하고 있다. 여기서 우리는 기존의 도시와 조화를 존중하면서도 더욱 질 높은 도시환경을 창출해 활기 있는 도시를 유지하려고 하는 영국인의 의지를 읽을 수 있다.

행정적인 노력뿐 아니라 영국에서는 민간 차원의 경관보존 운동이 활발하다. 이들을 어메니티를 위한 단체(Amenity Society)라고 부르는데 이들은 영국의 빼어난 도시, 전원, 해안경관, 건축물들을 정부의 개입 없이 자발적으로 보존하려는 노력을 하고 있다. 내셔널 트러스트(The National Trust, 1894년 설립), 고기념물 협회(Ancient Monument Society, 1924년 설립), 시빅 트러스트(The Civic Trust, 1957년 설립), 고건축보호협회(The Institute of Historic Building Conservation 1877년 설립), 랜드마크 트러스트(The Landmark Trust,1965년 설립), 빅토리안 협회(The Victorian Society, 1958년 설립) 등 수많은 단체들이 활동하고 있다.

도시의 기후

변병설*

뗄 수 없는 관계, 도시와 기후

　도시가 발달하면서 대기오염, 수질오염 등 다양한 환경문제가 발생하고 있다. 최근에는 도시기후의 변화로 여러 가지 부작용이 나타나기도 한다. 특히, 대도시의 경우 기후의 급격한 변화로 질병, 일조권 등 심각한 사회문제까지 확대되고 있다. 유독 대도시에 거주하는 주민들에게 자주 발생하는 질병의 경우, '기후'와 밀접한 관계가 있다. 서울의 산 중턱 집은 평지에 비해 100m 이상 높은 상태이며, 여의도에 있는 63빌딩의 옥상 높이에 집이 있는 것과 같다. 이렇게 높은 곳에 살고 있는 주민들은 가끔 머리가 아프고 몸이 무거우며 현기증을 느끼는 경우가 있는데 이러한 증상의 일부 원인이 '산복 온난대 현상'으로 밝혀졌다. 산복은 산의 중턱을 의미하는 것으로 산복 온난대는 산 중턱 높이쯤의 기온이 지표면 부근의 기온보다 높아질 때 나타나는 현상이다. 산 중턱에 기온의 역전층이 나타날

* 인하대학교 사회과학부 교수

도시기후란?

기후의 어원은 경사 또는 기울기라는 뜻의 그리스어 'klima'에서 유래하였다. 이는 지구의 태양에 대한 경사라고 해석할 수 있다. 기후는 지구 상의 위도 및 지형에 따르는 지리적인 차이와 시간적 차이로 구분할 수 있는데, 현재 우리들이 사용하고 있는 기후라는 말 속에는 둘 다 포함되어 있다. 따라서 기후란 지구 상의 특정한 장소에서 매년 반복되는 대기의 종합상태라고 할 수 있다. 기후는 장소에 따라 달라지지만 같은 장소에서는 보통 일정하게 나타난다. 그러나 자세히 살펴보면 기후도 수십 년 또는 수백 년이라는 긴 주기를 가지고 변화한다. 이렇게 기후가 변화하는 것은 태양에너지의 변화, 지구의 조석현상, 위성공간의 변화, 지구자전의 변화, 기타 인간활동에 의한 인위적인 변화(환경오염)에 기인한다. 도시지역에서는 바람에 의한 기류흐름이 원활하지 못하여 일반적인 자연지역과는 다른 기후를 나타내게 된다. 인구가 밀집한 대도시지역은 건물·도로 등에 의해 주변지역과는 다른 도시만의 특이한 기후를 만들어내는 것이다.

때는 대기오염 물질이 대기층에 모이게 되어 산 중턱의 주민들이 신체적인 고통을 느끼게 되는 것이다.

도시에서는 일조권을 침해 받는 경우가 종종 있다. 주택에 햇빛이 많이 들어오지 못하면 집안에 습기가 차서 사람의 건강을 해칠 수 있다. 또한 도시에서는 지역마다 기온의 차이가 크게 발생하는데, 한 조사에 따르면 인구 100만의 도시에서는 바람이 없고 맑은 날 밤에 도시 내의 기온 차이가 5℃에 달한다고 한다. 서울 같은 인구 1,000만의 도시에는 지역에 따라 5~6℃ 이상의 기온 차이가 나는 것으로 나타났다.

이처럼 도시화로 인해 이상 기후현상이 심화되고 있다. 건강한 도시생활을 하기 위해서는 현재 우리가 살고 있는 도시에 어떤 이상 기후가 나타나는지 관심을 가져야 한다.

도시기후는 왜 생기는 것일까?

　도시기후는 초지와 산림이 콘크리트와 아스팔트로 변함으로써 생기고, 이들 물질의 특성으로 도시 표면은 많은 열을 받게 된다. 또한 공업의 발달로 인한 산업 시설물과 차량으로부터 배출되는 오염 물질은 도시의 대기 상태를 변화시킨다. 인구의 집중으로 발생되는 인공적인 열, 먼지, 매연, 자동차 배기가스 등은 기온·습도·강수·바람·일사·일조 등에 영향을 미쳐 결과적으로 농촌지역과 다른 도시 특유의 기후를 형성하게 되는 것이다. 도시기후를 만들어내는 원인은 크게 도시 토지이용의 변화와 인간의 활동 증가로 나눌 수 있다.

　먼저 토지이용의 변화부터 살펴보자. 도시가 발달함에 따라 흙을 드러낸 토지가 줄어들고 있다. 각종 건축물로 인해 지상의 토지가 콘크리트로 바뀌면 자연 상태의 기후가 크게 변화한다. 농촌보다 도시가, 도시에서도 그 주변지역보다 중심부로 갈수록 건축물이 밀집되는데, 건축물이 지면을 덮는 비율이 커지면 건물에 의해 일사나 바람이 차단되어 기온·습도·풍속·풍향이 변하게 된다. 도시 내부와 주변의 기온이 달라지면 도시 특유의 바람이 발생하는데, 이는 그 지역의 기후에 영향을 미친다. 또한 녹지가 없어지고 건물이 늘어남에 따라 건물에 의해 반사된 태양광선을 다시 건물이 흡수함으로써 태양열의 흡수율이 많아진다.

　이와 함께 도시기후의 변화 요인으로 도로 포장률의 증가를 들 수 있다. 도시화가 진행됨에 따라 도로가 포장되어 흙으로 덮힌 면적이 점점 감소한다. 이렇게 흙을 드러낸 토지가 감소하고 도시가 콘크리트로 덮이게 되면 지하로 침투되는 빗물이 적게 되고 지표면으로부터 물이 증발되지 않는다. 이렇게 지표면에서의 증발량이 적어지면 기온이 높아져서 도시기후를 형성하게 된다.

　도시기후는 인간활동의 증가에 의해서도 형성된다. 인구가 증가하고

도시기후가 발생하는 요인

생활수준이 향상되면 전력 소비량이 증가하게 된다. 화력발전소에서는 전력을 생산하기 위하여 석탄과 석유를 사용하는데, 이는 매연을 발생시킨다. 매연이 증가하면 도시 대기는 먼지가 많아져 대기 중의 습기를 흡수하게 된다. 또한 공장의 생산 공정이나 냉방에 사용된 많은 양의 냉각수가 하천으로 방출되면 하천의 수온이 상승한다. 특히, 공업도시의 에너지 소비량의 증가는 열기관과 같은 역할을 하여 도시기후를 변화시킨다. 또한 도시가 커지면서 도시를 중심으로 한 물자와 인구의 수송량이 많아지고 있다. 이 수송의 주역은 자동차이며 자동차 배출 가스로 인한 도시의 대기오염도 기후를 변화시키는 요인으로 작용한다.

도시기후는 어떠한 특성을 갖는가?

도시의 기온

도시 중심부는 도시 주변지역보다 기온이 높다. 그 원인은 도시 내부의 가옥이나 공장에서 발생하는 인공적인 열, 건축물이나 도로의 열, 도시

도시 열섬현상

농촌 지역에서는 유입된 태양 에너지의 많은 부분이 식생과 토양으로부터 물을 증발시키는 데 이용된다. 그러나 도시는 식생이 적고 노출된 토양이

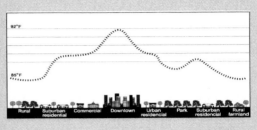

적어 낮 동안에 유입되는 태양 에너지의 대부분이 구조물 또는 아스팔트에 흡수되어 열용량이 커지게 된다. 이처럼 도시는 농촌보다 항상 많은 열을 지니게 되어 온도가 높을 수밖에 없다. 도시지역과 농촌지역 간의 기온차는 크며, 등온선을 그려보면 도시 중심부가 주위와 달리 섬 모양으로 나타난다. 이러한 현상이 바로 '도시 열섬현상'이다. 도시 크기에 따라 다르겠지만 도시 중심부의 기온은 농촌지역보다 3~4℃ 정도 높으며, 서울과 같은 대도시의 경우 지역에 따라 5~6℃ 이상의 기온 차가 난다.

도시의 열섬현상이 커지면 도시 중심부의 따뜻한 공기는 오염 물질을 동반하여 상승하였다가 도시 변두리지역으로 흐르면서 차갑게 하강한다. 이는 다시 도시 변두리지역의 신선한 공기와 함께 지표를 따라 도시 중심으로 몰려오게 된다. 도시의 산업지역이 도시의 외곽에 있을 경우에는 오염물질이 도시 한가운데로 옮겨져서 여기에 집중되는 경향이 있다. 만일 도시 중심부에 역전층이 형성되면 그 높이까지 각종 오염 물질이나 먼지 등이 몰려서 오염 물질을 배출한 지상보다도 공기의 오염이 더 심해진다. 열섬은 일반적으로 바람이 없는 날에 심하고, 구름이 끼거나 바람이 강한 날에 사라지는 경향을 보인다. 도시화가 광역화된 수도권의 열섬현상은 더욱 심하다. 특히 대기 중에 배출되는 오염물질 배출량은 자동차의 증가로 더욱 악화되는 추세에 있다.

상공의 먼지나 탄산가스 등의 영향 때문이다. 따라서 도시의 기온은 인공적인 열을 많이 발생시키는 공장이 있는지, 시가지의 콘크리트 건축물 혹은 석조 건축물이 얼마나 있는지, 노보꼬상이 얼마나 되어 있는지, 공기

중에 먼지는 얼마나 있는지, 시가지의 면적과 인구는 얼마나 되는지에 따라서 달라진다.

도심부와 주변지역의 기온차를 발생시키는 가장 큰 요인은 풍속이다. 도심부의 기온차는 일반적으로 주간보다는 야간에 크고 그것도 바람이 없는 맑은 날 밤에 커진다. 계절적으로 보면 여름보다 겨울에 기온차가 크게 나타나는 것이 일반적이다. 이러한 기온차를 발생시키는 또 다른 요인은 도시 내부에서 발생하는 인공열의 열량과 공기 중에 포함된 오염물질의 양, 그리고 도시규모의 차이이다. 또한 시가지의 인구나 면적과도 깊은 관계가 있다. 미국 캘리포니아에서는 인구가 24배로 증가된 후에 도심부와 주변지역의 기온차는 2배가 되었다고 한다.

도시의 바람

도시 내부는 열섬 현상에 의해서 주변지역보다 고온이므로 저기압이 형성된다. 도시 내부에서는 고온으로 상승 기류가 생기며, 이로 인하여 공기가 주변지역으로부터 도시 중심부로 몰려오고, 모인 바람이 다시 상승 기류가 되어 상공으로 올라간다. 상승된 공기는 어떤 고도에 이르면 사방으로 발산하게 되어 도시 주변에서 하강하게 된다.

도시풍의 풍속은 높은 빌딩에 의해 일반적으로 약해지는 경향이 있다. 대체로 농촌에 비해 연평균 풍속은 20~39% 작고, 바람이 잔잔한 정온일 수는 5~20% 많다. 보통 도시의 바람은 밤에 풍속이 강하고, 낮에는 시내가 교외보다 풍속이 약하다.

도시의 습도와 강수

일반적으로 도시는 그 주변지역보다 습도가 낮다. 시내가 시외보다 기온

먼로효과와 마가렛 공주

도시에서는 바람이 마술을 부리는 경우가 많다. 미국 뉴욕에서는 바람이 없는 날에도 건물 아래에서 발생한 난기류 때문에 여성의 스커트가 갑자기 뒤집히는 경우가 많다고 한다. 영화 <7년만의 외출>에서 마릴린 먼로의 스커트가 지하철 환기통에서 올라오는 바람에 의해 치솟는 장면에서 힌트를 얻어 이 난기류를 '먼로효과'라 부른다. 이 먼로효과가 세계적인 화제가 되었던 것은 귀빈을 마중하러 공항에 나갔던 영국의 마가렛 공주가 귀빈과 인사를 나누던 순간 스커트가 치솟았던 일 때문이다. 이때의 장면이 잡지에 소개되면서 세상의 이목을 끌었다.

도시의 고층 건물 사이에서 일어나는 이 난기류는 먼로효과에 그치는 것이 아니라 때로는 보통 풍속의 2~3배의 강풍을 일으켜 많은 피해를 끼치기도 한다.

이 높아서 공기 중의 수증기량이 같더라도 상대습도는 시내 쪽이 더 낮게 되는 것이다. 이러한 습도차는 계절에 따라, 시각에 따라 시시각각 변한다. 1년 중 여름이 습도차가 가장 크고 겨울에는 대단히 작다. 또 하루 중에는 정오쯤에 최대, 이른 아침에 최소가 된다. 하루의 일기와도 관계가 있다. 예를 들어 여름의 맑은 날 저녁 때는 도시 중심부에 매우 건조한 현상이 많이 나타난다. 도시가 건조한 것은 대기 중에 먼지가 많이 포함되어 있고 도로 포장으로 인해 빗물이 지면으로 스며들지 않고 직접 하수구로 들어가기 때문이다. 이렇게 도시의 습도가 낮아지는 현상은 인구가 증가하고, 도시가 팽창하면서 더욱 심화되고 있다.

일반적으로 강수량은 농촌보다 도시에서 많다. 동일 지점에 있어서도 도시화가 진전되면 강수일수, 혹은 강수량이 증가한다. 도시에서는 강한 비가 오는 날 수는 감소하고 약한 비가 오는 날 수는 늘어나고 있다. 이 밖에 뇌우가 발생하는 날이나 눈이 오는 날도 많다. 또한 도시 내의 공기 중에는 먼지 등 응결핵이 되기 쉬운 물질이 다량으로 포함되어 있어

스모그 현상

지표 부근에서 수증기가 응결하여 육안으로 대상을 확인할 수 있는 최대거리가 1km 이하일 때를 안개라 한다. 대기 중의 오염 물질이 안개에 섞이면 이를 스모그 (smog)라고 한다. 기온이 역전층일 때 안개나 스모그가 잘 나타나 큰 피해를 준다.

스모그는 석탄 소비의 증가에 의한 런던형 스모그와 자동차 배기가스에 의한 로스엔젤레스형 스모그로 나눌 수 있다.

① 런던형 스모그 : 1952년 12월 4일 런던은 회색빛 짙은 구름이 하늘을 가리고 거리에는 안개가 자욱했으며 바람은 거의 없었다. 사람들은 이러한 춥고 습한 날씨 때문에 난방용 석탄을 많이 땠으며, 거리에서 많은 차량이 내뿜는 배출 가스와 공장의 굴뚝에서 쏟아져 나오는 연기는 안개속으로 스며들었다. 12월 5일에는 안개가 심해 자동차는 거의 못 다녔고, 걷기조차 힘들었다. 많은 사람들이 눈과 피부, 호흡기 질환으로 병원을 찾았고 이러한 날씨가 계속되는 1주일간 약 4,000명, 이듬해 2월까지 약 6,000명이 목숨을 잃었다. 이처럼 석탄을 땔 때 발생하는 매연, 이산화황, 일산화탄소 등이 어울려 발생한 스모그를 런던형 스모그라 한다.

② 로스엔젤레스형 스모그 : 1943년 로스엔젤레스는 여름 한낮에 간간히 황갈색 스모그가 발생했다. 사람들은 호흡 곤란을 느끼고, 눈이 따가우며 눈물이 나기도 했다. 이 황갈색 스모그는 대기 중의 오염물질이 태양광선의 영향을 받아 만들어졌으며, 바다에서 불어온 찬 해풍으로 역전층이 생겨 큰 피해를 가져 왔다. 이와 같이 자동차 배기 가스에 의하여 발생하는 스모그를 로스엔젤레스형 스모그라 한다. 이는 자동차 배기 가스 속에 포함된 질소 산화물이 태양 광선과 결합하여 생기므로 광화학적 스모그라고도 한다.

서 습한 공기가 유입할 경우, 혹은 저온의 공기가 이동해 올 경우에 안개가 발생하기 쉽다. 이러한 도시 안개는 종종 스모그가 되어 인간에게 해로운 영향을 준다.

기후를 고려한 도시, 어떻게 만들어야 하는가?

도시지역은 산업화에 따른 사회·경제적 기능이 집중되면서 자연적 토양을 상당히 변화시켰다. 이에 따라 기온이 상승하고 대기오염이 증가하고 있으며, 습도 및 바람이 감소하고 있다. 이러한 문제는 도시의 토지를 비합리적으로 이용하기 때문에 발생하는 것이므로 도시계획 차원에서 해결해야 한다. 이를 위한 방법 중의 하나로 최근 떠오르는 개념이 '바람통로'이다. 바람통로는 산이나 바다로부터 유입되는 신선한 공기를 흐르게 하는 바람의 길이다. 산이나 바다의 신선한 공기가 도시 중심부로 흐르는 길을 만들면 도시 열섬현상을 완화시키고, 대기오염물질의 확산을 막고, 에너지 절약과 이산화탄소의 감소 등을 기대할 수 있다. 이를 위해서는 도시외곽에서 도시 중심부까지 공원·녹지를 연속 배치하고 바람의 흐름이 원활할 수 있도록 건물들을 배치해야 한다. 이와 함께 도시 내부의 인공적인 열을 저감시키는 방법이 동시에 이용된다면, 도시기후 문제는 상당히 완화될 수 있을 것이다.

바람의 흐름을 원활히 하는 바람통로의 조성을 위해서는 신선한 공기가 빌딩이나 아파트 단지에 의해 방해받지 않아야 한다. 바람이 도시로 잘 흘러들면 대기오염이 감소하여 쾌적한 주거환경을 조성할 수 있을 것이다.

독일에서 연구한 바에 의하면 도시대기는 온도차에 의해 흐름이 나타난다. 도시외곽에서 냉각된 공기는 가로망이나 하천 및 녹지 등을 따라 유입되는데, 여기서 적절한 도로망 및 건축물의 배열은 도심에 신선한 공기를 유입시키는 데 중요한 역할을 한다. 이러한 측면에서 서울은 지형적으로 문제가 있다. 서울은 북한산·수락산·불암산·아차산·관악산으로 둘러싸인

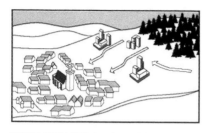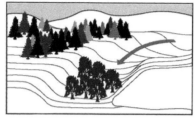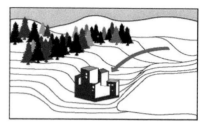

| 위 | 신선한 공기의 흐름이 저해되지 않는 건축물의 배치
| 아래 | 신선한 공기의 흐름을 방해하는 건축물의 배치와 조림

분지 지형으로 서쪽으로 열려있는 형태를 지니고 있어 북서풍과 서풍이
불면 오염물질이 도심에 정체되기 쉽다. 예를 들어 광화문 지역의 경우
배후 북악산 녹지대의 자연정화기능과 지형적인 장애가 약한 이유로 공기
의 흐름이 비교적 원활한 편이지만 북동부의 길음동 지역의 경우는 미아
리고개나 고층 아파트단지 같은 지형적 장애로 인하여 바람통로가 형성되
지 못해 대기오염이 심각하다. 즉, 북동부에서 도심으로 흐르는 바람이
유입되지 못함으로써 대기오염 문제가 더욱 심화되고 있는 것이다.

주로 신선한 공기는 호수·하천, 평야, 산림, 공원 등에서 발생하며 여기
서 생성된 신선한 공기는 서서히 도시 중심부로 이동한다. 따라서 신선한
공기가 생성되기 위해서는 이러한 지역이 잘 보전되어야 하며 이 지역에
서 도로 개설이나 건축물의 설치 등과 같은 개발을 금지시켜야 한다. 일반
적으로 신선한 공기가 생성되는 지역은 주거지로서의 환경이 양호하기
때문에 개발될 여지가 많다. 이러한 경우에는 최소한의 밀도로 개발하고
신선한 공기의 흐름이 저해되지 않도록 건축물을 배치해야 할 것이다.

바람통로의 도시, 슈투트가르트

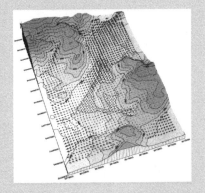

 공업이 발달하여 대기오염이 심했던 독일의 슈투트가르트 시는 바람통로를 잘 활용해 도시의 대기오염 문제를 해결한 대표적인 도시이다. 슈투트가르트 시는 북동쪽을 제외하고 3면이 높은 산으로 둘러싸인 분지에 위치해 있고, 평균 풍속이 0.8~3.1m/s로 다른 지역과 비교하여 바람 흐름이 느리다. 이로 인해 도시의 대기오염 물질이 분지 안의 시가지에 계속 축적되기만 하고 잘 빠져나가지 못해 대기오염 물질의 정체현상이 심했다.

 이러한 문제를 해결하기 위하여 슈투트가르트 시는 바람통로를 고려하여 도시계획을 실행하였다. 계곡이나 비탈 또는 언덕에는 건물을 지을 수 없게 하고 기존에 있던 건물도 높게 짓지 못하도록 제한하였다. 그리고 모든 도시계획 변경과 건축허가도 엄격한 심사를 거치게 하였다. 그뿐만 아니라 도시의 허파나 다름없는 녹지를 잘 보존하고, 숲 근처의 건물은 바람이 불어오는 방향과 평행하게 건물을 배치시켰다. 심지어는 계곡에 위치해 있던 건물들을 완전히 헐어내어 호수공원으로 만들기도 하였다. 이렇게 함으로써 슈투트가르트 시는 심각한 대기오염 문제를 해결하고 신선한 공기가 흐르는 도시가 되었다.

 위의 그림은 슈투트가르트 시가 도시계획을 할 때 이용하는 도시기후지도이다. 슈투트가르트 시에서는 바람통로를 파악하기 위해서 풍향과 풍속 등 도시기후에 관련된 자료를 지속적으로 구축하였다. 여기서 구축된 자료를 바탕으로 슈투트가르트 시의 바람통로, 신선한 공기 발생지역, 역전층 발생지역, 안개·서리 다발지역 등을 알아내고 이를 지도에 표시하여 도시기후지도를 만들었다. 이렇게 만들어진 도시기후지도를 이용하여 도시계획을 함으로써 슈투트가르트 시는 대기오염문제를 해결할 수 있었던 것이다.

신선한 공기의 생성지역에서 발생한 공기는 넓은 수로, 기찻길, 산책로, 오픈스페이스, 골짜기 등의 통로를 이용하여 도심부로 흐르게 된다. 따라서 바람통로에서는 신선한 공기의 흐름을 이어주는 연결녹지를 조성하는 것이 중요하다. 또한 바람통로 내에 신선한 공기의 흐름을 막는 건축물의 배치, 조림 등을 제한함으로써 신선한 공기가 도시 중심부까지 막힘 없이 이동할 수 있도록 유도하는 것이 바람직하다.

바람통로를 통해 신선한 공기는 도심부에 유입된다. 이때 공기는 한 방향으로만 흐르기 때문에 이를 도심 전체에 확산시킬 필요가 있다. 공원 등을 신선한 공기가 들어오는 입구에 배치하고, 확산된 공기를 이용하여 도심에 체류된 공기를 환기시키는 것이 중요하다.

10 도시와 물

현경학*

도시와 물

1960년대 및 1970년대 이후 한국에서 도시화와 더불어 나타나기 시작한 주요 문제 중의 하나가 수질 오염과 수자원의 불안정성이다. 그리고 21세기에 접어든 오늘날에도 물 문제는 여전히 진행형이다. 지구온난화, 오존층 파괴 등과 함께 물 문제는 미래 세대로 이어지는 우리의 주요한 고민거리이다. 특히, 도시는 그 기능을 유지하기 위해 수자원을 외부에서 끌어오는 탓에 수자원의 안정적 공급과 소비 및 수질오염 방지가 중요하다. 도시 생활과 산업 활동에 필요한 수자원이 도시에 몰리고, 하수량이 증가하면서 도시 주변 하천이나 호소 및 바다 등의 수질 악화 가능성이 높아지기 때문이다.

난개발과 도시의 증가는 도시 수순환 시스템을 훼손하고, 도시 하천을 건천화시키며, 도시 홍수라는 새로운 재해를 발생시키고 있다. 예전과는

---

* 대한주택공사 주택도시연구원 선임연구원

다른 도시 재해 및 수환경 양상이 나타나고 있는 것이다. 도시 개발에 의한 불투수 면적의 증가와 빗물의 하수처리장으로의 유입 등은 빗물의 토양 침투, 지하수로의 유입, 하천으로의 유출 및 증발산으로 이어지는 물의 자연 순환 과정을 막아버리는 주요 원인이다. 도시 빗물은 우수관거를 통해 강제 집수된 후 도시 내에서 순환하지 못하고, 도시 외곽으로 인위적으로 배제되어 하천이나 바다로 흘러간다. 도시는 도로 및 보도를 포장하고, 땅 밑에 우수관을 설치하고, 홍수 조정지 등을 설치하면서 빗물이 자연과 접촉할 수 있는 시간적·공간적 여유를 최소화시켜 버린다. 이러한 빗물의 일괄 집수 후 일괄 배제 방식은 자연 상태에서 유지되던 숲, 토양으로의 저류 및 침투를 통한 빗물 순환과정과 배치된다.

도시는 하나의 유기체로 도시 내 물의 흐름은 우리 몸의 혈액의 흐름과 유사하다. 혈액이 우리 몸속을 계속 순환하듯이 우리가 인지하지 못하고 있는 사이에도 물은 1년 내내 흘러 들어오고, 흘러간다. 정수장 및 배수지는 혈액을 온몸으로 보내는 도시의 심장이다. 상수도는 생활에 필요한 음용수, 생활용수 및 공업용수 등을 도시 구석구석까지 공급하는 동맥이다. 하수도는 강우 시에 불어난 우수를 도시 생활에서 배제하고, 상수 사용 후에 나오는 하수를 이송시키는 정맥이며, 더러운 물을 정화하는 공공하수처리시설, 개인하수처리시설은 신장 또는 간 역할을 한다. 도심 하천, 실개천, 연못, 호수 및 지하수는 도시 물 순환 통로 및 정거장 기능을 한다.

우리 몸 구석구석으로 피를 보내는 모세혈관과 같이 도시 곳곳으로 물을 보내는 침투 기능이 충분한가 하면 그렇지도 않다. 도시 수환경의 최종적인 문제는 바로 여기에 있다. 도시에서는 주로 관을 통해 물을 이동시키므로 생명의 근원인 땅속으로 물이 스며들 여지가 적다. 이는 도시환경에서 그동안 우리가 가장 신경을 쓰지 못했던 부분이고, 도시환경이 살아나기 위해 가장 필요한 부분이기도 하다. 이를 위해서는 빗물이 땅속으로, 도시 곳곳으로 흘러들어가야 한다. 홍수 등의 피해가 나지 않는 한, 아니 오히려 도시 홍수를 줄이기 위해서라도 도시에 내리는 빗물을 도시 내에 최대한 머무르게 하여 침투시킬 필요가 있다.

도시의 물, 빗물

물은 그 위치, 상태 등에 따라 빗물, 지하수, 지표수, 하수 및 중수 등으로 구분된다.

빗물의 움직임은 도시 개발 전과 후가 매우 다르다. 도시에서는 증발산량과 지중으로의 침투량 및 하천까지의 유달 시간이 감소하여 유출량이 자연 상태에 비해 증가한다. 빗물은 지표면 흐름, 중간 토양층 흐름 및 지하수 유입의 세 흐름을 이루는데, 개발 후에는 개발 전에 비해 중간 및 지하수로의 유입이 감소하고 지표면 흐름이 크게 증가한다. 지표면 흐름의 증가는 도시 홍수를 일으키고, 도시 하천을 건천으로 만들며, 지하수위와 토양생태계를 변화시켜 도시 환경을 왜곡시킨다. 도로, 건물, 지붕, 보도 및 주차장 등에 빗물이 고이지 못하도록 포장한 결과이다. 집에서 나와 하루 종일 도시를 배회해도 밟을 땅이 없는 우리네 현실에서는 더욱 그렇다. 도시 불투수 면적은 빗물의 유출 속도 및 유출량을 증가시켜 홍수 에너지를 증가시킨다. 중간 중간 병목 현상을 빚거나 관리 부실에 의해 막히는 경우에는 범람으로 이어져 안전해야 할 도시에서 오히려 도시 홍수가 발생하여 시민의 생명과 재산을 위협하는 기현상이 일어난다.

빗물 관리는 도시 물 관리의 출발점이다. 빗물의 저류, 침투 및 이용은 빗물 유출을 최대한 억제하고, 토양으로 침투시켜 토양 환경에 활력을 주고, 지하수를 함양시켜 주위 소하천이 유지용수를 확보하게 한다. 증발산량을 증가시켜 주변의 습도 및 온도 등의 미기후를 조절하는 기능도

<그림 10-1> 도시화에 따른 홍수터 변화(Schüeler, 1987)

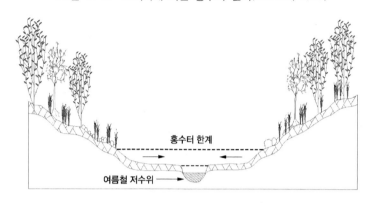

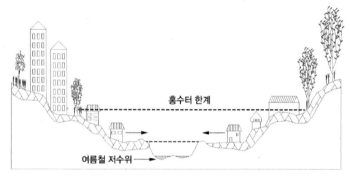

한다. 도시에서 빗물을 강제 배수시키는 대신 일부를 저류, 침투시켜 이용
하면 상수 소비량을 절감하여 새로운 수자원을 창출하는 셈이기도 하다.
환경을 구성하는 주요 요소인 물을 도시나 단지에서 강제 배제하지 않고,
인간과 더불어 같이 가도록 하면 최대한 자연 상태에 가까운 환경을 조성
할 수 있다. 이러한 관리방식이 빗물과 하수를 일괄 집수한 후에 처리하는
중앙집중식의 물 관리 방식에 대응하는 새로운 개념의 분산식 물 관리
방식이다.

독일 등지에서는 오래전부터 도시홍수 예방 및 도시환경 개선을 위해
빗물을 분산식으로 관리하고 있다. 생활공간에서의 분산식 빗물 관리는
빗물을 새로운 수자원으로 활용하여 친수 공간을 조성함으로써 도시 커뮤

니티 형성에 기여하기도 한다. 또한 도시 미기후를 조절하여 쾌적한 삶의 공간을 연출하고, 개발에 따른 비점오염원의 발생을 저감하여 하천의 수질을 보전한다.

도로에서 유출되는 빗물은 도로의 폭과 주행 차량 등의 특성에 영향을 받는다. 생물화학적 산소 요구량(Biochemical Oxygen Demand)은 빗물이 내리는 초기에 대개 20mg/ℓ를 상회하고, 200mg/ℓ를 넘는 경우도 종종 있다. 이는 빗물의 초기 오염도가 매우 심하다는 점을 나타낸다. 주차장 빗물도 주차면적, 주차대수 및 상가냐 또는 단지 주차장이냐에 따라 수질에 차이가 발생한다. 즉, 빗물 그 자체만으로도 도시에서는 하수 수준으로 수질을 오염시켜 도시 하천의 물고기를 폐사시킬 수도 있다. 강우 초기에는 지상의 도로 등에 퇴적된 오염물이 곧바로 하천으로 유입되기 때문이다.

수도법에는 종합운동장, 실내체육관 등 지붕 면적이 넓은 건축물은 빗물이용시설을 의무적으로 설치하도록 규정하고 있다. 이에 따라 현재 월드컵 경기장 중 인천, 대전, 전주 및 서귀포 4곳에서 빗물이용시설을 설치하여 잔디용수, 화장실 세

베를린 근교 주거단지
빗물저류, 침투시설(투수구덩이)

베를린 근교 훔볼트 대학
빗물저류연못

시애틀 High Point 재개발지구의 도로 옆 빗물수로 및 투수구덩이

정수 및 청소용수 등으로 사용하고 있다.

2002년부터 시행하고 있는 친환경 건축물 인증 제도에서도 우수 이용 및 우수 침투시설의 설치를 권장하고 있다. 도시 외곽이나 우수관으로 멀리 빗물을 내다 버리지 않고, 공동주택단지 등 우리 생활주변에서 우수를 저류하여 생활용수로 활용하고, 우수 유출을 저감시키고, 지하수 함양 등을 위하여 투수성 포장을 하거나 우수 침투시설을 하도록 유도하고 있는 것이다.

도시의 물, 지하수

빗물은 도심 주변 녹지나 산지에서 아주 느린 속도로 땅속으로 스며들어가 지하수를 형성한다. 도시 포장 면적의 증가는 토양 속으로의 빗물 침투를 억제하여 지하수 함양을 방해한다. 지하수 함양이 방해받으면, 지하수량의 부족과 더불어 지하수에서 주변 하천으로의 지하 유출량을 감소시켜 하천의 건천화 현상이 나타난다.

지하수는 목욕탕, 세차장 및 공단이나 공동주택단지 건설 현장 등에서 많이 사용한다. 그러나 관리 소홀 및 지하수 오염에 대한 인식 부족으로 빗물이나 하수 등이 지하수공으로 유입되면서 심층 지하수를 제외한 깊이 30~50m 사이의 천층 지하수는 상당히 오염된 상태이다. 도시 지하수의 오염은 정화조, 가정하수, 세탁소 및 주유소 등의 영향도 많이 받았다.

우리 눈에 띄지는 않지만 지하수는 도시 생태계에서 나름대로의 위상을 가지고 있다. 지하수가 풍부해야 도시 하천의 유량도 많아지고, 토양 생태계가 유지된다. 지하철과 대형건물의 지하층에서는 하루 수십만 톤의 지하수가 발생한다. 지하철 지하수는 여의도 샛강 생태공원의 유지용수 등으로 쓰이고 있으며, 청계천의 하천 유지용수로도 공급되고 있다. 다만 전체 발생량에 비해 사용량은 매우 미미한 편이다. 대형건물 건설 시 건물의 안전과 지하 공간 확보를 위해 땅을 굴착하다 보면 지하수가 용출되는 경우가 많다. 대형건물의 지하수는 도심에서 아주 유용하게 활용할 수 있는 수자원이다. 그러나 아직은 건물 지하수에 대한 기초 조사가 부족하고, 그 활용률도 낮은 편이다. 지하수를 사용하면 그 사용량에 해당하는 만큼 하수도 요금을 내야 하는 등 지하수의 사용 환경은 아직 제한적이다. 도심의 수환경 창출을 위해 조경용수나 하천 유지용수 등으로 폭넓게 활용하는 방안을 고려할 필요가 있다.

상·하수 및 그 시설물

인간이 밀집하여 생활하는 곳에서는 물에 의한 소화기 계통의 전염병이 항상 문제가 된다. 20세기 이전에는 수인성 질병을 예방할 수 있는 상하수도 시스템이 제대로 갖추어져 있지 않아 전염병이 크게 유행하곤 했다. 상수도 시스템은 콜레라와 장티푸스가 창궐하였을 때 여과된 물을 공급하여 환자 발생수를 감소시켜 그 위생성을 입증하기도 하였다.

도시에서 가정용수 또는 공공용수 등으로 사용되는 상수 즉, 수돗물을 공급하기 위한 시설물을 상수도라 한다. 하수도는 하수와 수세식 화장실의 분뇨 등을 우리 생활공간에서 손쉽게 내보낼 수 있도록 함으로써 주거 및 생활환경을 비약적으로 향상시키는 계기를 제공했다. 상수도로 위생적인 물을 대량으로 공급받고, 하수도로 더러운 물을 우리 주변에서 이송시켜 정화시킴으로써 질병도 예방하고 물도 손쉽게 이용하게 된 것이다. 그래서 얼마 전까지 상하수도 공학을 위생공학이라고도 하였다.

수돗물은 몇 가지 조건을 구비해야 한다. 수인성 질병을 야기하는 미생물 등이 없어야 하고, 유독 물질 또한 제한 범위를 넘지 않아야 한다. 무기물이나 유기물 역시 기준을 만족해야 한다. 냄새, 색도 등의 측면에서 심미적으로 불쾌하지 않아야 하고, 수온도 적당해야 한다. 그리고 이러한 수질 조건을 만족하는 물을 도시 규모에 맞게 충분히 공급할 수 있어야 한다. 도시 규모가 클수록 물 소비량이 많아지므로 도시 근교에서 필요한 양을 확보하기가 어렵다. 그래서 도시에서 수십, 수백km 떨어진 강 상류나 호소에 대규모 수원을 개발하고, 정화 처리한 후에 주거지까지 이송하는 것이다. 이러한 상수의 개발과 이송은 수자원의 불균형과 지역별 수순환의 왜곡을 가져온다. 상수 원수는 수돗물의 수질에 가장 먼저 영향을 미친다. 따라서 상수원 보호 구역 등을 지정하여 어로 활동 및 주변의 토지이용 등을 규제하고 있다. 취수시설은 대도시와 멀리 떨어진 지역에 주로 설치되지만, 이용은 하류지역의 도시와 공단에서 주로 이루어진다. 상수원에서는 경제 활동의 제약과 수몰 등으로 주민 피해가 발생하고, 하류 지역과 수리권을 놓고 갈등 관계를 빚기도 한다. 이 과정에서 댐 건설에 따른 환경 논쟁도 불거진다. 즉, 도시는 해당 도시지역의 환경도 파괴하지만 타지역의 환경과 타지역 주민의 이익을 제한하기도 한다.

상수도는 크게 취수시설, 도수 또는 송수 시설, 정수 시설 및 배수와 급수 시설로 나뉜다. 취수 시설은 우리 귀에 익숙한 잠실 수중보, 팔당댐, 충주댐 및 대청댐 등의 상수원에 설치한다. 여기에서 현재나 장래의 수요에 필요한 양을 취수한다. 상수원에서 취수한 물을 정수장까지 운반하는 과정을 도수라 하고, 정수장에서 배수지까지 이송하는 과정을 송수라 한다. 이와 관련된 시설을 도수·송수 시설이라 한다. 수질오염의 악화와 사용 수량 증대로 도시에서 멀리 떨어진 곳에서 상수원을 찾게 됨에 따라 도수·송수 시설의 설치와 관리에 많은 비용이 소요된다.

우리가 마실 수 있는 수준으로 물을 정화하는 곳이 정수장이다. 주로 침전, 여과 및 살균 과정을 거치는데, 원수의 수질에 따라 다양한 정수 처리 공정이 적용된다. 5, 6년 전 정수 처리된 수돗물에서도 바이러스가 검출되었다 하여 크게 문제가 된 적이 있는데, 바이러스 외에도 원생동물인 지아디아, 크립토스포리디움도 우리가 경계해야 할 병원성균이다.

한번 사용되어 배출되는 물을 하수라고 한다. 가정하수는 유기물을 다량 함유하고 있어 미생물에 의해 쉽게 분해되지만, 수인성 병원성균이 포함되어 있어 매우 비위생적이다. 하수는 하수관을 통해 배출되고, 공공하수처리시설이나 개인하수처리시설에서 정화되어 바다 또는 호소 등으로 방류된다. 적절한 하수 처리과정을 거쳐서 처리된 물은 하천과 호소 등에서 자정 작용에 의해 깨끗한 물로 돌아간다. 하수관에는 가정하수, 공장폐수, 우수, 지하수 등이 유입되는데, 하수관과 하수 이송을 위한 펌프장 및 하수처리시설을 통칭하여 하수도라 한다. 하수가 처리되어 방류되는 하천, 호소 등이 상수원으로 사용될 수 있기에 하수의 처리는 상수원수에 많은 영향을 미친다. 즉, 물은 돌고 돌면서 서로 영향을 주고받는 것이다.

하수와 우수는 하수관으로 집수되어 처리장으로 흘러간다. 하수와 우수를 도시에서 관리하는 방법에는 합류식(combined system)과 분류식(seperated system)이 있다. 합류식은 우수와 하수를 동일한 관으로 이동시키는 방법이고, 분류식은 하수와 우수를 하수관(sanitary sewer)과 우수관(storm sewer)

으로 분리하여 운송하는 방법이다. 분류식은 하수관과 우수관을 별도로 설치하므로 합류식에 비해 관 설치 비용이 많이 드는 단점이 있다. 합류식은 비올 때의 유량을 고려하여 관 단면을 크게 하므로 관 내 검사가 편리하고 환기가 잘된다는 장점이 있다. 그러나 날씨가 맑은 경우에는 소량의 하수만 흘러가므로 유속이 느려져 관 내에 고형물이 퇴적되기 쉽고, 이로 인해 악취가 발생하기도 한다. 합류식 관에서는 비가 내릴 경우, 관 내로 우수가 유입되어 하수처리장에서 처리할 수 있는 용량을 초과하기 때문에 일부는 처리되지 않고 그대로 방류된다. 하수와 우수가 섞여서 오염물질이 많이 포함된 하수가 그대로 하천으로 방류되거나 하수처리장에서 침전 처리만을 거친 다음 배출되면 주위 하천과 호소 및 바다를 오염시킨다. 그렇게 되면 오염물을 분해하는 데 필요한 수중의 용존산소(DO)가 일시적으로 부족해진다. 이로 인해 2000년 봄에 중랑천에서 물고기가 떼죽음을 당하기도 하였다.

수질 환경의 보전이나 위생적인 측면에서 보면, 분류식 관거 시스템이 합류식에 비해 우수하다. 기존 도시는 대부분 합류식 하수관거이고, 분당, 평촌 등 신도시는 분류식 관거가 설치되어 있다. 그러나 분류식이라고 하더라도 우수가 그대로 하천으로 유입되므로 초기 강우시 도로, 주차장 등의 오염물에 의한 하천 오염 가능성은 여전히 존재한다. 따라서 초기 오염 우수를 처리한 후에 하천으로 유입시키는 방안을 검토해야 한다.

도시 수환경

도시 하천, 인공 호수 및 인공 하천, 생태 연못 및 실개천 등이 우리가 접하는 도시 수환경이다. 일산호수는 한강 물을 끌어와 정화한 후에 공급하는 대표적인 인공호수이고, 부천 상동에 있는 시민의 강은 하수처리장

| 왼쪽 | 공원형 하천(분당천) | 오른쪽 | 용인 주택단지의 실개천

의 처리수를 재이용하는 대표적인 인공하천이다.

도시의 지표면 저류 기능은 건물이나 아스팔트, 콘크리트 포장 등으로 많이 축소되었다. 따라서 단시간 내에 유출 유량이 급격히 증가하는 현상이 발생하곤 한다. 대규모 개발 및 이상기후 현상이 결합하면서 게릴라성 집중 호우 시 하천과 관거로 유입되는 유출량 증가로 도시홍수 발발 위험성이 하천주변뿐만 아니라 하천에서 떨어진 도시 생활권에서도 증가하고 있다.

서울은 중랑, 난지 및 서남 하수처리장 등 하루 100만 톤 이상의 처리 용량을 가진 대규모 처리장에서 하수를 처리하고 있다. 이러한 대규모 처리장은 넓은 지역의 하수와 우수를 처리하므로 관 매설 길이가 매우 길다. 따라서 관 매설 비용도 증가하고, 그 관리 비용도 커지며, 관 파손 등에 의한 지하수 유입 및 하수 누출 가능성도 높다. 하수의 자연 유하 방식의 유입을 위해 주로 하류에 위치하고 있기에 하류의 하수처리장은 중, 상류 지역에서 소비한 물이나 그 지역의 빗물을 해당 지역의 하천에 공급할 수 없게 한다. 하수·우수를 하수관거로 하류의 처리장으로 이동시켜 처리한 다음 그대로 하천으로 내보내기 때문이다. 이는 한강수를 청계

부산 주택단지의 계곡수 이용 연못

천에 인공적으로 공급해야 하는 이유이기도 하다. 이런 차원에서 청계천의 복원은 아직도 미완이다.

그동안 우리는 치수 기능에 초점을 맞추어 하천을 관리해 왔다. 콘크리트 제방과 직선화된 수로 등 안전에 중점을 둔 방재 하천이 대표적인 예이다. 그러나 각종 동·식물의 서식처와 시민들이 접근할 수 있는 수변 공간과 자연 정화 기능을 가진 자연형 하천을 조성하는 방향으로 근래 우리의 하천 관리 방식은 변하였다. 다만, 개개 하천의 특성을 살리지 못한 채 자연형 하천으로 복원한다는 명분을 앞세워 오히려 공원형 하천을 개발하는 우를 범하고 있기는 하다.

강우량이 집중되는 하절기에는 하천이 범람할 정도로 수량이 풍부하지만 그 시기를 제외한 나머지 기간에는 하천 유지용수조차 확보할 수 없는 상황이 발생하여 하천 오염이 더욱 심해진다. 따라서 해당 지역의 하수를 그 지역에서 처리하는 소규모 처리장을 만들고, 처리된 물을 주변 소하천으로 방류하여 하천생태계를 유지하는 분산식 하수처리 체계도 하천 환경 개선과 연결지어 고민해 볼 만하다. 보통 하천은 여러 지자체를 통과한다. 따라서 하천 환경 개선은 어느 한 지자체만의 노력으로는 힘들고, 그 유역의 모든 지자체와 주민들의 협력이 필요하다.

생태연못은 다양한 종들이 서식할 수 있도록 인공적으로 조성된 연못을 말한다. 즉, 어류, 수생식물 및 조류 등에게 필요한 서식공간을 제공하여 생태적으로 순환체계를 이룰 수 있도록 조성한 연못이다. 생태연못은 물,

토양, 식물, 미생물 및 동물 등을 구성요소로 한다. 특히, 생태연못은 건설로 인하여 훼손된 서식처를 복원하고 생물 다양성을 증진시키는 역할을 수행할 수 있다. 여기에 빗물을 저장하는 우수저류 기능을 수행할 수도 있고, 여름철 수분 증발로 주변지역의 온도가 지나치게 상승하는 것을 방지하는 등 미기후에 영향을 미칠 수도 있다. 생태연못의 우수 저류 능력은 도시 홍수에 영향을 미칠 정도로 크지는 않으나 그 환경적, 생태적 의의는 크다고 할 수 있다. 즉, 생태연못은 도시에서 부족한 생태환경의 제공에 있어 필요한 친수시설이다.

실개천은 녹지와 연계되어 수생 동식물들의 서식처와 단지 내 오픈 스페이스(open space) 및 아이들의 놀이터 역할을 한다. 또한 우수 저류 또는 침투 공간으로 활용할 수도 있고, 우수관의 지하 매설 대신으로 사용할 수도 있다. 도시 내에서 접근이 손쉬운 친수환경인 생태연못이나 실개천의 조성에 있어 가장 중요한 점은 필요한 수량을 충분히 공급하고, 수질을 유지할 수 있느냐이다. 그동안 조성된 생태연못은 주로 수돗물을 이용함으로써 환경적인 의미를 제대로 살리지 못했다. 우수는 계절적 변화의 폭이 커서 사용하기 힘드나 중수를 우수와 연계하여 이용하는 등의 노력은 계속해야 할 것이다. 아파트 단지 오수처리시설의 처리수를 활용하거나 수세식 화장실 분뇨를 제외한 목욕배수 등의 잡배수를 정화하여 생태연못 등에 사용하는 방법도 생각해 볼 수 있다.

도시에서 빗물이 유출되는 양이 늘어남에 따라 이를 도시 외곽으로 배제하기 위한 하수도 시설의 건설과 관리 및 하수 처리에 많은 비용이 들어간다. 빗물 유출의 증가는 제방, 댐 등의 치수시설 건설비용 증가와 수 생태계의 파괴로도 나타난다. 빗물 유출의 증가는 토양함수량의 감소로 나타나 생물종의 다양성과 토양생태계의 안정성을 저해한다. 증발산량의 감소로 습도가 낮아져 건조해짐으로써, 쾌적한 미기후의 조성에 부정

베를린의 빗물과 인공습지를 이용한 도심호소

적인 영향을 미치며, 도시의 온도 상승에 일조한다. 이로써 열섬효과 등과 맞물려 자연 상태와는 거리가 먼 도시 환경 및 기후를 형성하게 하는 것이다.

도시 수환경의 복원은 수순환의 복원이며, 치수·이수·친수 및 도시 환경성(쾌적성, 에너지) 등 모든 측면을 고려하여 종합적이고, 유기적으로 사전 계획 단계에서부터 고려되어야 한다. 즉, 도시 환경의 개선은 도시에서의 물 순환과정을 재생하는 수순환의 복원 과정이라 할 수 있다. 물의 순환이란 하천이나 호소 등의 지표수와 지하수, 상수, 빗물 및 오·하수 형태의 수자원이 최대한 자연스레 순환하면서 생태적 안정성을 유지하는 과정이다. 도시 수순환을 복원하기 위해서는 모든 형태의 수자원이 서로 자연스럽게 유통하면서 소하천, 실개천 등 도시 수생태계를 되도록 안정화시키는 방향으로 개발하고 관리해야 한다. 도시 수환경 또는 수순환의 복원은 빗물·상수·지하수·오수· 하천·우수관거 시스템 및 그 처리장 등을 종합적·체계적으로 통합하여 계획하고, 관리할 때에만 가능하다. 빗물 발생원에서 빗물의 유출을 저감하고, 저류량을 늘리며, 토양으로의 침투량을 증가시키는 노력도 지속적으로 필요하다. 그리고 상수 사용량을 절약하고, 하수를 발생원에서 처리하며, 그 처리수를 우수의 재활용과 연계하여 도시 환경 부하를 낮추어야 한다.

인구 증가, 경제 규모의 확대는 물 사용량 및 사용처의 증가와 더불어 수량에서 수질 및 주변 환경 문제로 물 문제를 다양하게 만들고 있다. 그래서 물 문제의 중심에 도시가 있다. 물 문제는 수량, 수질 및 하천 등을 개별적으로 떼어놓고는 해결할 수 없다. 향상된 도시 생활과 도시 환경을 위해서 도시 홍수, 수량과 수질 문제 해결과 도시 하천의 복원 및 빗물이나 하수 처리수의 재이용 등을 통한 친수환경의 확보가 필요하다. 무엇보다 이를 위해서는 다원화된 각 사회 주체의 참여가 필요하다.

11 도시의 안전

김태환[*]

도시안전의 중요성

도시가 갖추어야 할 조건은 편리성과 안전성이다. 하지만 최근 되풀이되고 있는 교통사고, 화재, 수해와 빈번한 크고 작은 범죄 등으로 인하여 도시생활은 위험에 노출되어 있다. 특히, 근래의 고도경제 성장과 급변한 도시화의 진보에 힘입어 대도시지역에서의 인구집중현상과 과밀도의 건물 형상, 고층건물, 대규모 지하도 등의 복잡한 구조물의 증대, 그리고 교통량의 증가와 위험물 시설과 위험물 취급 증대가 문제점으로 부상했다. 또한 요즈음 문제시되고 있는 폐기물, 쓰레기, 오염 등의 환경문제의 존재로 말미암아 다수의 재해요인과 안전 위험요소를 발생시키고 있다. 더구나 가스, 전기, 수도 등의 생명선(Life line)의 집중관리에 의한 보급과 고층화, 사회생활의 무분별 속에서 사고나 테러에 의하여 파괴되었을 경우 우리가 상상할 수도 없을 대규모의 피해(재앙)를 입게 될 것이다.

* 용인대학교 경호학과 교수

| 왼쪽 | 삼풍백화점 붕괴(용도 변경, 부실공사): 1995.6.29(사망 502명/부상 937명)
| 오른쪽 | 성수대교 붕괴(설계단축, 안전관리 미준수): 1994.10.21(사망 49명)

| 왼쪽 | 대구가스폭발(공사준수 무시): 1995.4.28(사망 101명/부상 202명)
| 오른쪽 | 고층건물 파괴(테러에 의한 미래형 재난): 사망자와 부상자 약 5,000명

　　기술적 수준이 낮았던 옛날의 안전관은 주로 자연의 커다란 파괴력 앞에 극복할 수 없는 천재(天災)였다. 그러나 점점 기술적 대응 방법이 개발되어 자연파괴력에 대한 대비가 가능하게 되어 피해의 종류가 변화되었으나, 인재라는 새로운 재해 아닌 재해가 발생하고 있다. 특히, 도시재해는 도시생활을 지지하는 기술이 근대화되어, 여기저기에서의 도시개발과 도시화에 의한 도시공간의 고도이용 때문에 도시의 지하공간 그리고 인간 등의 복합적인 요인이 발생해 전혀 알 수도 추측할 수도 없는 커다란 재해가 발생한다.

자연재해(풍수해, 지진)의 피해

도시 속의 위험요소는?

  재해, 재난의 위험은 도시에서의 안전을 확보하지 않을 때 찾아온다.
위험과 관련된 용어로는 사고, 재해, 재난, 재앙, 긴급상황, 위기, 위험
등으로 나뉘어져 있으며 여기에서 통상적으로 쓰이는 것으로 위험(risk)과
재난(disaster), 재해(hazard)이다.

  위험(risk)은 다양한 의미의 '범죄나 사고로부터의 피해를 겪을 확률',
'손실과 피해의 가능성 및 정도', '보험사가 표준화시키려는 손실' 등 다양
한 의미를 갖는다. 이렇듯 위험이라는 용어가 다양성과 복잡성의 양면을
가지고 있다. 재난(disaster)은 일반적으로는 인위적·자연적 요소를 포함한
것으로 미국에서는 안전과 관련된 용어로서 가장 널리 통용되고 있다.
재해(hazard)는 자연과 인위적 요인에서 오는 구체적인 피해 유형을 일컫는
말이고 재난을 야기할 정도로 생명과 재산 또는 활동에 해로운 영향을
미치게 되는 자연적·인위적 영역으로서 국가적 또는 집단적이고 극단적인
사고나 피해를 일컫는다. 즉, 재난이 상황 자체에 중점을 두고 있는 반면
재해는 재난을 야기할 수 있는 개개의 사고 또는 그 피해에 중점을 둔다.

대구지하철화재(대응미숙, 안전의식 미비): 2003.2.18(사망 192명/부상자 148명)

일반적으로 재해를 구분할 때 자연재해와 인위적, 즉 인적재해로 구분할 수 있다. 재해의 원인은 소재가 자연계와 인간계의 어느 것에 속하고 있는가에 의해 분류하는 것이 명확하지 않지만 홍수, 태풍 등으로 시작되는 자연재해는 그 재해 전부를 자연으로 돌릴 수 없으며 본질적으로 재해는 화재, 산불, 홍수, 지진, 그리고 인적재해로서 붕괴와 교통사고 등의 현상과 인간생활과의 접촉에서 발생하는 것이다. 여기에 재해는 자연재해와 인위적 재해를 포함한다.

도시 속의 재해, 재난을 찾아

도시생활 속에 있어서의 재해·재난이란 자연적 요소인 재해와 인위적 요소의 사고를 포함하여 인간과 인간사회에 어떠한 파괴력이 더해져 인명과 사회적 재산이 없어지는 결과에 의해 그때까지 구축된 안정된 사회가 붕괴되는 것을 말한다.

도시에 생활하고 있는 시민에게 도시공간은 위험한 곳이어서는 안 되지만 신문이나 TV 보도는 언제나 여러 가지 위험들이 우리주변에 산재되어

안전사고의 악순환

근래에 와서 도시 활동을 지탱하는 기술의 근대화와 도시공간의 이용만을 중시한 도시화로 인해 재해나 사고가 빈번하다. 지난 1995년 발생한 대구 지하철공사 가스폭발은 우리 사회의 안전에 대한 인식부족과 경제중심의 도시구조를 다시 한번 생각하게 하는 사고였으며, 이웃 일본에서도 1970년 오사카 시의 지하철공사 현장에서 가스폭발이 있었다. 재해의 종류나 원인과 빈도 등을 비교해 볼 때 후진국→중진국→선진국의 순으로 많았으며, 보통 10~15년 정도의 주기를 갖고 도시를 중심으로 다시 발생한다. 수도권을 중심으로 씨랜드 화재와 인천 호프집 화재, 그리고 광주 예지학원 화재와 같은 사고는 매년 발생하고 있으며, 2002년 8월의 태풍 루사의 집중호우에 의한 수해는 1990년대 들어 1996년과 1997, 1999년에 연이어 되풀이되고 있다. 또한 지난 대구지하철(2003년 2월 18일, 사망 197명) 화재와 같이 방화에 의한 화재는 언제, 어디에, 어떻게든 발생할 수 있는 대형재난이라 할 수 있어 이에 대한 대비가 평소에 이루어져야 한다.

있다는 것을 지적하고 있으며, 도시민들은 반복되는 사고와 생각지도 않은 재해에 의해 생명과 재산을 잃고 있다. 현재의 기술력에 의해 옛날에는 상상할 수 없었던 편리성이 도시생활을 풍부하게 해주었지만 그와 반대로 조그마한 실수와 부주의, 고장 등으로 기반시설이 작동하지 않게 되면 지금의 대도시 생활은 커다란 혼란을 가져올 것이다. 특히, 도시형 재해·재난의 특성은 유래가 없는 최악의 사태를 초래할 가능성이 높다.

최근 우리나라에서 일어나는 도시형 재해·재난은 인적피해와 재산피해 등이 2차, 3차로 연속 발생한다. 통신구 사고, 건물붕괴, 다리붕괴 사고 등이 발생하면 도시기능이 마비되는 것은 물론이고, 지하철 사고, 가스폭발 사고, 수질오염 사고 등은 시민생활의 불안을 크게 유발시키고 있다. 특히, 지하철, 철도, 교통 등의 교통시스템과 건물, 가스관 등 도시기반구조물 관련 사고는 발생지역과 피해가 있어 예측 가능하지 않고 불특정하기 때문에 불안감이 매우 크며, 설상가상으로 우리의 안전관리 체계에 대한 불신감도 존재한다.

이러한 도시형 재난의 특성은 다음과 같다.

첫째, 도시형 재난은 그 지역의 성격과 모습에 깊이 관련되어 있으며 지역마다 그 성격을 달리하고 있다. 이러한 특성은 지방정부의 역할과 밀접한 관련 속에 지방자치단체가 제1차적으로 해결해야 할 지방화 과제 중 최우선 과제가 될 수밖에 없다. 둘째, 도시형 재난은 전기, 가스, 수도 등 도시 생명선(Life Line)과 깊게 관련되어 있다. "전기, 수도나 가스의 공급이 72시간 중단된다면……." 끔직한 광경은 상상하고 싶지도 않을 것이다. 셋째, 도시형 재난은 급속히 변화하는 교통, 정보, 통신사고와 각종 환경오염문제를 포함한 문명의 이기에 대하여 커다란 위기로 다가오고 있다는 것이다. 여객기 추락사고, 선박 침몰, 지하철 탈선, 자동차 충돌사고 등이 계속 이어지고 있고 최근에는 '통신구 화재'라는 최첨단 정보통신의 재난이, 그리고 '페놀' 사건과 같은 환경오염의 문제가 새롭게 대두되고 있다. 전산망이 몇 시간만 '다운(down)'되면 사회·경제에 미치는 손실은 실로 막대하다는 것을 경험하고 있다.

넷째, 도시형 재난은 단순 사건사고라 하더라도 그 피해 범위가 지역 내에 연관되어 있는 다른 종류의 재해를 동시에 우발시킨다. 재난현장 시설뿐만 아니라 그 재해가 일어난 인근 공간 범위 내의 다른 시민생활에 더 큰 피해를 주는 심각한 사태가 벌어지기도 한다.

다섯째, 도시형 재난은 시간의 경과에 따라 그 피해가 급속히 확산된다. 제반 산업시설과 교통, 그리고 정보통신 등이 밀집되어 있는 도시는 아주 짧은 시간에도 재난의 피해 정도가 넓고 깊게 나타난다.

따라서 예방의 중요성이 필요하다는 것뿐만 아니라 피해 확대 방지를 위한 대응이 얼마나 신속히 이루어져야 할 것인가, 피해지역을 어떻게 재빨리 수습할 수 있는가도 매우 중요하다. 그렇지 않으면 건물, 교량붕괴, 가스폭발 등의 도시기반 시설물 관련사고와 지하철, 철도, 통신 등의 문명사회 시스템의 사고에 의한 도시기능의 붕괴에 대한 위기는 끊이지 않을 것이다. 또한 우리의 안전관리 체계에 대한 불신감은 외국투자가에게도 불안감을 주어 국가적인 위기를 초래할 수 있다.

안전기술의 발전

도시가 발전하면 할수록 지금의 사회는 지금까지 경험해 보지 못한 새로운 도시형 재해나 사고를 맞게 된다. 커다란 재해와 비참한 사고가 일어났을 때 사람들은 "있을 수도 없으며 동시에 상상할 수도 없는 일이다"라고 표현한다. 이러한 표현이 생겨난 배경에는 커다란 재해에 대해 시민 한 사람 한 사람이 재해에 대한 인식 부족과 비참한 현실을 중시하지 않는 행정과 기술자의 책임이 있다. 건물을 지을 때 그 건물이 20~30년 후에 어떻게 될 것인가 하는 유지관리문제와 설비의 노후화에 따른 사고발생률 증가에 대한 예측 등이 전혀 고려되지 않고 있기 때문이다.

지금의 도시사회는 신기술이 범람해 건물의 시공기술면에서는 혁신적인 발전과 개발을 했지만 그 새로운 기술에 의해 발생하는 상상할 수도 없는 새로운 재해나 사고에 대해서는 전혀 무지한 상태라고 할 수 있다. 그 결과 불의의 사고와 예상 외의 재해가 발생한다. 이러한 것은 안전을 무시한 기술혁신, 비효율화, 경제우선의 사회로 인해 재해 발생률은 높아져가고 그 피해는 더욱 커진다. 현대도시가 건축구조물과 시설의 복합화에 의해 고밀집화 되어감에 따라 이러한 시설과 공간적 구조 안에 언제나 새로운 질(종류)의 도시재해가 발생한다.

우리 주위에 산재해 있는 위험요소들은 사실 우리 삶의 실 향상이나

지도(GIS)를 활용한 최첨단 경비 및 119시스템(CCTV)

실생활 유지에 필요하다. LPG 충전소나 주유소가 도시 안에 산재해 있는 것이 위험하지만, 그렇다고 외곽으로 이전한다면, 우리는 큰 불편을 겪을 것이다. 그러므로 위험에서 오는 재해나 대형사고에 대해 항상 예방할 수 있는 유비무환 정신으로 더욱 주의를 기울여 평상시 재해나 사고의 성질과 종류 등을 파악해야 한다. 또한 도시의 위험을 초래하는 잘못된 기술의 사용에 대해 꾸준한 관리가 필요하다.

안전의 경제적 가치

정부와 지자체가 도시주민과 시설을 안전하게 지키기 위해 여러 계획을 준비할 때 제일 먼저 경제문제에 직면하게 된다. 먼저 인구 1인당 비상경보, 화재경보기, 스프링쿨러, 소화전 등은 몇 개가 필요하며, 소방관련법과, 교통안전 등의 기준법 제정을 실시하기 위한 보조금 등이 얼마나 필요하고 안전을 어느 선까지, 즉 최저한도 이상의 안전도를 어떻게 판단하는가 하는 것이 관건이다.

일본 고베 지진 때에 건물·주택의 손상부분에 따라 등급을 상정하여 방재에 약한 건물에 대해서는 조성금을 지원하여 보수·관리하였던 것과 도시전체의 건물, 주택, 공공건물에 대한 특성을 파악해 데이터베이스(DB)화하여 도시의 안전관리를 구축한 것이 좋은 예라고 할 수 있다. 삼풍사고, 다리붕괴, 가스폭발과 홍수 등 대참사로 인해 예방적 방재의 역할이 중요시되고 방재시설 확충이나 방재계획이 확대 실시되어 왔지만, 사회가 변하고 어느 순간 그에 대한 관심이 적어지거나 예산·경제면에 지원이 줄어들 때 재해나 대형사고는 다시 일어난다. 영국 킹크로스역 지하철 화재(1987년 11월, 사망 31명)의 원인을 분석해 보면, 지하철 운영을 국영에서 민영으로 전환함에 따라 비용절감을 위해 인원감축을 하였으며 그 결과 관리·보수의 범위가 좁아져 화재의 발견, 확산을 막을 수 없게 되었다. 이는 결국 안전과 경제의 균형을 유지하는 것이 중요함을 말해준다. 우리나라는 태풍, 화재, 산업재해 등의 순으로 발생빈도가 많기 때문에 최저한도 내에 장기대책을 세워두어야 하며, 각 지역의 특성을 파악해 우선적인 예산집행이 선행되어야 한다.

도시계획과 안전

WHO는 도시의 기본조건으로 건강성과 편리성, 그리고 안전성을 정하였다. 이것은 도시생활에서 안전은 기본적인 욕구임을 보여준다.

주민의 안전한 생활을 보장하기 위해서는 도시계획 단계에서부터 미리 범죄나 사고가 일어날 수 있는 부분을 정확히 찾아내야 한다. 예방을 위한 안전계획도시 공간을 정리해 검토하는 것은 미리 사고나 범죄의 발생요인을 없애자는 것이다. 또한 그것은 시설 및 교통체계 하나하나가 가지고 있는 안전성의 검토만으로는 도시공간의 안전성을 확보할 수 없다는 인식에서 도시 전체를 대상으로 고도의 안전성을 높이는 계획이라 할 수 있다.

　도시는 교통의 편리함과 더불어 가까운 곳에 슈퍼마켓이 있는가 없는가 하는 도시의 기능성, 즉 편리성이 있고, 연소차단구조와 기반시설(Life Line) 강화 등으로 인한 도시의 안전성·내화성이며 있어야 하며, 녹지가 풍부한 공원, 경관, 환경오염방지 등을 통한 쾌적성과 공공성을 겸비해야 한다. 지금까지의 도시계획은 전반적으로 도시기반시설 정비에 대부분이 집중되었었고, 안전이 소홀히 여겨지기 일쑤였다. 그러므로 피해방지를 위한 도시계획은 도시의 안전화로서 내진·불연 건축물이나 방재법규 제정, 연소차단(방화구획) 도로 등 여러 대책을 마련해야 한다. 또한 방재적 관점에서 도시가 재해에 강한 설비, 계획만을 추구하고 시민의 관심과 재해의식 등의 공공성을 높이려는 노력을 하지 않는다면 그에 대한 관리기능은 무용지물이 될 것이다.

　예를 들어, 강남구에서 범죄의 예방과 대응을 위해 CCTV(감시카메라)를 각 골목에 설치하여, 범죄빈도를 줄이는 효율성을 가져왔지만, 일부 시민들은 개인 프라이버시 침해라는 이유로 반대했던 적이 있다. 그러나 타 시도나 구에서 그러한 설비도입의 필요성이 인정되면서 도시구조에서 시민의 안전을 위해서 무엇을, 어떻게, 어떤 방법으로 할 것인가의 선택이 중요한 과제가 되고 있다.

　최근의 국내외 재해의 발생상황을 살펴보면 사회가 복잡, 다양화되고 생활권 집중 및 인구의 고밀도화에 의해 그 피해 영역과 종류가 다변화되어가고 있다. 이러한 도시의 위험은 도시인프라 설비 증설과 예방 및 신속한 대응체제에 의해 전체적으로 감소되어 가고 있는 반면, 자연과 연관성이 있는 인적재해나 혹은 사회에 복잡화, 대형화에 따른 인위적 재해는 증가하고 있다.

재개발 계획과 안전

도시가 거대화·과밀화되어 가는 상황에서는 사고재해가 발생하면 방재시설이 충실하고 도시가 불연화되어 있다고 해도 재해의 규모는 커진다. 이러한 것은 삼풍사고, 다리붕괴, 가스폭발과 일본 고베지진에서 잘 알려진 사실이다.

일본 동경 강동구에 있는 시라히게 단지의 아파트 주위는 목조 주택이 밀집되어

일본 동경의 안전하게 설계된 아파트(화재, 지진, 수해 및 치안)

있고 공장과 주택이 혼재하며, 간선도로와 자동차의 혼잡, 석유, 그리고 위험물 등의 대량 산재 등에 의한 도시재해 요인이 집중되어 있다. 만약 재해가 발생하면 피해규모는 커질 확률이 많고 위험성이 많은 지역이다. 그래서 동경에서는 이러한 상황을 종합하여 지역종합계획으로 재개발을 시도해 재해대책, 생활환경의 개선과 함께 지역특성을 배려하면서 경제기반의 강화를 도입한 안전한 아파트를 구상한 방재아파트를 구상하였다. 이 아파트는 무라가미 교수(현 요코하마 국립대학교 건축학과 명예교수)의 지도하에 1975년 착공해 1981년에 완공한 아파트이며, 아파트의 특색으로는 각종의 안전시설이 배치되어 있고 건물의 구조도 충분한 내진성을 갖게 하였고, 연속된 주택동을 통해 지역을 블록화시킴으로서 피해확산 방지를 도모하였다. 또한 아파트 중간층과 고층부분을 분단시켜 화재 시 피난의 합리적 유도체제를 갖추고 있으며 오픈(open) 공간을 어린이나

| 왼쪽 | 교통안전체험공원 | 오른쪽 | 이동형 안전체험차량

노인들을 위한 놀이·여유공간으로 활용하였다. 동시에, 방범활동을 위한
종합안전센터를 두어 감시시설(무인카메라)을 통해 방범과 피해 현장 상황
과 대응상황을 신속하게 분석하고 대처할 수 있게 하였다.

안전한 도시생활을 위한 의식구조 개선

자연재해에 의한 피해는 과학기술이 발달한 현 사회에서도 예측하기
어려운 일이지만, 그 밖에 산업·기술적 사고는 도시화에 의한 재해로서
그에 대한 예방과 방어만 갖추어지면 사고의 확산을 막을 수 있다.

재해나 대형사고가 발생했을 때에는 빠른 대책과 평상시의 준비, 그리
고 정보의 공개를 통한 시민과의 연대감 조성이 필요하다. 그 다음이 물적
지원과 행정, 즉 정부의 행동이다. 복구에 참여한 기술자의 역할은 건물이
나 다리붕괴, 그리고 풍수해를 미연에 방지할 수 있도록 도시의 구조를
튼튼히 해야 하며, 기술자 자신이 안전에 대해 기본적인 생각이나 직업에
대한 철학을 가지고 있어야 한다. 그리고 재해나 대형사고에 대한 대책을
수립할 때, 미래에는 어떤, 어느 정도, 언제, 어떤 형태로 일어날 것인가

| 왼쪽 | 서울시시민안전 제1체험관(어린이대공원 내) | 오른쪽 | 서울시시민안전 제2체험관(보라매공원 내)

하는 예측이 중요하다. 이것은 연구자의 역할이다. 또한 지금까지의 재해나 대형사고에서 얻어진 정보와 매커니즘을 분석·해명하여 장래의 위험에 대한 시뮬레이션을 통한 예방과 지역주민에게 정보를 공개하여 평상시에도 주민이 방재를 위한 안전의식을 갖게 하는 것이 필요하다.

이 모든 과정은 어릴 때부터 교육을 통해 의식을 심어주는 것이 중요하다. 따라서 초등학교 때부터 교통안전과 생활과 사회안전에 이르기까지 체험식 교육과 훈련을 통하여 경험하게 하는 것은 장래에 일어날 수 있는 새로운 현상에 대한 대비방안이다. 또한 이런 교육에 대한 적극적인 참여는 자기 스스로의 안전에 대한 책임감을 갖게 하는 좋은 기회가 된다.

미래의 안전도시

앞으로 도시는 국제적 면모와 건축 및 토목기술로 무장된 신기술의 풍요 속에서 저층화되거나 초고층화되어가고 있다. 이와 더불어 물류의 이송이나 인간의 생활은 편해져 간다. 따라서 지금까지와 다른 새로운 범죄나 사고에 대한 대비에 만전을 기해야 한다.

도시의 구조가 재해나 사고로부터 광역화되고 대형화되는 현실 속에서 피해지역과 그 지역 주변으로 확산되는 것을 막기 위하여 안전 도시와 마을만들기 기본계획을 마련하고, 도시계획을 추진할 때 도시발전에 의한 도시의 성장을 어떻게 관리하는가 하는 안전성을 배려한 계획이 필요하다. 더불어 도시활동을 받쳐주고 있는 도시기반 시설의 노후화에 대한 관리 방법 등 도시 전체의 균형 있는 계획구상이 필요하다. 그리고 미래의 안전한 도시를 만들기 위해서는 사고 위험요소의 사전 예방을 우선으로, 시설 확충과 방범 및 위험 지역을 개선하여야 한다. 또한 사고나 2차 피해의 확산방지 대책, 2차, 3차 피해로 인한 개개인의 대응대책 등을 구축해야한다. 특히, 학교 앞 교통사고예방을 위한 안전존 마련과 체험교육을 통하여 전 국민의 교통안전 생활화와 사고 시 대비를 위한 구조 및 응급처치에 대한 교육의 대책방안을 자체적으로 마련해야 한다.

안전한 미래의 도시는 그냥 만들어지는 것이 아니다. 범죄와 재해·재난으로부터의 사고 근절을 위하여 근본적이고 체계적인 대책을 마련해야 하며, 지속적으로 개개인 각자가 가정에서부터 직장까지 안전 위해 요소를 찾아 사고의 근원을 막아야 한다. 또한 사고 시에 신속하게 대처할 수 있는 능력을 평소에 준비해야 할 것이다.

12 도시의 교통

서종국[*]

도시에서 교통의 중요성

우리의 일상에서 잠깐 동안만이라도 도로가 없고 버스나 전철, 그리고 승용차, 비행기가 없는 것을 상상할 수가 있을까? 학교에 어떻게 등교할 것이며 직장에는 어떻게 출근하고 의식주에 필요한 물자를 어떻게 조달할 수 있을까? 정말로 끔찍하고 상상하기도 싫은 오늘날 우리 삶의 현상이다. 인류가 삶을 시작한 이래 고속도로와 전철, 편리한 승용차가 있었던 것은 아니다. 아직도 도시로 발전하지 못한 세계 각국의 시골에서는 소와 말을 이용하여 사람과 물건이 이동하고 있다.

사람들이 더 나은 삶의 터전을 찾아 어떤 지역에 모임으로써 세계 각국에 많은 도시들이 생기고 발전해 왔다. 도시의 생성과 발전에 무엇보다도 중요한 역할을 한 것이 교통이다. 세계 각국의 도시들을 살펴보면 교통이 잘 발달된 곳은 도시의 발달과 성장이 매우 뛰어나고 반대로 그렇지 못한

* 시립인천전문대학 교수

도시는 정체나 침체된 모습을 보이고 있다. 교통은 도시성장에 중요한 역할을 하지만 반대로 많은 부작용도 낳고 있다. 도시성장의 중추적 기능을 담당하리라는 기대에 크게 못 미치거나 성장을 저해하는 등 제 기능을 다하지 못하고 있는 경우가 많다. 따라서 "교통이 이래서 되겠느냐", "교통이 엉망이다"와 같은 말들로 교통문제를 지적하고 있다.

교통문제의 종류들은 다양하게 분류해서 논의하고 있지만 우리가 일상에서 겪고 있는 현상적인 측면으로는 교통난과 체증, 대기오염, 교통사고, 주차난 등을 들 수 있다. 이러한 문제들의 원인들은 각기 도시들의 특성에 따라 다양하게 설명될 수 있고 그에 따른 대책들이 강구되고 있다. 계속해서 교통시설을 공급하기도 하고 적절하게 교통수요를 관리하며, 직간접적으로 정부가 개입해서 규제도 하기도 한다. 최근에는 인간의 존엄성을 강조한 측면이 중요하게 다루어지고 있으며, 정보화 시대의 다양한 첨단 교통수단의 개발과 정보화를 통한 문제의 해결에 많은 노력과 투자를 하고 있다. 또한 보이지 않는 무형의 원인과 치유책으로서 시민질서와 안전의식의 함양이 새롭게 교통문화차원에서 요구되고 있다.

도시교통이란

교통이란

교통은 공간적 장소의 변화 또는 장소적 이동을 말한다. 통근·통학이나 여행 등 사람의 장소적 이동을 의미하며, 석탄수송이나 곡물수송 등의 화물의 장소적 이동을 의미한다. 그리고 지역 간의 정보를 이동시키는 통신도 광의로는 교통이다. 교통은 거리저항을 극복하는 이동이다. 적어도 통근거리, 운반거리, 통신거리라는 장애를 인식하고 이를 극복하기 위한 공간적 이동을 의미한다. 따라서 대화로서 의사 소통이 가능한 건물 내와 같은 좁은 장소에서의 공간적 이동은 정보의 이동임에도 불구하고 교통이라 할 수 없다. 교통은 체계적인 교통기관 및 시설에 의한 반복현상을 갖는 이동이다. 자연현상에 의한 토사의 운반 또는 길 없는 들판의 방황은 장소적 이동이지만 교통이 아니며, 달로켓은 체계적인 기관에 의한 거리극복임에도 반복현상이 아니므로 교통이 아니다. 이러한 설명을 정리하면 교통이란 "체계적인 기관에 의해 거리 장애를 반복적으로 극복하면서 행해지는 인간, 화물, 정보의 장소적 이동"이라고 정의할 수 있다.

기능

교통은 의식주와 마찬가지로 인간생활에 없어서는 안 될 기본적인 요소이다. 우리는 매일 교통수단을 이용하면서 다양한 사회 및 경제활동을 수행하며, 나아가 철도 등의 발명을 통하여 사상 등을 편리하게 교류하도록 함으로써 인류 문명의 발전을 꾀하였다. 교통은 국가 전체의 여러 기능을 유기적으로 결합하여 경제성을 향상시키고 전반적인 산업구조의 재편에 중심적인 역할을 하고 있다.

도시지역에 있어서도 교통은 도시성장에 기여하면서 다양한 도시기능에 영향을 미치고 있다. 인구가 도시로 모이고 경제활동이 이루어지자 사람과 화물의 이동이 필요하게 되었고, 이동을 위한 교통수단이 발달됨에 따라 교통서비스가 창출되었다. 그렇게 됨으로써 다시 도시로 사람과 일자리가 모이는 도시화 현상이 촉진되고 그 현상은 또 교통서비스를 요구하게 되는 과정이 반복되는 것이다. 즉, 사람과 일자리가 모임으로써 도시 모습이 변화하고 그에 따른 각종 도시서비스 시설의 공급이 요구되는 등 도시 전체의 모습을 순환적으로 변화시키는 데 중요한 역할을 한다. 따라서 교통은 인간의 사회·경제 활동을 보조해 주는 쉽없는 인간의 맥박이라고 특징할 수 있으며, 특히 도시교통은 도시의 골격, 도시성장의 심장, 가능성의 상징으로 인식되고 있다.

교통수단의 분류

도시교통은 비교적 단거리 수송이고 짧은 시간 내에 많은 승객을 수송하는 대량수송이면서, 시간적인 적기성을 유지하면서 일정한 시간과 일정한 지점에 집중적으로 발생하는 특징이 있다. 이러한 특징에 따라 도시교통은 자가용 승용차, 버스, 택시, 지하철 등의 교통수단에 의해 승객에게 서비스를 제공하고 있는데 수단별 기능에 따라 다음과 같이 분류된다.

• 개인 교통수단: 자가용 승용차, 택시, 오토바이, 자가용 버스, 렌트카, 자전거 등을 이용하는 이동성과 부정기성의 교통수단.
• 대중 교통수단: 버스, 지하철과 같은 대량 수송수단으로서 일정한 노선과 스케줄에 의해 운행되는 교통수단.
• 준대중 교통수단: 자가용 승용차와 대중 교통수단의 중간에 위치하면

서 고정적인 운행 스케줄이 없고 승객이 서비스에 대한 요금을 지불하는 교통수단으로 택시를 비롯하여 인력거에서부터 4륜차까지 다양하다.

• 화물 교통수단: 철도, 트럭, 트레일러 등을 이용하여 화물을 수송하는 교통수단으로서 장거리, 대량화물은 철도가, 중·단거리 소형화물은 대체로 화물 자동차가 담당한다.

도시교통의 발달과정

인간은 최초의 교통수단으로 배를 발명하였다. B.C. 6000년경에 인간이 이미 배를 사용했다는 기록이 전해지고 있다. 배를 활용함으로써 인간은 종전보다 훨씬 넓은 범위와 인적·물적 교류를 할 수 있었다. 그 다음 인류의 최대 발명품은 차량이다. B.C. 4000년경에 이미 마차가 사용되었다는 기록이 있었고 그 후 널리 이용되어 왔다.

철도, 자동차, 항공기와 같은 근대적인 교통기관이 발명되어 실용화된 것은 불과 몇백 년 전의 일로서 인류역사의 관점에서 보면 극히 최근의 일이다. 1765년 제임스 와트(James Watt)에 의해 증기기관이 발명된 것이 계기가 되어 산업혁명이 일어났고, 1825년 증기기관을 이용한 철도가 스티븐슨(G. Stephenson)에 의해 발명되었다. 그 후 산업혁명이 본격적으로 진행됨에 따라 기관차 및 철도의 기술이 진전되어 1920년대까지 약 100년 동안에 약 200만km의 철도가 지구 상에 건설되었다. 특히 20세기가 되면서 전기기관차는 더욱 중량화, 고속화 되어 오늘날 도시 교통기관의 주역이 되었다. 고속전철은 1964년 일본의 신칸센의 출현을 기점으로 하여 1982년 프랑스의 TGV라는 시속 260km/h의 고속전철이 등장할 정도로 많은 진전을 보이고 있으며 우리나라에서도 2004년에 경부고속전철이 개통하였다.

한편 1769년 프랑스인 퀴뇨(Nicolas Joseph Cugnot)에 의해 시속 4km 정도 주행할 수 있는 증기자동차가 발명된 것이 자동차의 시초였다. 그러던 것이 1910년 헨리 포드(H. Ford)에 의해 현대식 엔진자동차가 개발되어 자동차 시대의 막을 열게 되었고 자동차가 점차적으로 보편화됨에 따라 도로가 개설되고 정비되기 시작하였다.

우리나라의 교통발달사를 개관해 보면, 최초의 도로는 서울의 광화문광장과 동대문 간, 광교와 남대문 간의 십자형 도로가 고작이었다. 1919년 한일합방과 더불어 많은 도로가 정비되었으나 군사적 목적으로 남북 축을 중심으로 도로망을 형성했기 때문에 산업입지와의 연결성 결여로 국가경제발전에 크게 기여하지 못하였다. 1899년 노량진과 제물포 간에 최초의 철도가 건설되었고, 1903년에 최초로 고종 황제 전용의 미국 승용차가 도입되었으며 1905년에는 경부선 철도가 개통되었다. 한편 전차는 1899년에 서울시에 8대의 전차가 운행된 것을 시초로 우리나라 도시에 최초의 대중 교통수단이었으며, 그 후 대도시 대중 교통수단으로서 중요한 기능을 담당해 오다가 1968년 11월 29일 철거되었다.

1962년에 이르러서야 비로소 「도로운송사업법」이 제정·공포되었고 1968년에는 경인고속도로, 1969년에는 경부고속도로가 각각 개통되었다. 자동차 보유대수도 꾸준히 증가하기 시작하여 1985년에 자동차 보유대수가 100만 대를 돌파하더니 이제는 1,000만 대를 넘어서 2006년 6월에는 1,500만 대를 훌쩍 넘었다.

교통과 토지이용

도시를 지탱시키고 유지시켜 주는 가장 중요한 두 가지 요소는 교통과 토지이용이다. 이 두요소의 관계는 '닭과 계란'과 같은 관계로서 상호

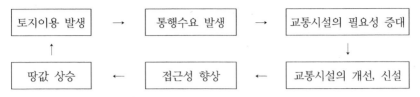

<그림 12-1> 토지이용과 교통 간의 순환관계

| 토지이용 발생 | → | 통행수요 발생 | → | 교통시설의 필요성 증대 |
| 땅값 상승 | ← | 접근성 향상 | ← | 교통시설의 개선, 신설 |

밀접한 연관을 지니면서 작용하고 있는데 이를 서로 맞물려서 돌고 있는 '체인'에 비유할 수 있다.

토지이용과 교통 간의 관계는 <그림 12-1>에서 보는 바와 같이 순환적인 관계를 가지고 있다. 즉, 어느 지역에 토지이용 활동이 발생하면 그에 따른 통행수요가 발생하게 된다. 이러한 통행수요를 감당하기 위해서는 기존의 교통시설을 개선하거나 새로 신설할 필요가 생긴다. 교통시설을 개선하거나 신설해 주면 그 지역에 대한 접근성이 향상되며 이 때문에 그 지역의 땅값은 상승하게 된다. 이에 따라 그 지역에는 새로운 토지이용이 발생하는 등 기존의 토지이용 패턴이 변화하게 되며 이러한 과정은 계속 반복하게 된다.

이것은 토지이용과 교통 간의 순환적 관계를 예시한 데 불과하나, 각 요인이 상호작용하고 있음을 잘 나타내 주고 있다. 즉, 토지이용 또는 도시개발은 교통수요를 유발하는 요인이며, 교통은 토지이용에 영향을 주는 물리적·경제적 요인임을 보여주고 있다. 토지이용과 교통 간의 관계에서는 시간이 중요한 요인이 된다. 단기적으로는 토지이용이 교통체계에 미치는 영향이 더 크다. 예를 들면 도심지에 대규모 백화점이 들어서거나 또는 도시 외곽지역에 대규모 아파트단지가 들어서게 되면 주변의 기존 도로는 심한 교통혼잡을 겪게 된다. 이러한 교통혼잡을 완화하기 위해서는 장기적으로 도로를 확장 또는 신설하거나, 지하철이나 전철을 건설하거나 또는 새로운 교통기술을 개발하지 않을 수 없게 된다. 따라서 시간이

지남에 따라 토지이용과 교통이 균형을 이루게 된다.

이러한 특징 때문에 토지이용과 교통 간의 관계는 그림에서 보는 전과정을 총체적으로 관찰하는 것이 교통의 이해와 문제의 해결을 위한 바람직한 접근방법이다. 이는 곧 교통문제의 해결이 복잡하고 어렵다는 것을 보여주는 것이다. 따라서 도시개발의 실질적인 내용을 담게 되는 도시기본계획 등에서 토지이용계획과 교통계획은 상호 밀접하게 연계하여 수립하여야 한다. 아울러 실제 행정을 담당하는 부서에서도 서로 상호협력하여야 하는데 그렇지 못하는 사례가 많아 교통문제가 잘 풀리지 않는 경우도 있다.

현대 도시교통의 문제는?

교통문제의 원인

• 승용차의 대중화와 통행수요의 증가   현대 도시교통문제의 가장 근본적인 원인은 소득의 증대와 삶의 수준의 향상으로 인한 자동차의 대량보급과 승용차의 대중화에 있다. 자가용 승용차의 대량보급이 있음에도 불구하고 이를 수용할 수 있는 물리적 시설인 도로 및 주차장 등의 교통시설이 부족해서 도로교통혼잡, 주차문제, 교통공해 등과 같은 문제가 심각해지고 있다. 적절하게 자동차가 증가하고 이에 따른 시설이 확충되면 해결될 수 있으나 대부분의 도시에서는 토지도 부족하고 환경단체들의 반대로 교통시설을 위한 투자는 늘 한계에 부딪치게 된다. 향후 자동차의 증가 추세는 계속될 것으로 보인다. 따라서 자동차의 대량보급으로 인한 교통 문제는 불가피하게 어느 도시에서나 발생하는데 그 정도는 장기적으로 적절히 대응을 잘했느냐에 따라 달라지고 있다.

자동차를 보유하게 되면 기동성이 확보되어 기본적인 활동인 출퇴근뿐 아니라 여가 등과 같은 비필수적인 활동이 늘어나고 이를 위한 통행량이 필연적으로 증가하게 된다. 오늘날의 도시교통문제는 자동차의 수의 증가가 일차적인 원인이지만 더욱더 악화시키는 요인은 자가용 승용차의 무분별한 이용에 따른 교통량의 증가이다. 따라서 자가용 승용차의 부분별한 이용을 억제하는 등의 성숙한 시민 정신의 함양이 교통문제 해결의 중요한 과제이다.

• **불합리한 도시구조와 도로망**　　도시구조와 도로망은 '닭과 계란' 같은 서로 밀접한 관계를 가진다. 인구와 산업이 도시에 모여 성장하면서 도시구조가 결정되고, 도시구조에 따라 도로망과 같은 교통체계를 결정하고 다시 교통체계가 도시구조를 결정하게 된다. 도로가 방사형으로 뻗어가는 모습을 갖추고 상업·업무·정부기능이 도심으로 몰려있는 집중형의 단핵도시는 자연발생적으로 형성된 것이다. 이러한 도시는 규모가 작을 때는 문제가 없지만 규모가 커지면 도시 중심으로 통행이 집중되고 불필요한 도심통과 교통량이 발생하여 도심의 과밀과 혼잡이 야기된다. 이는 우리나라 대부분의 도시의 모습으로 교통량의 효과적인 분산처리가 어려워서 겪고 있는 문제들이다. 도시성장의 장기적인 안목에서 도로망을 확충했어야 하는데 그렇지 못하고 도시 확대로 인한 필요성에 따라 기존의 방사형 집중도시에 추가적으로 도로를 확충하여 온 것이 문제이다.

도시구조와 더불어 구체적으로 살펴보면, 도시 확대에 따라 직장과 주거지가 멀어져 교통시간이 증가하고, 아파트 단지를 한 곳에 집중시켰으나 직장이나 공단이 인접되지 않아 직장과 공단의 주변 도로에 심한 교통체증이 일어나고 있다. 최근 대도시 주변 위성도시와 도시외곽의 신규택지 개발로 인해 시민들의 평균 통행거리의 증가를 가져오고 교통체증

현상의 범위가 광역화하는 문제를 야기하고 있다. 또한 도시 중심부에서는 교통영향을 감안하지 않고 빌딩 건축을 허가하여 교통유발과 이로 인한 교통혼잡이 가중되고 있다. 따라서 도로망과 도시구조를 도시기능의 적절한 공간분산이 가능하도록 재편하여야 할 것이다.

• **교통시설 공급의 부족과 운영 및 관리의 미숙**　도시구조와 도로망이 체계적으로 형성되지 못한 도시에서는 교통시설 또한 체계적으로 자리 잡을 수 있는 토대가 마련되지 못했다. 졸속적으로 교통시설이 설계되고 공급됨으로써 많은 문제가 수반되고 있다. 우리나라와 같이 교통문제가 심각한 대도시는 선진도시에 비해 도로가 절대적으로 부족하다. 그리고 도로 중에서도 도시의 중심적인 큰 도로는 잘 정비되어 있으나 큰 도로 주변의 작은 도로가 제대로 정비되지 않아 큰 도로에 교통량이 집중되어 혼잡을 가중시키고 있다. 특히 큰 도로주변의 작은 도로들은 주차공간으로 이용되어 소통을 방해하고 있다.

도시성장과 더불어 졸속적 개발로 인한 교통시설의 공급부족을 구체적으로 살펴보면 다음과 같다. 먼저 교통량을 분산시키는 데 필요한 도심을 우회하는 도로가 부족하고 도로의 연속성이 결여되어 있다. 도로의 미연결구간이 많고 급커브 등과 같이 기하구조가 불량하여 교통처리 능력이 떨어지거나 흐름을 단절시키고 있다. 그리고 터미널의 위치가 부적합하며, 규모가 협소하고 터미널 주변 가로에서의 교통체증이 심하다. 이와 같이 제반 교통시설의 공급이 부족하거나 적절치 못함으로써 불필요한 교통을 유발하거나 혼잡을 가중시키고 있다.

장기적으로 교통시설의 적절한 공급도 중요하지만 단기적으로는 제한된 시설이라도 운영기술을 통하여 그 효율성을 제고시켜야 한다. 그러나 교통수요에 비해 교통시설 공급의 과부족이란 측면만 강조함으로써 이를

간과하고 있는 문제도 있다. 따라서 도로, 교통시설물, 교차로, 주차, 교통안전, 보행자, 표지판 등의 교통시설을 효율적으로 운영하지 못하고 있다. 가령 주차요금 체계를 개선한다든지, 가변차선제를 실시한다든지, 출퇴근 시차제를 시행한다든지, 카풀차량 및 버스전용차선을 확대한다든지, 혹은 신호교차로를 개선하는 등의 방안도 강구될 수 있는데, 이러한 교통의 운영관리가 아직까지 적극적으로 활용되지 못해 그 효율성이 떨어지고 있다.

교통문제의 유형

• **교통난 및 체증**　　도시의 성장과 더불어 일차적으로 나타나는 교통문제는 출퇴근 시간의 '교통전쟁'이란 말로 표현되는 교통난이다. 도시교통난이란 도시사회에서 교통수단·교통시설·공간구조 등에서 문제가 있어 인간과 화물(재화)의 수송으로 인한 교통체증 현상을 의미한다. 교통난은 자동차 시대의 병이라고 규정되는 교통체증을 주로 의미하나, 현대 도시에서는 주로 대중교통수단의 공급과 서비스의 질이 시민들의 교통수요에 미치지 못함으로써 발생되는 문제를 말하기도 한다. 도시의 일상생활에서 매일 겪는 지하철의 혼잡, 버스의 혼잡과 불규칙한 도착 시간, 택시의 승차난 등이 이에 해당한다.

그 다음으로는 세계의 대부분의 도시들이 공통적으로 겪고 있는 교통체증의 문제이다. 산업화와 함께 도시인구가 급격히 늘어나고 승용차의 이용률이 점차 높아지는 데 비해 도로 등 도시기반시설이 뒤따르지 못해서 나타나는 문제가 교통체증이다. 최근 도시 내에서 출퇴근 때 버스 및 승용차의 운행속도가 시속 20km 내외에 그치는 것은 심각한 교통체증을 나타내는 것으로 도시활동의 기동성을 저하시키고 교통시간의 낭비 및 에너지 소비, 높은 매연 배출량 등과 같은 많은 사회비용을 초래한다.

• **주차난**　　최근 우리나라 대부분의 대도시에서는 필요한 곳에 주차를 하려는 주차수요와 이를 적시에 수용할 수 없는 주차시설 간의 불균형으로 인한 심각한 주차문제를 안고 있으며 하루가 다르게 악화되고 있다. 도시 교통수단이 다양한 데 비하여 이들 교통수단을 상호 연결시켜 주는 공간이 주차장이 부족할 경우 이용자들은 많은 불편을 겪는다. 만약 자동차를 주차시킬 주차시설이 없는 경우 주차해야 할 차량이 주차공간을 찾아다녀야 하든가 아니면 불법노상주차를 하게 된다면 이는 다른 교통에 지장을 초래하여 도시교통난의 가중요인으로 작용하게 되는 것이다. 그뿐만 아니라 도심의 상업시설이 많은 곳에서는 방문하는 거래처나 고객을 위한 적절한 주차시설이 없는 경우 영업활동에도 많은 영향을 미치게 되고 장기적으로는 그 지역의 경제활동이 쇠퇴하는 결과를 초래하기도 한다.

이러한 주차공간의 부족 문제는 이젠 도시 중심가만의 문제가 아니라 도시 전역의 상업지역과 주거지역 등으로 점차 확산되고 있다. 도심지 대형시설물의 부설주차장이나 공영주차장의 부족으로 인해 주택가 이면도로는 불법주차 차량으로 야간에는 이미 도로의 기능을 상실한 실정이다. 앞으로 현재와 같은 상태가 계속되면 주거지역의 이면도로는 물론 간선도로마저 도로기능을 상실하고 자동차로 인한 급격한 사회적 비용이 증가될 것이다. 또한 생활수준의 향상에 따라 급격히 증가하는 승용차로 인한 주택가의 주차난도 심각한 실정으로 교통장애를 일으키고 이웃 간의 주차 시비를 일으키기도 한다. 이러한 주거지의 주차 수요는 자동차의 보유와 직접 관련되므로 다른 용도의 건축물에 비해 주차 수요의 예측이 쉬운데도 불구하고 그 동안에 주택에 관한 주차장 설치기준이 없거나 불합리하여 나타난 현상으로 보인다.

• **교통사고**　　최근 우리나라의 대도시에서 발생하는 교통사고는 약간 감소하고 있는 추세지만 매우 심각한 수준이다. 교통사고 부상자 수는 도시에서 매우 심각하게 증가하고 있으며, 작은 규모의 도시일수록 매우 큰 증가율을 나타내고 있다. 특히 우리나라 자동차 교통사고의 심각성은 교통사고 통계의 국제 비교를 통하여 잘 알 수 있는데 선진 외국의 교통사고 사망자 수에 비해 상대적으로 매우 많다.

이러한 교통사고의 원인들을 살펴보면, 보도와 차도의 분리시설의 미흡, 횡단보도의 안전성 결여, 신호등 위치의 부적절, 가로등 관리의 부실 등과 같은 교통시설의 운영 및 관리에 대한 문제점이 가장 중요한 원인으로 지적된다. 그 다음으로는 교통사고에 대한 분석 연구, 전문인력의 확보, 제도나 행정의 지원부족 등의 문제도 교통사고의 원인으로 지적된다.

• **교통공해**　　자동차의 이용은 필연적으로 대기오염과 소음 등의 교통공해를 발생시킨다. 교통공해는 특히 경제가 성장할수록 주요하게 부각되는 선진국형 도시교통문제로 분류된다. 자동차의 이용과 관련된 대기오염물질로 아황산가스(SO_2), 일산화탄소(CO), 이산화질소(NO_2), 떠다니는 미세먼지 등이 있는데, 배출양의 증가는 교통혼잡과 밀접한 비례관계를 가지고 있다.

교통에 대한 대기오염문제는 1960년대 중반부터 제기되기 시작했으며, 산업혁명 이후 도시성장과 자동차의 증가 때문에 배기가스로 인한 건강문제가 도시민의 관심사로 대두하게 되자 이에 대한 규제의 필요성이 부각되기 시작하였다. 실제로 로스엔젤레스와 같은 대도시에서 자동차 배기가스로 인한 스모그 현상이 발생하자 1965년 「자동차오염방지법」을 제정하여 배기가스에 대한 규제를 시작했고, 뒤이어 일본과 유럽에서도 규제를 시작했고 우리나라는 1980년부터 규제하였다.

한편 자동차 이용에서 발생하는 도시교통 소음은 자동차의 증가로 인해 점차 그 피해 범위가 확대되고 있다. 대체로 우리나라 교통소음의 양상은 도시의 경우 상업지역과 공업지역은 물론 주거지역까지 교통소음의 영향권 내에 있으며, 차량 대수의 증가와 고속전철의 도심 통과로 도시 교통소음은 더욱 증가할 것이다.

도시교통의 사회적 비용

일반적으로 사회비용이란 용어는 다음과 같이 다양하게 정의되고 있다.
① 특정 서비스나 상품의 생산 또는 제공에 수반되는 직접비용.
② 어떤 원인으로 인하여 사회·경제적으로 최적상태가 실현되지 못했을 경우, 이로 인하여 생긴 손실.
③ 제3자의 비시장경제적 부담으로서 경제주체의 경제행위에 고려되지 않는 비용.
④ 경제정책적 여러 조치의 실시에 소요되는 비용.
교통서비스의 사회비용이란 광의로 해석할 경우 위의 네 가지를 모두 지칭하기도 하나, 일반적으로 ②항과 ③항에 국한하여 사용한다.

• **승용차 운행비용**　승용차 이용자가 교통서비스를 얻기 위하여 지불한 직접비용으로 차량의 구입, 유지, 운행에 소요되는 것이며 위 항목의 ①에 해당하는 비용이다. 운행비 중 소비자 비용은 세금을 포함한 모든 비용과 경우에 따라 통행료, 주차료 등도 포함되며, 경제성 분석을 할 경우 사회비용으로는 세금을 제외한 비용을 말한다.

• **도로건설 및 유지비용**　도로의 건설·유지·관리는 공공기관의 책임으로서 ④항의 사회적 비용이다. 통상적으로 이 같은 비용은 세금으로

마련된 재원으로 국가가 담당한다. 따라서 소비자의 선택행위 시 소비자 비용으로 포함시킬 수도 있다. 왜냐하면 자동차 관련 세금에 이러한 비용이 포함되어 있기 때문이다. 그러나 우리나라의 경우는 자동차 관련 세금의 징수목적 및 규모가 도로건설 및 유지비와 아무런 상관없이 시행되고 있으므로 이는 별도의 사회비용으로 간주되어야 할 것이다.

• **교통혼잡비용**　　도로에는 적정한 수준의 용량이 있다. 교통량이 적을 경우에는 최고속도로 주행할 수 있으나 용량한계에 이를수록 주행속도는 떨어져 위 ②항에 해당하는 추가사회비용이 발생한다. 도시 중심부에서는 특히 출퇴근 시간대에 교통량이 집중되어 교통혼잡이 불가피하게 발생된다. 교통혼잡이 심화되면 통행시간의 손실뿐 아니라 연료소모나 매연 방출량도 높아지고 나아가 도시기능의 둔화, 심지어 심리적 부담 등과 같은 엄청난 사회비용을 수반한다.

• **교통사고 및 환경비용**　　최근 교통사고로 인한 인명 및 재산상의 손실이 막대하고 이에 대한 국가적 차원의 안전대책이 강구되고 있다. 따라서 사고예방 및 처리를 위한 각종 행정업무를 수행하는 등의 사회적 비용이 수반되고 있다. 또한 자동차에 의한 대기오염이 점점 심각한 사회문제로 제기되고 있다. 미국 환경청 조사에 따르면 대기오염 중 일산화탄소의 68%, 납의 88%가 자동차로부터 배출되는 것이라고 한다. 이러한 대기오염은 매연을 배출하는 자동차 이용자가 전부 부담하지 않고 사회적으로 부담하고 있는 대표적인 외부불경제 효과이다. 대기오염과 더불어 또 다른 대표적인 사회 비용은 자동차의 이용에 따른 소음과 진동 등의 공해이다.

도시 교통문제를 해결하기 위한 방안

교통문제를 해결하기 위한 근본적인 대안은 무엇일까? 두말할 것 없이 자동차의 소유를 제한하고 이용을 억제하는 것이다. 그러나 이는 자본주의 경제체제하에서 불가능하고 비효율적인 조치이다. 더 나은 생활수준을 유지하고 향상시키기 위해서 문명의 이기인 편리한 자동차를 잘 이용해야 하는 것이 실질적인 문제해결의 과제이다.

산업혁명과 더불어 본격적인 사회문제로 대두된 교통문제에 대한 대처 방법을 시기적으로 특징하는 정책들을 살펴보면 다음과 같다. 물론 그 정책들은 오늘날도 그 비중을 달리하면서 계속해서 이용되고 있다.

먼저 산업혁명 초기에는 도시에서 이뤄지는 많은 경제활동을 원활히 지원해 주는 교통시설이 절대적으로 부족한 것이 주문제였다. 따라서 다양한 경제활동에 필수적인 교통시설의 공급에 주로 집중 투자하였다. 도로를 건설하고 주차장을 공급하는 등의 교통시설의 확충과 정비가 주된 과업이었다.

이후 1970년대와 1980년대는 주로 공급과 수요관리 정책이 특징적이다. 교통시설의 공급정책은 도시토지의 제한과 과도한 비용, 그리고 환경문제 등과 같은 문제가 제기되고 시설공급이 다시 수요를 증대시키는 악순환의 한계를 맞게 되었다. 그래서 그 대안으로 기존 교통시설의 효율적인 이용을 위하여 교통체계 및 수요관리에 정책의 초점을 맞추기 시작하였다. 이미 투자된 교통시설을 낭비하지 않고 효율적으로 사용하도록 시설의 효율적 관리 운용과 적절히 교통수요를 관리하는 데 많은 노력을 기울였다. 이러한 수단들로서 카풀 및 버스 전용차로제, 출퇴근 시차제, 주차요금의 차등화, 불법주차 단속강화, 일방통행제, 교차로 신호체계의 조정 및 개선 등의 방안들이 강구되었다.

그 후 1990년대부터는 이와 더불어 새로운 정책으로서 공급과 수요를 통합하고 교통문제를 도시의 고차원의 문제로 인식하면서 토지이용과 통합하여 해결하려는 노력에 집중했다. 토지이용에 따른 도시구조와 도로망의 '닭과 계란' 같은 관계를 강조하면서 바람직한 도시구조와 이에 다른 도로망을 계획하여 교통을 원활히 하는 도시 통합적인 정책들의 모색에 집중하였다. 기존의 단일도심을 형성하였던 도시구조를 여러 개의 지역 부도심을 만들어 도시기능을 분산화하고 지역중심별로 자족적인 도시기능을 수행하도록 함으로써 교통량의 최소화를 추구하였다. 그리고 1990년대 후반부터는 첨단교통수단 등이 대두되었고, 더불어서 환경과 인간을 고려한 녹색교통에 많은 관심이 집중되었다. 가장 대표적인 교통수단으로서 대형 전철의 보급이 확대되었고 더불어 첨단 경량 전철시스템의 도입이 진행되고 있다. 첨단경량전철은 기존의 전철에 비해 건설투자비가 저렴하고 적은 규모로 경제성을 달성할 수 있으며, 버스에 비해 정시성·안전성·신속성이 높고, 교통공해가 없는 것이 장점이다. 인간과 환경을 고려한 자전거이용에 대한 관심도 매우 높아지고 있고 과거 자동차 위주의 도로에서 인간 위주인 보행의 편리성과 안전성을 많이 강조하고 있다.

최근에는 정보화시대에 따른 교통의 역할과 문제에 대한 새로운 과제가 많은 관심을 끌고 있다. 도로교통 운영기술에 정보·통신 등의 기술을 접목시켜 도로시설의 제공자 입장에서는 도로이용의 효율성을 극대화하고, 이용자 입장에서는 운전자를 포함한 국민 개개인의 편익을 극대화하는 새로운 교통관리 기술이 개발되어 이용되고 있다. 인터넷을 이용하여 도로정보를 제공하고, 휴대전화와 같은 이동통신을 통하여 도로 등에 관한 정보를 이용한 것이 이러한 기술발달의 결과이다.

이상의 교통문제의 해결방법들을 살펴보았는데, 무엇보다 더욱 더 중요한 것은 이를 이용하는 사람들이다. 안전의식을 고취하고 양보하면서 서로 더불어 편리하게 이용하는 교통문화의 형성이 중요하다. 아무리 좋은 시설과 정책이 있다 하더라도 궁극적으로 이를 이용하는 시민들이 잘못하면 그 효과는 기대할 수 없고 모두가 낭비하는 결과를 가져올 것이다. 새로운 교통문화를 만들고 이끌어 가는 시민정신이 뒷받침되면 편리하고 안전한 교통으로 수준 높은 도시의 삶이 실현될 수 있을 것이다.

13 도시의 정보화

류중석*

"500미터 전방에 과속 위험구간입니다. 안전 운전하십시오."
"100미터 전방에서 우회전하십시오."

우리는 최첨단 정보화 시대의 도
시에서 살고 있다. '위성항법장치
(Global Positioning System: GPS)'를
이용한 차량용 길안내 시스템(car
navigation system) 덕분에 길을 몰라
도 목적지까지 가는 데 불편이 없을
정도이다. 영국 런던에서는 도심지
역에 혼잡통행료 징수 시스템을 가

<그림 13-1> 카 네비게이션

동시키고 있다. 이는 혼잡통행료 징수구역으로 들어오는 도로에 설치된
감시카메라가 모든 차량의 번호판을 인식하여 중앙컴퓨터에 보내고 운전

* 중앙대학교 도시공학과 교수

자는 휴대전화를 이용하여 혼잡통행료를 결재하는 제도이다. 이러한 사례에서 볼 수 있듯이 도시정보화는 우리의 생활을 편리하게 하지만 동시에 감시의 측면에서 사생활을 침해할 수도 있는 양면성을 가지고 있다.

정보혁명과 도시정보화

산업혁명 이후 인류의 생활 양식을 가장 크게 바꾼 것이 바로 '정보혁명'이다. 정보혁명을 가능하게 한 기술로는 컴퓨터의 발명과 인터넷의 보급, 전자지도의 활용, 이동통신의 보편화, 그리고 '스마트 태그(smart tag)'라고 하는 정보인식기술 등을 들 수 있다. 우선 컴퓨터는 정보처리를 위한 가장 기본적인 기계로서 노트북, 데스크탑 등 개인용 컴퓨터나 업무용 대형컴퓨터뿐만 아니라 각종 가전기기에 들어있는 회로 역시 일종의 작은 컴퓨터라고 할 수 있다. 인터넷은 도처에 흩어져 있는 컴퓨터들을 연결시켜 시간과 공간을 초월하여 정보교류를 가능하게 해준 기술이다. 전자지도는 기존의 종이지도를 컴퓨터에서 활용할 수 있는 형태로 제작한 것인데, 도시계획이나 도시개발사업 등에 있어서 과학적이고 합리적인 의사결정이 가능하도록 해주었다. 핸드폰으로 대표되는 이동통신은 단순한 음성전달의 도구가 아니라 이동하면서 인터넷을 이용하고 방송을 시청하는 종합정보기기로서 자리매김하고 있다. 마지막으로 스마트 태그는 사물을 자동으로 인식하는 기술이며 첨단지능도시로 일컬어지는 '유비쿼터스(ubiquitous)' 도시를 구현하는 핵심기술이다.

기술의 발전은 도시정보화를 가속시키는 밑바탕이 되었다. 도시정보화는 크게 도시를 계획, 운영, 관리하는 입장과 도시에서 살아가는 시민의 입장에서 살펴볼 수 있다. 우선 도시계획에서는 합리적인 의사결정을 위해 도시정보 시스템의 활용이 필수적이다. 도로를 신설하기 위한 노선의

유비쿼터스 도시

유비쿼터스는 라틴어로 '언제나 어디에나 존재한다'는 뜻을 가지고 있으며, 시간과 장소에 구애받지 않고 언제나 네트워크에 접속할 수 있는 통신환경을 말한다. 유비쿼터스 도시는 첨단 정보기반시설이 구비되고 각 시설마다 스마트 태그를 집어 넣어 도시를 효율적으로 관리하고, 시민들이 교육, 의료 등의 분야에서 첨단 서비스를 누릴 수 있는 도시를 말한다.

결정, 개발사업이 환경에 미치는 영향 등은 인공위성 데이터와 수치지도를 활용한 컴퓨터 분석을 통하여 더욱 과학적이고 합리적인 의사결정을 내릴 수 있다. 도시의 운영 및 관리에 있어서도 도로, 상·하수도, 전기, 가스 등 각종 도시기반시설물들을 효율적으로 관리할 수 있다.

시민의 입장에서도 도시정보화를 통하여 누릴 수 있는 혜택이 많다. 정확한 지리정보를 가지고 길을 찾을 수 있고, 관광정보를 손쉽게 얻을 수 있다. 원격교육과 원격의료시스템을 활용할 수 있어 삶의 질이 한 단계 높아진다. 직접 관공서를 방문하지 않고도 민원서류를 집에서 인터넷을 통하여 처리할 수 있어 시간과 비용이 절감된다. 이와 같이 도시정보화는 시민생활의 질을 높이고 도시를 효율적으로 계획, 운영, 관리하는 데 없어서는 안 될 요소이다.

정보도시의 구성요소와 도시공간구조의 변화

정보도시는 정보화된 도시, 정보의 기반시설이 잘 갖추어진 도시, 그리고 정보산업이 중요산업인 도시라는 세 가지 의미를 가지고 있다. 그러나 일반적으로는 정보화에 앞선 도시라고 정의하는 것이 편리할 것이다. 도시가 정보화되기 위해서는 우선 정보기반이 잘 구축되어야 한다. 성보노

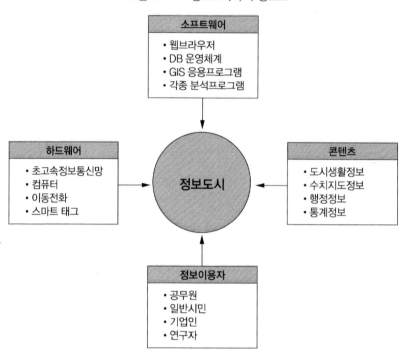

<그림 13-2> 정보도시의 구성요소

소프트웨어
- 웹브라우저
- DB 운영체계
- GIS 응용프로그램
- 각종 분석프로그램

하드웨어
- 초고속정보통신망
- 컴퓨터
- 이동전화
- 스마트 태그

정보도시

콘텐츠
- 도시생활정보
- 수치지도정보
- 행정정보
- 통계정보

정보이용자
- 공무원
- 일반시민
- 기업인
- 연구자

시의 하드웨어인 초고속 정보통신망과 각 가정에서 정보를 활용하기 위한 컴퓨터나 단말기, 스마트 태그 등이 그것이다. 그러나 이러한 하드웨어가 아무리 잘 갖추어져 있다고 하더라도 이를 잘 활용하기 위해서는 소프트웨어인 웹브라우저나 응용프로그램이 있어야 한다. 또한 활용 주체인 정보이용자가 충분한 교육을 받아야 하고, 활용 객체인 콘텐츠가 풍부해야 정보를 제대로 활용할 수가 있다.

소프트웨어, 하드웨어, 콘텐츠, 정보이용자 이 네 가지 요소가 잘 갖춰진 정보도시는 기존의 도시와 어떻게 다를까? 정보통신기술의 발달이 도시공간구조에 어떤 영향을 미쳤는가에 대해서는 다음과 같은 두 가지 상반되는 견해가 대립하고 있다. 우선 정보통신이 발달하면 도시기능들은 물리적으로 한 곳에 집중하거나 근접해야 할 필요성이 줄어들기 때문에 도시

기능이 분산될 것이라는 이른바 '분산론'을 주장하는 학자들이 있다. 또 이와는 반대로 정보통신을 어떻게 값싸고 손쉽게 이용할 수 있느냐가 입지의 중요한 요소가 되기 때문에 정보통신의 기반시설이 집중되어 있는 기존 대도시 지역으로의 집중이 더욱 심화되리라는 '집중론'을 주장하는 학자들도 있다.

정보도시에서는 재택근무와 홈쇼핑, 원격의료 및 원격교육 등이 활성화 되기 때문에 쾌적한 입지여건을 갖춘 교외지역으로 주거기능이 분산될 것이라는 주장은 상당한 설득력을 가지고 있다. 그러나 실제로 세계 각국 의 대도시에서는 도시기능이 분산되기는커녕 오히려 기존 대도시로 도시 기능이 집적되는 경향과 대도시 안에서도 중심성이 오히려 강화되는 현상 이 나타나고 있다. 그 이유는 정보통신의 발달이 도시 중심부의 매력을 상당히 감소시키는 것은 사실이지만, 도시 중심부는 여전히 역사·문화적 으로 상당한 매력을 가지고 있기 때문이다. 특히 정보기반시설이 균등하 게 분포되어 있다면 도시기능의 분산이 가능하겠지만 현실은 그렇지 않기 때문에 첨단정보 통신시설이 집중되어 있는 곳의 입지선호도가 높아서 오히려 도시 내의 지역 간 정보화 격차가 더욱 심화되는 경향이 나타난다.

도시정보 시스템의 개념과 필요성

도시정보란 무엇이고 도시정보 시스템은 왜 필요할까? 우선 도시정보 는 도시지역에 대한 각종 정보를 말하며 주로 지리적인 현상을 나타내는 지리정보와 지도상의 도형요소에 관한 세부사항을 규정한 속성정보로 구 분된다. 지리정보에 속하는 것으로는 각종 지형도와 주제도가 있으며, 대표적으로 자연환경과 관련된 도면(토양도, 식생도 등)과 인공환경과 관련 된 도면(도로망도, 시설물도), 그리고 법규와 관련된 도면(도시계획도, 토지이

<그림 13-3> 도시정보 시스템의 구조

도시계획지원 서브시스템

도시시설물관리 서브시스템

도시민원처리 서브시스템

지리정보
시스템
(GIS)

도형정보
자료파일

속성정보
자료파일

용계획도) 등이 있다. 속성정보는 예를 들어서 건물의 경우 면적, 소유주, 용도 등을 기록한 정보를 말한다. 이러한 도형정보와 속성정보는 지리정보시스템(GIS)의 중요한 구성요소가 된다.

도시정보 시스템이란, 도형정보와 속성정보를 지리정보 시스템으로 구축하여 도시계획을 수립하거나 도시시설물을 관리하고 각종 대장의 발급 등 도시와 관련한 민원처리를 지원하는 시스템을 말한다.

위의 그림에서 나타나듯이 도시정보 시스템을 구축하여 활용할 경우 일반적인 정보 시스템의 도입으로 인한 자료관리의 체계화에 따른 정보관리 효율성, 신속성, 정확성의 향상효과, 인력 및 비용절감 효과는 물론 다음과 같은 구체적인 기대효과를 볼 수 있다. 우선 도시계획이나 지구단위계획 등 도시와 관련한 계획 및 설계업무를 처리하는 데 효율성을 높일 수 있다. 토지이용계획을 수립하거나 신도시 개발을 위한 계획을 수립할 때 각종 의사결정을 위한 판단자료를 분석할 수 있다. 그리고 환경친화적 도시계획을 위한 환경영향평가에도 도시정보 시스템의 활용이 필요하다. 도시시설물 관리에 있어서는 지하철 공사장에서의 가스폭발 사고를 예방하고, 예산낭비 요인으로 지적받아 왔던 도로의 이중굴착 문제를 해결할 수 있다. 또한 중앙정부나 지방지차단체가 실시하는 건축물 실태조사 등 각종 조사자료를 데이터베이스로 구축하여 통계작성이나 인허가 업무, 각종 민원서류 발급에 활용하여 행정업무의 효율성을 향상시킬 수 있다.

<그림 13-4> 국가지리정보체계 구축사업의 결과물인 수치지형도의 예

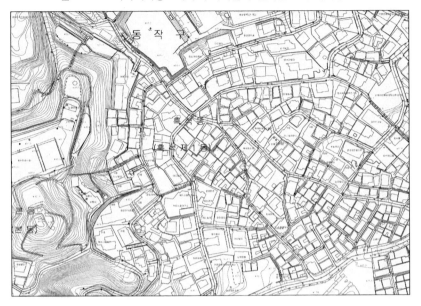

국가지리정보체계(GIS) 구축사업

도시정보 시스템은 이미 1980년대 후반부터 각 지방자치단체에서 앞을 다투어 구축해 왔다. 그러나 같은 지역에 대해서 각 기관마다 예산을 중복 투자하여 도시정보 시스템을 구축하는 사례가 빈번해지자 국가 차원에서 지리정보체계를 구축하여 공동으로 활용할 필요성이 제기되었다. 1995년 부터 2000년까지 추진된 제1차 국가GIS 구축사업에서는 국가기본도인 지형도와 지적도를 전산화하여 공동으로 활용하도록 하였으며, 토지이용 현황도, 지하시설물도 등 활용빈도가 높은 주제도를 우선적으로 구축하였 다. 한편 전자지도를 구축하기 위한 각종 표준을 제정하고 독자적인 기술 개발과 전문인력을 양성하였다.

이어서 2001년부터 2005년까지 추진된 제2차 국가GIS 구축사업에서 는 도로, 하천, 건물 등 부문별 기본지리정보를 구축하고, 1차 사업의

<표 13-1> 국가 GIS 추진실적 (건설교통부, 2005)

구분	제1차 국가GIS 구축사업 (1995~2000)	제2차 국가GIS 구축사업 (2001~2005)
지리정보 구축	지형도, 지적도 전산화 토지이용 현황도 등 주제도 구축	도로, 하천, 건물, 문화재 등 부문별 기본지리정보 구축
응용시스템 구축	지하시설물도 구축 추진	토지이용, 지하, 환경, 농림, 해양 등 GIS활용체계 구축사업 추진
표준화	국가기본도, 주제도, 지하시설물도 등 구축에 필요한 표준제정	기본지리정보, 유통, 응용시스템 등에 관한 표준제정
기술개발	맵핑기술, DB Tool, GIS S/W 기술개발	3차원 GIS, 고정밀 위성영상처리 등 기술개발
유통	국가지리정보유통망 시범사업 추진	국가지리정보유통망 구축, 총 139종 약 70만 건 등록
인력양성	정보화 근로사업을 통한 인력양성 오프라인 GIS교육 실시	온라인 및 오프라인 GIS 교육실시 교육교재 및 실습프로그램 개발
산업육성	데이터베이스(DB) 구축 중심의 GIS 산업 태동	시스템통합(SI) 중심으로 GIS산업 발전

<그림 13-5> 인터넷상에서 활용 가능한 3차원 지도검색 시스템

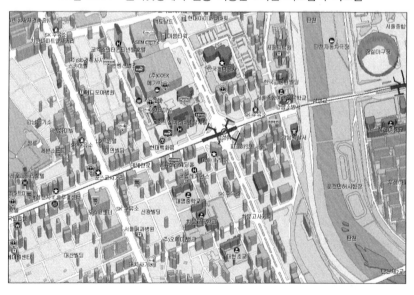

<그림 13-6> 3차원 GIS를 활용한 런던의 도시경관 분석

성과를 적극적으로 활용하기 위한 분야별 GIS 활용체계 구축사업을 추진
하였다. 기술개발에 있어서는 3차원 GIS, 고정밀 위성영상처리 등 고도의
기술개발이 이루어졌다. 특히, 국가지리정보유통망을 구축하여 1차 사업
의 성과물인 수치지도를 쉽게 활용할 수 있도록 하였다.

국가지리정보체계 구축사업의 성과물인 수치지도는 각 지방자치단체
에서 도시정보 시스템을 구축하는 데 활용되고 있으며, 웹을 활용한 3차원
지도검색 시스템 등도 이미 일상생활에서 일반화될 정도로 우리는 도시정
보 시스템의 시대에 살고 있다.

도시정보 시스템의 활용사례

도시계획이나 교통분야의 전문가들은 이미 도시정보 시스템을 다양한
연구에 활용하고 있다. 환경친화적이고 지속가능한 개발이 중요시되는
시대의 흐름에 따라 각종 개발계획을 수립할 때 교통, 환경, 경관 등 분야
별 영향평가를 위하여 지리정보 시스템에서 제공되는 다양한 분석도구를
이용하고 있다. 특히 3차원 지리정보 시스템을 이용한 경관분석은 지구단
위계획을 수립하거나 도심에서 고층건물을 신축할 때 주변지역의 경관에

<그림 13-7> 서울특별시 노원구의 새주소 안내시스템

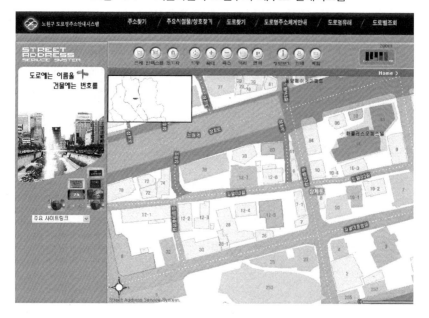

<그림 13-8> 구글 어스에서 제공 중인 인공위성 사진으로 본 국회의사당

미치는 영향을 세밀하게 분석할 수 있다. 도시시설물 관리에 있어서도 지하시설물에 대한 수치지도를 바탕으로 구축한 지하시설물 관리시스템을 활용하면 상하수도관이나 가스관이 노후하여 생기는 누수나 폭발 등의 사고를 사전에 방지할 수 있어서 예산절감은 물론, 재난방지에도 큰 효과를 보고 있다.

도시정보 시스템은 이러한 전문 분야뿐만 아니라, 이미 다양한 형태로 우리의 일상생활에서도 널리 이용되고 있다. 서울특별시의 각 구청에서 제공하는 생활지리정보 시스템에는 새주소 안내 시스템을 비롯하여 도시계획확인원이나 건축물대장, 토지대장 등 도시와 관련한 각종 민원서류를 온라인으로 확인하거나 발급받을 수 있다. 그리고 포털 사이트인 '구글(http://earch.google.com)'에서는 고해상도의 인공위성 사진을 일반인들에게 제공하고 있다. 단순한 사진제공의 차원을 넘어서 주요 건물에 대한 정보, 주소를 입력하여 길을 찾는 기능, 인구주택 센서스 데이터와의 연계를 통하여 다양한 정보를 제공하고 있다.

정보화에 따른 도시의 미래전망과 과제

도시정보화는 우리의 일상생활에 널리 활용되고 있으며, 도시정보의 활용은 앞으로도 더욱 가속화될 전망이다. 따라서 앞으로의 도시정보화를 좌우하는 기술의 발전방향과 도시에 미치는 영향을 파악함으로써 앞으로 정보도시가 어떠한 방향으로 전개될 것인지를 가늠할 수 있을 것이다.

우선 유비쿼터스 도시환경의 발달로 주거, 업무, 여가 및 문화환경 등 거의 모든 분야에 있어서 상당한 변화가 예상된다. 주거환경의 경우 홈네트워크와 초고속 정보통신망을 바탕으로 한 유비쿼터스 아파트에는 재택근무와 원격교육 및 원격의료 지원이 가능하게 된다. 시간과 장소를 가리

<표 13-2> 유비쿼터스 도시환경

분야	유비쿼터스 도시환경
주거환경	·유비쿼터스 주택 ·유비쿼터스 커뮤니티
업무환경	·네트워크와 이동통신에 기반을 둔 업무 ·직장과 주거의 공간적 통합
여가 및 문화환경	·사이버 공간에서의 여가활동 증대 ·사이버 공간에서의 문화 콘텐츠 이용 보편화
공공서비스	·유비쿼터스 네트워크를 이용한 공공정보의 활용증대 ·전자정부 기반의 온라인 민원행정 서비스
도시기반시설	·실시간 교통정보 제공으로 효율적인 이동 ·각종 도시기반시설의 지능화된 통제

지 않고 도시정보를 이용할 수 있는 환경도 확대될 것이다. 도시는 낮과 밤이 없는 24시간 체제로 변화하고 경제활동은 사이버공간을 통하여 이동 비용이 거의 없는 거래행위가 증가하게 된다. 이미 온라인 서점의 판매고 가 오프라인 서점의 판매고를 추월하는 현상이 나타나고 있듯이 온라인 쇼핑몰을 위주로 한 상업공간의 재편이 예상된다.

블로그와 미니홈피를 중심으로 한 사이버 공동체의 확산현상도 근린주 구를 기본으로 하는 정주체계에 큰 변화를 가져올 것으로 예상된다. 과거 에는 같은 동네에 사는 사람들끼리 이웃관계를 형성했지만 가까운 미래에 는 인터넷상의 이웃관계를 위주로 하는 사이버 공동체가 기본적인 정주체 계의 역할을 하게 된다. 이러한 변화로 인하여 공간적 이동이 필요한 대부 분의 도시활동은 초고속 정보통신망을 이용한 활동으로 대체될 수 있을 것이다.

정보화에는 이러한 긍정적인 측면만 있는 것은 아니다. 정보화가 진행 될수록 정보에 쉽게 접근할 수 있는 계층과 그렇지 못한 계층 간의 정보격

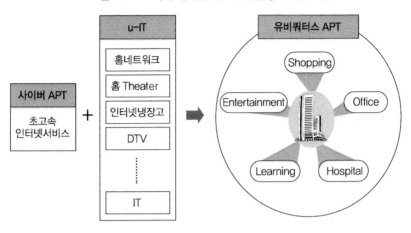

차는 더욱 심화된다. 산업사회에서 소외계층이었던 저소득층이나 농어촌 주민들이 정보화 사회에서 정보이용 능력이 떨어지는 정보소외계층이 될 가능성이 크다. 미래의 지식정보사회에서는 정보의 활용능력이 곧 국가의 경쟁력과 직결되기 때문에 정부는 정보소외계층들을 위한 다양한 정보화 교육기회를 제공해야 할 것이다.

14 지역개발과 국토종합계획

이경기*

지역개발이란?

지역개발(regional development)이란 일정한 지역을 대상으로, 개발이 지역공간에 투영되는 과정과 그 결과를 말한다. 이러한 정의는 지역개발이 일정한 지역의 생산기반과 생활환경을 정비한다는 물적개발을 바탕으로 한 공간개발 개념과 물리적 기반 확충과 정비를 통한 지역의 소득증대와 주민복지 향상을 도모하는 사회적·경제적 개념을 내포하고 있다. 최근 들어 지역개발은 지역 자체만의 개발 차원을 넘어, 국가발전이나 경제성장 및 인간환경과 불가분의 관계를 가지면서 종합개발적인 방향으로 나아가고 있다. 1960년대 지역개발의 중요 목표는 총량적 경제성장에 의한 지역 간, 도시 간 격차해소와 균형개발이었다. 최근에는 성장을 통한 재분배, 기본수요의 충족, 자립 및 생활의 질 향상에 개발의 초점을 맞추고 있다.

* 충북개발연구원 연구위원, 지역개발연구실장

<표 14-1> 지역개발 개념의 구성

내　용	개발형태의 발전				
지역개발	① 상향적 변화	경제개발 (EP)	국가계획	공간개발	권역개발
	② 공간개발	사회개발 (SP)			지역개발 — 도시개발
	③ 생활·생산환경				
	④ 균형개발	물적개발 (PD)	국토개발	지역정책	농촌개발
	⑤ 계획개발	자원개발 (RD)			

　　지역개발은 바람직한 방향으로 변화를 일으키려는 의도적이고 계획적인 과정이라고도 정의할 수 있다. 이는 지역개발이 일정한 정책과 목표를 갖고 지역의 양적 성장과 질적 변화를 일으켜 궁극적으로 지역주민의 복지를 향상시키는 과정이라는 것을 의미한다.

지역개발 전략과 방법

　　지역문제를 개선하거나 해결하는 데 그 원리를 무엇으로 하느냐에 따라 같은 개발사업이면서도 성공의 정도가 달라진다. 지역개발의 목표를 효과적으로 달성하기 위해서는 구체적이고 체계적인 계획을 세워야 한다. 지역개발 전략과 투자효과에 따른 지역개발 방법을 살펴보면 다음과 같다.

전략

　　• 하향식 개발방식(Top-Down Approach)　　하향식 개발방식이란 국가 또는 중앙 정부가 계획 및 개발수립 주체가 되어 비교 우위의 원리에

따라 사항별로 개발효과가 가장 유리한 지역을 집중 개발하여 국가적으로 체계적이고 효과적인 개발이 가능하도록 하는 개발방식이다. 이 방식은 개발 초기단계에서는 한정된 가용자원을 지역 내 거점에 집중시킴으로써 지역개발의 거점을 확보하고, 궁극적으로는 이 거점의 성장력을 주변지역에 파급시킴으로써 지역 전체의 성장을 도모한다. 이러한 논리에는 성장이란 본질적으로 모든 공간에서 동시에 일어날 수 없으며, 조건을 갖춘 특정 공간에서만 가능하다는 것과 한 지역의 성장은 확산과정을 통해서 주변지역으로 파급될 수 있다는 가정이 전제되어 있다. 이 이론은 개발도 상국들로부터 상당히 각광을 받았으며, 1960년대를 거쳐 1970년대 중반에 이르기까지 지역정책의 가장 중요한 전략으로 선호되었다. 그러나 그 논리적 유용성에도 불구하고 성장거점도시만 비대해 질 뿐, 기대했던 파급효과는 일어나지 않고 오히려 새로운 불균형이 나타나고 있다는 점에서 상당한 비판을 받아왔다. 이에 대한 대안으로 상향식 개발방식이 대두되었다.

• **상향식 개발방식**(Bottom-Up Approach)   상향식 개발이란 지역 주민의 욕구와 참여에 바탕을 둔 복지 지향적 영역 개발로, 지역 주민의 욕구를 충족시키기 위해 그 지역의 자원을 효율적으로 사용하여 모든 사람이 개발의 열매로부터 마땅히 할당된 몫을 가져야 한다는 배분적 형평성을 내포하고 있는 개발방식이다. 이 방식은 그동안의 경제성장 중심의 획일적이고 중앙집중적인 개발이론에 대한 반전이며, 그러한 과정 속에서 개발의 수혜를 받지 못하고 소외·낙후되어 온 잔여지역을 그들의 노력과 자원 동원을 통하여 개발하는 것이다. 이 방식은 국가 전체적으로 볼 때 체계적이지 못하고 경제적 효율성이 떨어진다는 문제점이 있으나, 선진국에서 주로 채택하는 균형 개발방식의 대표적 예이다.

최선의 지역개발은 각 지역의 사정에 맞게 상향식 개발방식과 하향식 개발방식을 적절히 활용하여 지역문제를 해결하는 것이라고 할 수 있다.

방법

• **성장거점개발방식**   성장거점개발방식은 투자 효과가 크고 경제 활동의 기반이 잘 구축되어 있는 지역을 성장 거점으로 선정하여 이곳에 이용 가능한 자본과 기술을 집중 투자하여 경제 발전의 효율성을 극대화하고, 개발의 효과가 주변지역으로 확산되도록 유도하는 개발 방식이다. 이 방식의 장점으로는 성장의 공간적 파급 효과로 주변 낙후 지역 및 전체 지역의 성장을 주도하게 한다. 한정된 자본과 자원으로 단기간에 개발 효과를 극대화할 수 있기 때문에, 개발해야 할 지역은 많고 자본이나 재정 능력이 부족한 개발도상국에서 주로 채택하는 개발 방식이다. 우리나라에서는 제1차 국토종합개발계획에서 이 방식을 채택하였는데, 지역 간 격차 심화, 환경오염 등의 문제점이 나타났다. 개발의 주체 또는 계획 입안 측면에서 보면 하향식 개발방식에 속한다.

• **균형개발방식**   균형개발방식은 경제 활동 기반이 미약한 낙후 지역을 우선적으로 개발하여 식생활과 주택 및 지역 사회의 서비스 공급 등을 포함하는 주민 생활의 기본 수요를 직접 충족시켜 주고 다른 지역과의 격차를 줄여 지역 간 균형 발전을 추구하는 방식이다. 이 방식의 장점으로는 지역 간 균형 발전 및 생활과 주택 및 지역 사회의 서비스 공급 등을 포함하는 주민 생활의 기본 수요를 중시하는 지역 생활권 중심의 개발 방식으로, 지역의 특성을 살리는 자생적 잠재력 개발 측면에서 바람직하다. 지역 격차를 해소하는 구조개선 사업에 치중하여 국민 경제의 안정된 성장과 조화를 추구하는 대부분 선진국에서 개발 전략으로 채택하

고 있다. 단점으로는 자원의 효율적 배분과 투자 효율성이 낮아질 수 있다는 점과 자본과 기술이 부족할 경우에는 실효를 거두기 어려우며 경제성장이 다소 둔화되는 문제점이 있다. 지방자치단체 또는 관련기관에서 지역주민의 욕구와 참여를 기초로 수립되는 상향식 개발계획(아래로부터의 계획)방법에 해당된다. 지역균형개발 및 지방중소기업 육성에 관한 법률에 의하여 도입된 「개발촉진지구제도」와 「복합단지개발제도」는 낙후지역과 지방육성을 위한 대표적인 지역균형개발 제도라고 할 수 있다.

• **광역개발방식**   광역개발방식이란 종전의 행정 구역의 분리에 따른 개별적 지역개발의 단점을 보완하기 위하여 중심 도시와 배후 농촌지역을 하나로 묶어서 지역 생활권이 조성될 수 있도록 종합 개발하는 방식이다. 경제 성장과 지역 간 균형 발전의 두 가지 목표를 추구하는 거점개발과 균형개발을 절충한 개발 방법이다. 이 개발 방법은 도시와 주변 농촌 지역을 하나의 생활권으로 묶어 여러 지역에 균등한 투자를 함으로써 균형 있는 발전이 이루어지도록 하는 개발 방법으로 제2차 국토종합개발계획 수정안에서 이 방식을 채택하였다. 「지역균형개발및지방중소기업의육성에관한법률」에 의한 광역개발계획제도는 대도시권 등에서 필요로 하는 광역개발사업의 선정에 관한 것으로, 「국토의계획및이용에관한법률」에 근거한 도시계획 시설결정 등을 위한 광역도시계획과는 구분된다.

지역개발 수립체계

지역개발계획은 국가적 차원과 지방·도시차원에 이르기까지 다양한 크기의 단위 지역을 대상으로 한다. 이 계획들 간에는 우선순위와 사업의 종속 관계 등 체계적인 질서가 있어야 하며 이런 계획들의 체계가 성립될 수 있는 법과 제도의 규정이 있어야 한다.

정부에서는 국토의 계획적·체계적 이용을 통한 난개발 방지와 환경친화적인 국토이용체계를 구축하기 위한 「국토기본법」과 「국토의계획및이용에관한법률」을 제정하고 2003년 1월부터 시행하고 있다. 여기서 제시하고 있는 지역개발체계는 다음과 같다.

「국토기본법」에서는 국토 공간계획과 토지이용계획을 통합함으로써 '선계획 후개발' 원칙에 입각한 체계적 국토관리를 도모하고 국토에 관한 각종 계획 간의 위계와 상호관계를 명확히 함으로써 계획 간의 조화와 일관성을 확보하는 데 중점을 두었다. 이에 따라 국토에 관한 계획은 '국토종합계획-도종합계획-시·군종합계획'으로 일원화되었다. 시·군종합계획은 현재 함께 제정된 「국토의계획및이용에관한법률」에 의거하여 시·군별로 수립되는 도시기본계획을 지칭하는 것으로 도시지역과 비도시지역을 망라하여 시·군이 행정구역 전체를 대상으로 수립하는 동 계획을 국토종합계획-도종합계획의 틀 내에 통합함으로써 체계적인 국토관리가 가능하도록 하였다. 아울러 횡적으로 개별법에 의한 지역계획 및 부문별 계획을 국토종합계획체계로 수용하여 체계적으로 조정·연계될 수 있도록 하였다.

「국토의계획및이용에관한법률」에서는 모든 시·군이 행정구역 전역을 대상으로 도시계획기법을 적용토록 하고 있으며, 광역도시계획, 도시기본계획, 도시관리계획으로 구분하고 있다. 한편 광역도시계획은 2개 이상의 시·군의 공간구조 및 기능을 상호연계시키고 광역시설을 체계적으로 정비하기 위한 계획으로, 건교부장관 또는 시·도지사가 수립하고 공청회 및 지방의회 의견청취를 거쳐 건교부장관이 결정하며, 시·도지사 간 협의가 안 되는 경우 건교부장관이 직권 조정할 수 있도록 권한을 강화하였다.

도시(군)기본계획은 관할 행정구역에 대한 토지이용·교통·환경 등에 대한 계획을 수립하고, 5년마다 타당성 여부를 전반적으로 검토하여 정비하

<표 14-2> 지역개발 수립체계

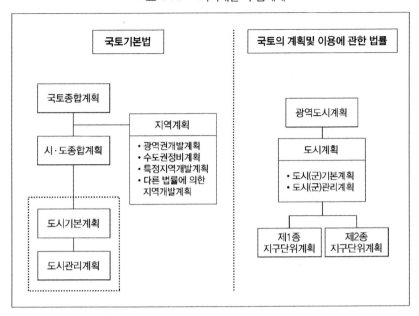

는 등 시·군 행정구역의 기본적인 공간구조와 장기발전방향을 제시하며 시장·군수가 입안하고 공청회와 지방의회의 의견청취를 거쳐 건교부장관의 승인을 얻어 결정하도록 하고 있다.

도시(군)관리계획은 시·군 행정구역에 대한 토지용도의 부여, 기반시설의 설치 등에 대한 계획이며, 직접적으로 주민에게 영향을 주는 집행계획으로서 5년마다 재정비하도록 하고 있다. 도시관리계획은 시장·군수가 입안하고 주민 및 지방의회의 의견청취를 거쳐 시·도지사가 결정함을 원칙으로 하고 있다. 국가계획과 관련되거나 건교부장관의 도시관리계획 조정요구에 응하지 않는 경우, 도시지역의 확장·개발제한구역의 해제 등 중요한 사항에 대해서는 건교부장관이 입안·결정하고, 도지사가 수립하는 계획과 관련된 경우에는 도지사가 입안·결정을 한다.

한편 토지이용을 합리화하고 그 기능을 증진시키며 경관·미관을 개선하고 양호한 환경을 확보하며, 당해구역을 체계적으로 관리하기 위하여 일정규모 이상의 단지를 개발할 경우 지구단위계획을 수립하도록 되어 있고 이는 도시관리계획으로 결정한다.

도시지역개발과 국토발전정책은 어떻게 변화해 왔는가?

지역개발을 실현하기 위한 최상위계획은 국토종합계획으로서 1960년 대까지는 경제개발계획 또는 특정지역 개발계획에 따른 개별적 국토개발 사업을 추진하였다. 1970년대에는 전 국토를 대상으로 종합적인 국토개발계획이 수립되었다. 지금까지 국토종합계획은 네 차례에 걸쳐 수립되었으며 10년을 계획기간으로 하고 있다.

제1차 국토종합개발계획(1972~1981)에서는 국토이용의 효율화, 국토 공간 질서의 확립, 자원의 적극 개발, 환경의 보전 및 생활환경 개선을 설정하고 4대권, 8중권으로 권역을 구분하고 개발방식으로는 성장거점개 발방식을 채택하였다. 이 기간 동안 공업 기반의 조성(남동임해 공업지역), 사회간접자본 시설의 확충(고속도로 건설, 산업철도의 전철화, 항만 시설의 확충), 국토이용 관리체계의 확립(개발제한구역 설정, 국립·도립공원의 지정), 수자원의 개발(4대강유역 종합개발사업)등 개발의 성과를 거둔 반면 지역격 차 심화, 생활환경 악화, 환경파괴 등의 부작용도 발생하였다.

인구의 지방 정착 유도, 국민 복지 수준의 제고, 환경오염과 자연훼손의 극소화 등을 개발목표로 설정한 제2차 국토종합개발계획(1982~1991)에 서는 제1차 국토종합개발계획 결과 드러난 문제들을 보완하여 전국을 4대 지역 경제권(수도권, 중부권, 서남권, 동남권), 4대 특정지역(태백산, 제주 도, 다도해, 88고속국도 주변)으로 설정하고 수도권 인구 억제, 10대 강 유역 개발, 지방 중소 공단 육성, 농업 기반 조성, 주택 공급 확대, 교통 통신망

개발을 위해 광역통합개발방식을 선택하였다.

1990년대 들어 대외적으로는 국제화 및 개방화 진전과 대내적으로는 질적 생활환경개선에 대한 욕구가 증대되었다. 이러한 국내외 여건변화에 능동적으로 대처하기 위하여 제3차 국토종합개발계획(1992~2001)에서는 지방분산형 국토 골격 형성, 환경보전, 통일에 대비한 국토 기반 조성을 계획의 목표로 설정하고 지방 신산업 지대의 육성과 수도권의 기능·시설 분산, 국민 생활과 환경 보전 부문의 투자 확대, 남북 교류의 확대와 이에 대비한 교통망 확충을 중점사업으로 선정하여 낙후지역을 집중 개발하는 방식을 취하였다.

한편 제4차 국토종합계획(2001~2020)에서는 21세기 통합국토의 실현이라는 계획 기조 아래 더불어 잘사는 '균형국토', 자연과 어우러진 '녹색국토', 지구촌으로 열린 '개방국토', 민족이 화합하는 '통일국토'를 4대 목표로 설정하였다.

5대 추진전략으로는 한반도가 지닌 동북아의 전략적 관문기능을 살려 교류중심국으로 도약할 수 있는, 개방형 통합국토축 형성, 수도권의 집중과 과밀 해소를 위해 수도권 기능의 지방분산을 적극 추진하기 위한 지역별 경쟁력 고도화, 국토계획의 모든 부문에 환경과 조화된 지속가능한 개발개념을 도입하여 환경과 개발이 통합된 전방위 국토환경관리체계 구축을 위한 건강하고 쾌적한 국토환경 조성, 국제공항·항만, 고속철도 등 동북아의 관문역할 수행을 위한 국제 교통 인프라를 체계적으로 구축하기 위한 고속교통·정보망 구축, 남북한 교류협력거점 및 사업을 적극적으로 발굴·추진하기 위한 남북한 교류협력기반 조성 등을 들고 있다.

본 계획은 2020년을 목표년도로 설정하고 미래의 경제적·사회적 변동에 대응하여 민족의 삶의 터전인 국토의 미래상과 장기적인 발전방향을 종합적으로 제시한 국가의 최상위 종합계획으로서 인구와 산업의 배치,

기반시설의 공급, 국민생활환경의 개선, 국토자원의 관한 환경보전에 관한 정책방향을 제시하고 있다.

참여정부는 제1차 국가균형발전 5개년계획(2004~2008)을 내놓았다. 계획의 수립 배경이 되는 대내외적 여건변화는 첨단 과학기술의 발달과 세계화로 국가의 중요성이 퇴색하고 지역의 중요성 대두, 집권·단절형 사회에서 수평·네트워크형 사회로의 변혁, 교통·정보통신혁명과 주5일 근무제 시행에 따른 균형발전여건 성숙, 지방자치제도 정착에 따른 지방의 자치역량 강화, 그리고 동북아 경제권의 형성과 혁신거점으로의 도약 등이 있다.

이러한 여건변화에 능동적으로 대응하기 위해 지역혁신체계에 의한 역동적 지역발전을 통해 균형발전을 도모하는 것을 내용으로 하는 제1차 국가균형발전 5개년계획의 청사진으로 내놓고 있다. 이 계획에는 무엇보다 인구와 경제력의 수도권 집중에 따른 지역 간 불균형을 해소해 국가의 균형발전을 도모하겠다는 참여정부의 강한 의지가 나타나 있다.

4대 추진전략으로는 지식·기술의 창출·확산·활용과 지역별 혁신클러스터의 육성을 통한 '혁신주도형 발전기반 구축', 지역 간 격차시정과 도·농 간의 상생발전을 통한 '낙후지역 자립기반 조성', 수도권 규제의 합리적 개선과 수도권의 경쟁력 증진을 통한 '수도권의 질적발전 추구', 그리고 동서횡축의 새로운 대동맥 형성과 국내외 지역 간 교류·협력 확대를 통한 '네트워크형 국토구조 형성'을 들고 있다.

이러한 국가균형발전정책은 크게 3단계로 나뉜다. 1단계인 제1차 국가균형발전 5개년계획(2004~2008)은 지역혁신체계 구축, 혁신클러스터 육성, 공공기관 지방이전 및 미래형 혁신도시 건설 등 혁신기반 구축으로 지역특성화 발전의 기반을 튼튼히 조성하는 것이고, 2단계인 제2차 국가균형발전 5개년계획(2009~2013)은 차세대 성장동력산업의 주력산업화,

세계적 클러스터로의 진입 등 혁신성과의 극대화를 추구하는 것이며, 3단계인 제3차 국가균형발전 5개년계획(2014~2018)은 혁신의 질적 고도화 단계로 초일류 원천기술의 보유와 글로벌 경쟁력의 확보, 명실상부한 세계적 일류 클러스터와의 경쟁을 통해 국가의 발전 잠재력을 극대화시키는 것이다.

지역개발의 향후과제는 무엇인가?

세계화 시대에 대비한 지역개발

최근 우리사회를 둘러싸고 있는 가장 큰 변화의 물결은 국제화이다. 개방화, 세계화 등으로 표현되는 국제화의 물결은 지역개발의 새로운 방향모색을 요구하고 있다. 국제화는 경제의 개방화를 가장 중요한 요소로 하며 국가 간 교역의 확대를 필연적으로 수반한다. 국제화 시대에 있어 어떤 지역의 산업은 국내 다른 지역과 비교우위뿐만 아니라 국제경제체제 내에서 비교우위를 가져야 생존할 수 있다. 또한 국제적 경쟁력을 갖춘 산업을 유치하고 발전시키는 것이 성공적인 지역개발의 관건이 된다. 이와 같은 국제화의 물결 속에서 지역산업개발은 국제적인 산업경쟁의 틀 속에서 결정되고 추진되어야 한다. 산업의 공간분업체계도 국내지역체계 속에서 구축되어서는 안 되며 국제 지역체계 속에서 구축되어야 한다. 국제적 공간분업체계의 구축을 위하여 항만(seaport), 공항(airport), 철도, 도로 등의 기간시설 확충에 관심을 기울여야 하며, 정보 통신망의 확충이 필수적으로 요구된다. 국제화 시대에 중앙정부뿐만 아니라 지방자치단체도 국제경쟁력을 갖추기 위해서는 국제화와 관련된 중추관리기능을 강화해야 한다. 지방자치단체도 국제통상, 외교와 관련된 중추관리기능을 강화하여야 하고, 서울을 비롯한 일부 대도시는 국제경쟁력을 가진 산업을 육성시켜야 한다. 지방도시들 역시 지역 특유의 세계적인 산업을 육성하도록 노력해야 한다. 최근 국회를 통과한 「경제자유구역법」(2002.12)은 향후 우리나라를 동북아 비즈니스 중심국가로 육성하기 위하여 공항·항만 등 물류시설의 확충 및 관련제도의 정비, 경제자유구역의 지정을 통한 체계적인 개발, 정보통신기술(IT) 인프라의 구축 및 외국인 친화적인 경영·생활여건 조성 등의 정책을 추진하기 위한 제도적 뒷받침이라고 볼 수 있다.

광역생활권 시대의 지역개발

대도시의 인구집중, 자동차의 대량보급, 교통 및 통신망의 발달 등으로 중심도시와 주변지역 간의 기능적 의존관계가 심화되고 통근권이 확대되면서 광역생활권 시대가 도래하였다. 광역생활권의 형성은 도시화의 진행에 따라 나타나는 필연적인 현상으로 볼 수 있으며 생활권의 광역화는 교통 및 정보통신의 발달과 함께 더욱 가속화될 전망이다. 광역생활권 시대에 지역개발 역시 광역적으로 추진되어야 한다. 광역권 개발은 생활권의 광역화로 나타나는 주택, 교통, 통신, 상하수도, 쓰레기 처리문제 등과 같이 단위도시별로 해결하기 어렵거나 해결할 수 있다 하더라도 비효율적일 것으로 판단되는 각종 도시문제의 해결과 도시기반시설의 확충을 위해 필수적으로 요구된다. 광역권 개발은 다음의 세 가지 측면에서 그 필요성이 부각된다.

첫째, 도로, 공원, 상하수도와 같은 도시기반시설의 공급에 있어서 낭비적 중복투자를 방지할 수 있다. 특히 규모의 경제가 작용하는 도시기반시설은 서비스 공급의 단위비용을 절감하기 위해서도 광역권 내의 모든 지방자치단체가 통합하여 공급하고 운영하는 것이 효율적이다.

둘째, 광역권 내에서 중심도시와 주변지역 주민 사이에 공공서비스 공급의 격차가 생기는 것을 방지할 수 있다. 즉, 중심도시의 우월한 행·재정 능력을 동원하여 동일 생활권에 속한 주민의 복지를 균등하게 향상시킬 수 있다.

셋째, 행정구역상 납세자와 도시기반시설 이용자가 불일치하는 데서 오는 재원부담의 불합리를 시정할 수 있다는 점이다. 제4차 국토종합개발계획에서는 강원동해안권, 중부내륙권, 제주도권 등 10개의 광역권을 지정하고 있다. 한편 국토의 계획 및 이용에 관한 법률에 의해 지정된 광역권은 현재 수도권, 부산권, 대구권, 대전권, 광주권, 울산권, 마산·창원·진해권, 청주권 등 8개 지역이다. 광역권개발을 실제로 추진하기 위해서는 광역행정체제의 운영이 필수적이다. 광역행정체제의 운영방안으로는 도시권 행정협회의 운영, 도(道)의 광역행정기능의 충실화, 특별 지방행정기관의 활용과 정비 등의 방안이 강구되어야 할 것이다.

지방자치 시대의 지역개발

앞으로 예상되는 정치·행정적 변화는 지방자치의 활성화이다. 지방자치의 정착으로 지역단위의 각종 정책이 지역의 특수성을 감안해서 수립될 것이고, 정책의 집행도 지방재정의 자체 재원의 확보 없이는 불가능하게 될 것이다. 따라서 지역 스스로의 자주적 경제기반을 마련하는 것이 지방자치라는 역사적 흐름 속에서 지역 스스로의 자주적 생존력을 확보하는 길이다. 지방자치 시대에 지역 스스로의 자주적 경제기반을 확보하기 위해서는 지역단위에서 개발계획이 체계적으로 수립되고 집행되어야 한다.

또한 종래의 하향식 지역개발계획에서 탈피하여 지역의 자원을 이용하고 지역 스스로가 집행력을 가진 상향식 지역개발계획이 정착되어야 한다. 향후 인구의 증가, 인간욕구의 상승, 복지수요의 증가 등에 따라 지역개발

수요는 계속 증가할 것이다. 이러한 지역개발수요의 증가에 따라 지방정부의 공공투자재원은 부족하게 될 가능성이 크다. 지방 정부가 봉착하게 될 투자재원의 부족문제를 극복하기 위하여 민간자본의 활용, 지방채의 발행, 지방세원의 확충, 지역개발기금제도의 활용 등과 같은 방법이 강구될 수 있다. 지역개발을 위한 민간자본의 활용은 대기업의 경제력 집중, 특혜시비, 부동산 투기의 재연, 공공성 유지의 한계 등 역기능도 지니고 있지만 민간부문의 경험, 탄력적인 자금동원과 운영, 기술혁신을 통한 원가절감 노력 등으로 각종 공공기반시설을 효과적으로 건설하고 운영할 수 있을 것으로 평가된다.

환경보전 시대의 지역개발

최근 수질오염, 대기오염 등 환경문제에 대한 관심이 고조되고 있다. 아울러 '환경적으로 건전하고 지속가능한 개발(Environmentally Sound and Sustainable Development: ESSD)'에 대한 사회적 관심이 증가하고 있다. ESSD는 인류와 국가사회의 성장을 위해서는 경제발전이 필요함을 인정하면서 각종 개발행위가 환경의 수용능력을 초과하지 말아야 한다는 점을 기본이념으로 한다. 1992년 6월 브라질의 리우데자네이루에서 개최된 '환경과 개발에 관한 유엔회의'에서는 21세기를 향한 환경운동의 강령으로 '의제 21(Agenda 21)'을 채택하였다. '의제 21'은 ESSD를 실현하기 위한 과제들을 포함하였다. ESSD의 실현을 위한 지역개발전략으로는 분산된 집중 형태의 공간개발, 생산·소비·위락이 혼합된 토지이용 고밀도 도시개발, 에너지 절약적 대중교통수단의 개발, 열병합발전의 도입, 자급자족형 도시의 육성 등이 고려될 수 있다. 우리나라는 개발과 보전이 대립과 마찰이 아닌 조화와 보완의 관계로서 지속가능한 발전을 도모할 수 있도록 하고, 기후변화협약 등 국제환경문제에 능동적으로 대응하기 위해

UN의 권고와 각계의 의견을 모아 대통령 자문기구인 '지속가능발전위원회'를 2000년 9월 설치하였다.

갈등표출 시대의 지역개발

지역개발사업의 시행은 다양한 이해당사자들 간의 갈등을 수반하게 한다. 최근에 '우리 동네에 해로운 것은 안 된다'는 이른바 지역이기주의 혹은 님비(Not In My Backyard: NIMBY)현상이 우리 사회에 광범위하게 확산되면서 각종 지역개발사업의 시행에 어려움을 겪는 사례가 증가하고 있다. 지역이기주의는 물리적 행위를 수반한 비합리적 집단행동으로 표출되어 국가적으로 혹은 지역적으로 필수 불가결한 공공시설의 건설에 막대한 지장을 초래하고 있고, 그러한 경향은 계속 나타날 것으로 보인다. 지역개발사업의 시행에 따른 갈등은 크게 세 가지 유형으로 나눌 수 있는데 주민과 정부 간의 갈등, 중앙정부와 지방정부 간 갈등, 지방정부들 간의 갈등이 그것이다. 이들 세 가지 갈등 유형 중 지금까지는 주민과 정부 간의 갈등이 심각한 사회문제로 표출되었다. 그러나 지방자치단체의 장(長)이 주민투표에 의해 선출된 경우 지방자치단체의 장은 주민의 편에 서서 행동할 가능성이 크다. 이렇게 될 경우 두 번째와 세 번째 유형의 갈등 역시 상당히 많이 나타날 것으로 보인다.

이와 같은 점을 감안한다면 갈등표출 시대의 지역개발을 원활히 시행하기 위해서는 주민과 정부 간 갈등뿐만 아니라 단위정부들 간의 갈등을 해소하기 위한 방안도 다각적으로 강구되어야 할 것이다. 갈등해소방안으로는 보상체계의 정비, 정보공개의 내실화, 주민참여의 제도화, 홍보활동의 강화, 기능 및 권력배분의 명확화, 광역행정체제의 활성화, 법적 강제력의 활용 등의 방안이 제시되고 있다.

15 수도권 집중과 균형개발

엄수원*

국토건강의 기본, 균형성장

모든 생명체는 탄생과 함께 성장이 시작되는데, 국토의 경우도 마찬가지다. 성장은 바람직한 것이며 또 필요한 것이다. 국토를 사람의 몸에 비유하면 각 지역은 신체의 각 부위와 같고, 지역의 제각각 다른 특성은 신체 각 부분의 기능과 형상이 다른 것과 같은 이치이다. 신체의 균형 있는 성장이 중요하듯이, 각 지역의 균형 있는 성장은 정상적인 발전을 위해 중요하다. 어느 한 지역만 이상비대하면 몸이 균형을 잃듯이 나라의 기능과 활동이 한 곳으로만 집중되면 국토의 구조는 비정상적인 형상으로 고착될 수밖에 없게 된다. 따라서 국토정책을 이야기할 때 항상 균형 있는 성장을 위한 노력에 관심을 가져야 할 것이다.

* 전주대학교 부동산학과 교수

불균형 성장이 가져오는 폐해

지역균형개발의 저해

더 많은 혈액이 모이고 흩어지는 신체기관이 있듯이 사람, 돈, 정보, 기술 등이 집중되는 현상은 어느 정도 불가피한 측면도 있다. 집중을 통해 수도권이 성장하고 그 성장효과가 다른 지역의 성장을 유도한다면 궁극적으로는 좋은 현상이라 할 수 있다. 그러나 지금까지 우리가 경험한 바로는 수도권 집중이 적정수준을 넘어 각종 도시문제를 유발하고 있고, 수도권에 의해 다른 지역이 성장효과를 보게 된다는 가설은 입증되지 않고 오히려 수도권 집중현상만이 오늘날에도 계속해서 이루어지고 있다는 점이다.

과밀에 따른 도시문제의 발생

수도권의 좁은 면적과 부족한 도로시설에도 불구하고 많은 인구와 산업 그리고 자동차가 집중함으로써 수도권의 여건은 지속적으로 악화되어 왔다. 인구 및 산업의 집중은 대기오염, 수질오염, 소음 등 각종 공해를 발생시킬 뿐만 아니라, 주택문제, 교통문제, 도시범죄문제 등 각종 부작용을 유발하고 있다. 이에 따라 생활의 질을 높이기 위해 이루어지는 주택 등 각종 생활기반시설의 확충 및 난개발 방지를 위한 도로·상하수도 건설 등 사회간접자본시설의 확충은 사회적 비용을 증대시키고 있다.

지역 간의 대립·갈등 유발

수도권 집중은 인구유출지역과의 소득, 시설 및 생활환경의 상대적 격차를 유발시켜 지역발전의 불균형을 초래하며, 특히 이들 지역 간의 격차는 낙후지역 주민의 소외의식을 증가시키며 지역 간 갈등을 유발한다. 한국경제가 소득이 증가하면서 겪었던 상대적 빈곤감, 상대적 박탈감이 지역문제에서도 그대로 나타나, 이것이 정치적·경제적·사회적으로 큰 부담을 주게 된다.

국토경쟁력 약화

국토불균형문제는 수도권과밀문제와 지방의 침체문제를 동시에 야기시켜 국가경쟁력에 제동을 건다. 수도권 일극중심(一極中心)의 국토는 새로운 시대적 변화에 대응할 수 있는 능력을 크게 떨어뜨린다. 수도권은 교통난, 환경오염, 주택부족, 난개발 등의 문제를 유발시켜 과밀로 인한 문제가 나타나고, 지방은 각종 기회의 결핍에 따른 지방경제의 침체문제가 가중되고 있어 국토경쟁력을 약화시키게 된다.

수도권 집중은 왜 발생하는가?

수도권으로 인구가 집중하고 있는 첫째 이유는 수도권과 지방 간의 사회경제적 격차가 심하기 때문이다. 핸더슨(G. Henderson)은 "중앙집권이 수도권 집중을 초래한다"라는 표현으로 수도권 집중의 원인을 설명하고 있다. 고도의 권력 집중을 특징으로 하는 중앙집권체제에서는 중앙정부가 자원의 배분을 독점하므로 이에 근접하고자 하는 많은 기업과 이익집단이 수도권에 모여든다.

둘째, 취업기회의 요인을 들 수 있다. 기업의 입지조건상 수도권 입지가 유리함으로 수도권 내에 제조업 및 서비스산업이 활성화되어 있으며, 그에 따른 고용기회의 확대는 취업을 원하는 젊은 청장년층을 유인하는

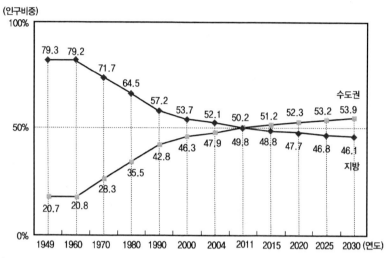

<그림 15-1> 과밀로 인한 도시문제

(인구비중)

100%

79.3 79.2

71.7

64.5

57.2

53.7 52.1 50.2 51.2 52.3 53.2 53.9 수도권

50%

49.8 48.8 47.7 46.8 46.1 지방

47.9

46.3

42.8

35.5

28.3

20.7 20.8

0%

1949 1960 1970 1980 1990 2000 2004 2011 2015 2020 2025 2030 (연도)

자료: 통계청(1995년까지 총인구, 1996년 이후 주민등록인구)

요인이 된다.

셋째, 고등교육 기회의 요인이다. 우리 국민의 향학열이 높은 것과 관련하여 수도권에 양질의 고등교육기관이 많이 분포해 있는 것은 좋은 대학에 입학하고자 하는 지방학생을 유인하는 요인이 된다.

넷째, 문화생활 기회의 요인으로서 양질의 위락 및 문화시설이 수도권에 많이 분포되어 있는 것은 그러한 시설을 갖지 못한 지방주민들에게 문화생활을 향유하고자 하는 동경의 대상이 된다.

다섯째, 정보접근 기회의 요인으로서 대부분의 정보원이 서울에 집중해 있어 여러 가지 활동에 유익한 정보의 접근에 유리하다.

여섯째, 수도지향 의식구조의 요인으로서 우리 국민은 전통적으로 서울이면 무조건 좋고 만족감을 갖는 의식경향을 가지고 있다.

<표 15-1> 수도권 집중억제 정책의 변천과정과 특징

시기	주관부처	정책명	주요내용
1970.4	건설부	수도권인구 과밀집중 억제에 관한 기본지침	인구집중요인 해소(도농 간 균형발전, 국토종합개발계획 수립, 과도한 중앙집권 지양), 집중억제를 위한 긴급대책(개발제한구역 설정, 행정권한 이양, 정부청사 이전)
1972.12	청와대	대도시 인구 분산시책	산업(대도시 공장신설 억제 및 이전을 위한 조세정책), 교육(대도시 교육시설(고교이상) 신증설 금지, 지방대학 육성), 도시(위성도시 건설, 특정시설제한구역 지정, 3대도시 주민세 신설)
1973.2	경제기획원	대도시 인구 분산시책	주민세 신설을 위한 지방세법 개정, 국영기업체및 공공기관 지방이전 권장, 공해공장 등의 지방이전, 건축물(일정규모 이상) 신증설 제한, 위생업소의 신규허가
1982.1	건설부	제2차 국토종합개발계획(1982~1991)	서울 및 부산 양대 도시의 성장억제, 지방의 성장 거점도시 육성
1984.7	건설부	수도권정비 기본계획	수도권을 5대 권역으로 구분, 대규모 건축물과 택지개발사업에 대한 권역별 차등규제, 수도권내 도시계획, SOC투자계획의 기본방향 제시
1991.12	건설교통부	제3차 국토종합개발계획수립(1992~2001)	물리적 규제방식의 지속 추진, 경제적 경제수단의 도입, 수도권 공간구조 개편, 수도권 국제기능의 보강
1993.6	재정경제부	신경제 5개년계획	수도권정책의 구체화, 새로운 국토공간체계 구축
1998.6	기획예산위원회	국민의 정부: 국정과제 실천계획	균형 있는 국토개발계획 수립, 8대 광역권 개발계획 수립, 수도권대학 총정원설정, 수도권 억제를 위한 세부계획 수립
2000	건설교통부	제4차 국토종합계획 수립(2000~2020)	21세기 통합국토 실현을 기조, 균형, 녹색, 개방, 통일국토를 지향, 국토개발 투자재원의 다변화
2004	건설교통부	제1차 국가균형발전 5개년계획(2004~2008)	「국가균형발전특별법」에 근거한 세부전략 추진으로 국토균형 발전 실현

균형개발을 위한 노력

수도권 집중은 장기간에 걸쳐서 나타난 현상이기 때문에 시정이 쉽지 않다. 정부도 제2차 국토계획 때부터 불균형발전의 폐해를 인식하고 균형발전을 내세웠고 그 이후에도 수많은 정책을 내놓았으나, 제대로 효과를 보지 못하고 있다. 정부가 추진했던 정책 중 대표적인 것이 수도권 지역의 공장이나 기업의 지방 이전 시 각종 세금을 감면해 주는 제도이다. 하지만 이에 부응하여 지방으로 이전해서 지역균형발전에 기여한 기업은 많지 않다. 그런 혜택을 받지 않고 수도권에 남아있는 것이 기업성장에 유리하다고 판단하기 때문이다.

한편 최근들어 수도권정책의 기조가 변화하고 있으며, 국가경쟁력 제고라는 측면에서 수도권과밀 억제정책을 완화하려는 노력이 이루어지고 있다. 특히, 1990년대 이후 세계화, 개방화 논리와 함께 토지이용상의 규제완화가 이루어졌으며, 최근 수도권공장총량제 규제완화, 행정중심복합도시, 혁신도시, 기업도시 건설 등에 따른 수도권 규제완화 정책이 추진되고 있다. 수도권 정책의 기조는 '수도권 집중억제'에서 적절한 성장을 유도·관리하여 국제적으로 경쟁력 있는 도시권역을 형성해 나간다는 '수도권 성장관리' 정책으로 전환되고 있다. 최근 정부는 국가균형발전 정책을 체계적으로 추진하기 위해, 국가균형발전특별법에 근거하여 '제1차 국가균형발전 5개년계획(2004~2008)'을 수립·추진 중에 있다.

앞으로의 방향

세계경제의 전면적 자유화, 경제활동의 동시화·광역화·다양화·지방분권화의 점진적 정착, 삶의 질에 대한 국민수요증대 등 대내외적으로 수많은 변화가 예상되고 있다. 이제 국토균형개발을 통한 지역 간의 통합, 개방적 국토경영, 환경친화적 국토관리, 남북교류확대를 통한 한반도 통합은 시대적 요구이다. 이러한 관점에서 국토균형발전을 위한 노력은 다음을 고려해야 한다.

먼저, 수도권과 지방의 역할분담을 통하여 공동발전(Win-Win)을 모색하는 일이다. 수도권과 지방 모두가 동일한 목표를 가지고 동일한 기능과 역할을 수행한다면, 오늘날의 수도권과 지방의 문제는 해결하기 어려울 것이다. 즉, 차별화를 통하여 발전방안을 모색하는 일이 무엇보다 중요하다. 수도권은 양적 팽창을 지양하고 국제화 기능 수용을 통하여 질적 성장관리체계를 강화하고, 지방은 양적 성장에 더 역점을 두고 인구유발기능을 흡수하여 자생력을 확보하는 방향이 바람직할 것이다. 한 지역의 발전을 억제하여 다른 지역의 발전을 촉진하기보다는 모든 지역이 개성적 특성과 잠재력을 살려 발전을 추구하는 상생전략의 전개가 필요하다. 수도권은 동경, 북경, 상해, 싱가폴, 홍콩 등 국제적 중심기능을 담당하는 지역과 경쟁하는 세계도시(global city)의 기능을 발휘하도록 하고, 다른 지역은 잠재적 특성을 살린 독자적 지역경제단위의 기능을 담당토록 육성한다.

둘째, 수도권 억제정책과 지방육성정책을 병행하여 추진하되 지방육성책을 우선순위에 두어야 한다는 점이다. 그동안의 수도권정책은 수도권억제를 위한 노력은 있었으나, 지방유입을 위한 흡입요인이 작용하지 않았다는데 문제가 있다. 수도권에서 밀려오는 인구 및 산업기능을 수용할 수 있는 기틀을 지방에 마련하지 않고, 수도권억제 일변도의 정책을 추진함에 따라 수도권 과밀집중이 지속된 것이다. 수도권 억제정책은 지방에 대한 집중적 투자와 인센티브 제공없이는 불가능하다는 점을 인식해야 한다. 이를 위해 매력적인 지역정주기반 형성이 요구된다. 21세기의 지역

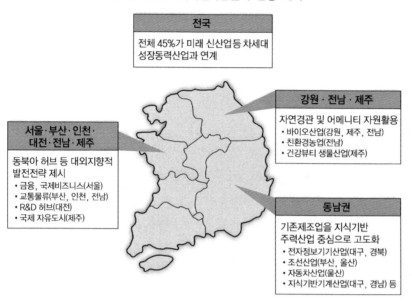

<그림 15-2> 지역전략산업의 선정 예시

전국
전체 45%가 미래 신산업등 차세대 성장동력산업과 연계

강원 · 전남 · 제주
자연경관 및 어메니티 자원활용
• 바이오산업(강원, 제주, 전남)
• 친환경농업(전남)
• 건강뷰티 생물산업(제주)

서울·부산·인천· 대전·전남·제주
동북아 허브 등 대외지향적 발전전략 제시
• 금융, 국제비즈니스(서울)
• 교통물류(부산, 인천, 전남)
• R&D 허브(대전)
• 국제 자유도시(제주)

동남권
기존제조업을 지식기반 주력산업 중심으로 고도화
• 전자정보기기산업(대구, 경북)
• 조선산업(부산, 울산)
• 자동차산업(울산)
• 지식기반기계산업(대구, 경남) 등

개발전략은 문화적 정체성과 여유로운 생활환경을 창출하는 데 더 높은 우선순위를 부여해야 한다. 문화, 예술, 여가활동기반의 강화, 쾌적한 환경, 경관자원의 확보, 생태환경, 주거여건 개선 등 다양한 조치가 요구된다. 이를 위하여 다음과 같은 세부전략들의 추진이 요구된다.

혁신주도형 발전기반의 구축

세계화, 지식정보화·문화의 시대에 경제발전의 관건은 투입요소 증대가 아닌 혁신을 통한 성장동력의 창출에 있다. 혁신주도형 발전의 핵심은 지식·기술의 창출·확산·활용과정의 시스템화, 교육·훈련을 통한 인적자본의 축적 및 활용에 있다.

양적 성장 모델과는 달리 모든 경제주체들의 참여와 협력, 상호학습을 통해서만 달성이 가능하다. 혁신주도형 지역발전을 위해 지역특성에 맞는

<그림 15-3> 낙후지역 자립기반 조성

낙후지역 개발

• 낙후지역 선정 및 재정지원
• 종합적 · 체계적 낙후지역발전
  프로그램 추진

낙후지역 자립기반 조성

농산어촌형 RIS구축
• 지역인재와 외부전문가가 결합된 개방형 RIS

• 5都 2村 사업 시행
• 지방농업혁신클러스터 육성
• 1차산업의 혁신과 2·3차 산업의 융합
• 주민평생학습 프로그램 실시

지역경제 활성화

• 지역특화발전특구 지정 · 육성
• 지역의 향토자원개발 및 활용
• 지역전문점, 관광백화점 기획 · 개발
• 특성화된 지역문화 육성

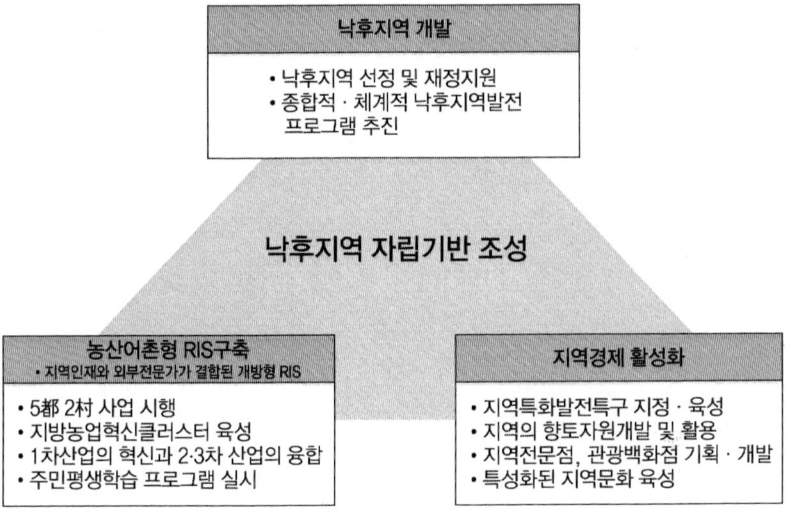

전략산업을 육성해야 한다. 지역의 비교우위와 산업기반, 차세대 성장동력산업 등을 고려하여 지역별로 전략산업을 선정·육성해야 한다.

낙후지역의 자립기반 조성

인적·물적 자원의 부족으로 낙후지역 스스로의 역량으로는 낙후상태를 극복하고 빈곤의 악순환의 고리를 끊는 데 한계가 있다. 낙후지역의 발전기반 구축은 지역간 격차 시정뿐만 아니라 도농 간의 상생발전을 통해 사회적 통합에 기여하게 된다. 환경적 가치를 고려한 국토의 미활용 잠재력의 재발견을 통해 전국민이 살기 좋은 환경을 조성해 가야 한다. 시혜적 성격의 배분이 아닌 낙후지역의 혁신역량을 강화하고 혁신기반을 구축하여 장기적으로 낙후지역의 발전잠재력을 제고하려는 노력이 경주되어야 한다.

역류효과

지역은 중심도시와 그 주변지역으로 구성된다. 여기서 중심도시는 성장거점 (growth pole)이 되고 그 주변지역은 성장거점의 배후지역이 된다. 그리고 이들 중심도시(center)와 주변지역(hinterland) 간에는 순환인과(circular causation)관계 가 이루어지고 역류(backwash)와 확산(spread)효과가 이루어진다. 역류효과란 주 변지역의 인구, 자본 등이 중심지역으로 빠져나가는 것을 의미한다. 이때 주변지 역의 발전은 둔화된다. 확산효과란 중심지의 기술, 자본, 인력 등이 주변지역으 로 확대되어 나가는 것을 의미하고 이때 주변지역의 발전은 가속화된다. 그런데 대체로 역류효과는 확산효과보다 더 강력하기 때문에 결국은 성장거점만이 과 도하게 성장하게 된다.

수도권의 질적 발전 도모

수도권과 지방이 상호차별적인 특성을 확보하고 서로 의존하며 서로 돕는 상호의존의 의식을 공유해야 한다. 수도권의 경우 글로벌 경쟁체제 에서 수도권이 아니면 우위를 점할 수 없는 분야 및 기능 강화에 역점을 두어야 할 것이고, 지방은 각 지역의 실정에 적합한 지역혁신체계를 중심 으로 특성화 발전을 할 수 있도록 유도해야 한다. 수도권의 계획적 관리를 통하여 양적 성장에서 질적 발전으로의 전환과 경쟁력 강화를 도모해야 한다. 지방에 대한 역류효과(backwash effect)가 적은 분야의 경우 수도권의 경쟁력을 과도하게 저해하는 규제의 개선을 우선적으로 추진해야 한다.

16 주민참여와 마을만들기

백기영*

주민참여와 마을만들기란?

주민참여란?

주민참여는 정책결정이나 집행과정에 영향을 줄 목적으로 지역주민과 시민이 참여하는 모든 과정을 일컫는 말이다. 지방화 시대의 주민참여란 일반시민이 행정에 대하여 영향력을 행사하기 위해 정책결정 과정에 참여하는 좁은 의미의 개념에서부터, 지역의 대표자를 선출하는 선거와 구체적인 정책의 집행에 이르기까지 정치 및 정책과정에 일어나는 시민의 모든 정치적 행위를 포함하는 넓은 의미의 개념을 포함한다.

특히 우리나라는 현재 지방자치제가 성숙되어가면서 주민이 도시계획 과정에 능동적으로 참여하여 미래 사회를 만드는 주체로서의 역할을 획기적으로 증진시켜야 할 시점이다. 주민참여는 주민들로 하여금 행정의 통

---

* 영동대학교 도시부동산학과 교수

주민공청회

제 방식을 보완하고, 주민이 가지고 있는 판단과 안목으로 행정의 분파주의를 해소하거나 방지하는 역할을 한다. 이에 주민교육과 건전한 시민의식육성 프로그램에 주민의 참여가 필요하다. 주민참여는 행정 측의 입장에서 행정기능에 대한 주민의 이해와 협력을 도모하게 해주면서 주민들의 지식과 경험을 얻고 행정활동에 대한 의견을 수렴하게 해준다. 또 주민 상호 간의 분쟁을 해소하고 이해를 조정할 수 있게 해준다. 이러한 주민참여는 도시문제의 해결방식을 지역의 특성에 맞게 적합한 방식으로 선택할 수 있다는 긍정적 측면이 있는 반면에, 문제해결의 능력과 부담을 지역과 주민에게 전가시킨다는 모순을 가지고 있다.

지속가능한 도시를 위한 핵심적 방법인 주민참여는 주민들이 스스로 자신들의 삶의 질을 위협하는 각종 사회적 문제를 규정하고 발견하여 이를 이슈화하고 그 해결방안을 강구한다는 점에서 주민의 자발적이고 자주적인 참여와 주민정신을 기반으로 하고 있는 지방자치와 그 이념적 기반을 같이하고 있다.

또한 주체적 참여활동을 어느 정도로 활발하게 전개하는가 여부는 주민 스스로 그들의 삶을 주체적으로 결정할 수 있는 권한을 여하히 제도적으로 성숙시키느냐에 달려 있다. 이와 같이 주민들이 자신들의 공동체적 삶을 스스로 결정하는 주체적 참여의식을 가지고 활동할 때 지속가능한 도시의 실현과 지역사회의 전반적인 삶의 질이 향상되고 지역사회복지 수준이 향상될 수 있는 것이다. 여기에 주민참여의 중요성이 있는 것이다.

해체되어 가는 현대의 주민공동체를 재생시키고 도시의 지속가능성을 제고해야 할 과제들에 대처하기 위해서는, 이제 도시계획·개발에 관한 종합적 전략을 세우는 기반으로서 주민참여에 관한 이해는 기본적이며 필수적인 요소가 되었다.

주민참여의 유형

도시계획과정에서 우선 참여방식에 의한 주민참여의 유형을 살펴보자. '공청회, 공람, 주민설명회' 등 도시계획법이나 기타 관련법에 의해 보장된 제도적 참여와 '청원, 진정, 민원' 등 행정제도상 보장되어 있는 참여방식에 의한 준제도적 참여, 그리고 '시위, 점거, 농성' 등의 형태로 표현되는 비제도적 주민참여 등으로 분류될 수 있다. 비제도적 참여는 종종 제도적으로 보장된 참여와 동시에 진행되는 경우도 있다.

참여단계에 의한 주민참여의 유형으로는, 계획단계의 참여, 집행단계의 참여, 평가단계의 참여로 나눌 수 있다. 계획단계의 참여는 입안단계, 검토단계, 승인단계로 나누어 볼 수 있다. 우리나라의 경우에 계획 입안단계의 제도적 주민참여 방안은 충분히 마련되어 있지 못하며, 도시계획이나 도시설계의 경우에 검토단계 내지는 승인단계에서 공청회, 공람 등이 보장되어 있을 뿐이다. 집행단계의 참여란 도시계획이나 도시설계안이 확정되고 난 뒤 집행하는 과정에서의 주민참여를 말하는데, 우리나라의 경우에는 이 단계에서의 주민참여는 전혀 보장되어 있지 못한 실정이다. 평가단계의 참여란 어떤 계획이나 사업이 완료되고 난 후 계획내용에 따라 충실히 집행되었는가를 평가하는 단계를 말하며, 이 단계에서의 주민참여도 우리나라에서는 전혀 제도적 참여 방안이 마련되어 있지 않다.

마을만들기란?

최근 도시만들기의 중점방향이 마을만들기로 전환되고 있나. 이리한 경향의 배경은 다음과 같다.

첫째, 행정주도의 생활환경 개선사업의 한계가 노출되고 있다. 최근 많은 도시에서는 지구교통 개선사업으로 차없는 거리 조성사업, 어린이 통학로 개선사업, 마을마당 조성사업, 걷고 싶은 도시 만들기 시범사업 등이 추진되고 있으나, 주민들의 반대와 이해대립으로 추진이 곤란을 겪는 경우가 많다. 주민의 동참이 없는 경우, 주민요구와 동떨어진 시설사업으로 효과가 저하되기도 하며, 행정의 유지관리 부담이 가중되는 등 이제 주민참여 없이는 도시개발의 어떠한 사업도 성공을 기대하기 곤란한 상황에 이르렀다.

둘째, 시민운동의 모습도 변화했다. 전국 단위를 대상으로 민주화 정치운동 위주의 지역단위 시민운동에서 생활환경 개선운동 위주로 변화되고 있다. 도시연대의 인사동 작은가게 살리기, '걷고 싶은 도시만들기와 주민참여' 워크숍, 녹색교통의 마을과 사람을 생각하는 모임, YMCA의 아름다운 마을만들기 운동, 마을학교 개최, 참여연대의 아파트 공동체 운동 지원, 아파트 시민학교, 경실련의 지역 만들기 운동, 시민공간 찾기 운동 등은 그러한 전형적 사례이다.

셋째, 전문계의 변화 모습도 주목된다. 1999년 건축문화의 해 행사를 주최했던 여성건축가 협회는 '함께하는 주거환경, 아름다운 우리마을' 워크숍과 '내가 가꾼 우리 마을' 콘테스트를 개최하는 등 전문가의 주민참여에 대한 관심 및 활동이 증가하고 있다. 전문가들의 시민운동 참여도 확대되어 주민운동 지원 및 지역활동 참여가 늘고 있다. 삶의 질에 대한 관심이 증가되고, 여가, 휴식, 사회교육 등에 대한 주민수요가 높아지고 있어 전문계의 관심도 커지고 있다.

이상과 같은 배경에서 결국 마을단위 도시계획으로 도시계획 패러다임의 전환이 이루어진 것이다. 계획 주체에 있어서는 행정주도, 주민순응이라는 관주도 방식에서 주민참여, 주민주도 방식으로 전환되었고, 계획범위에 있어서도 광역적 도시 전역에서 생활공간인 마을단위로 바뀌고 있으며, 계획기간 역시 중장기(5년~20년)에서 단기로 전환되고 있다. 계획성격은 장기비전 제시에서 단기 현안문제 해결과 개선의 방향으로 전환되고 있다. 이제 마을만들기에서 시작된 주민주도형 도시계획이 정착되고 있는 것이다.

주민참여에 의한 마을만들기 사례

일본 세타가야의 사례

• 마을만들기 제도의 정착과정   '마을만들기'의 시발지역이라 할 수 있는 세타가야는 동경도의 23개 구(區) 중 하나로서 동경도심에서 남서방향에 위치하고 있다. 면적 58km²에 인구 80만 명이 거주하고 있는 주거도시로서, 남측으로 흐르는 타마천(多摩川) 외에도 몇 개의 중소 하천을 비롯한 많은 공원과 오픈 스페이스가 널리 퍼져 있다. 대학과 미술관 등도 다양하게 입지하고 있어 자연적 조건과 문화적 기반이 잘 갖추어져 있는 도시이다. 주민제안제도가 도입되면서 도시 내에 아름답고 살기 좋은 공간을 확보하는 등의 가시적 효과 외에도, 주민과 행정 간의 신뢰가 돈독해지고 주변환경에 대한 주민 만족도와 주민공동체 의식이 높아지는 등 여러 가지 부수적 효과를 거두고 있다. 이 지역에서 '마을만들기'가 정착되어온 과정은 <표 16-1>과 같다.

'마을만들기'의 시작은 1975년 지방자치법 개정과 구청장 선거에 따른 자치단체의 권한 확대도 큰 몫을 하였다. 지금은 일본전역으로 퍼졌고 세계적으로 널리 알려진 이 '마을만들기'의 최초 사업은 1975년도에 시행

<표 16-1> 일본 세타가야 마을만들기 정착과정

일 시	내 용
1970년대 초	주민의 자연환경 지키기와 개발반대 운동이 활발하게 전개됨
1975년	지방자치법 개정과 구청장 선거에 따른 자치단체 권한 확대 '세타가야 자원봉사자 연락 협의회' 발족
1978~79년	세타가야 구 기본구상과 기본계획에서 주민환경 개선방안 마련
1981년	세타가야 구 타이시도(太子堂)지역에서 '어린이 놀이와 마을 연구회' 발족
1982년	마을만들기조례 제정 구청 내에 '도시디자인실' 설치
1983년	구청 내에 '마을만들기 추진과' 설치
1984년	주민의 원룸맨션 반대운동 전개-구와 주민 간에 '건축 협정' 타결
1987년	'마을만들기 지원센터' 설립 '마을만들기 지원센터'의 주선으로 사안별 '구획가로를 생각하는 모임'[주변주민, 구의 관계공무원, 재개발조합(시행자) 대표로 구성]을 결성하여 능동적 대처

된 세타가야 구 타이시도(太子堂) 지역의 '목조주택 재정비 사업'이었다. 당시 세타가야 구는 노후하고 혼잡한 목조주택지의 재정비 사업을 추진하고자 하였지만 주민과의 마찰로 인해 5년 동안 사업이 지연되고 있었다. 그러나 타협과정에서 '주민제안 방식'을 고안하여 시행함으로써 묵은 숙제를 쉽게 풀 수 있었다.

초창기 세타가야구 주민의 '마을만들기 추진과(마치즈쿠리 推進課)' 실무담당자이자 전임 마을만들기 지원센터(마치즈쿠리 센터) 소장이었던 오리토유지(折戶雄司) 씨는 주민의 '마을만들기' 시작을 이렇게 설명한다. "1960년대의 고도성장 시대를 거쳐 1970년대에 들어와 일본사회는 공해문제와 자연파괴문제 등이 불거지면서 개발에 대한 주민의 반대운동이 거세게 일어났습니다. 이로 인해 주민과 행정 간에 마찰이 잦아졌고 양자 간에 서로 이득 없는 지루한 싸움이 계속되다가, 1970년대 후반에 들어와 행정과 주민 간의 타협이 시작되었습니다. 타협과정에서 주민과 관의 의

식이 모두 성숙하게 되었고, 타협의 결과물로 나타난 것이 주민의 '마을만들기(마치즈쿠리, まちづくり)'입니다."

통상적으로 주민제안은 주민협의회 주관하에 이루어지는 주민들 간의 합의과정을 거쳐 이루어지며, 행정부는 주민 개개인이 아닌 주민협의회를 상대하여 제안을 받고 협의를 한다. 주민협의회는 행정부에 전문가의 파견을 요구한 경우가 많으며 전문가 파견에 따르는 비용은 행정부가 부담하는 것이 상례이다. 초기에는 행정부가 개발사업안을 만들어 주민협의회에 검토를 제안했으나 지금은 주민이 먼저 사업을 제안하는 경우가 많다. 주민제안에 의한 사업지역의 사후 관리는 사업에 참여했던 주민들이 직접하는 것이 대부분이다. 주민들이 관리할 경우 행정부가 직영하거나 관리전문회사에 맡겼을 경우에 비하여 경비가 절반 정도로 줄어들고, 사업지역에 대한 주민들의 애착심도 증가된다. 주민제안 제도는 1980년부터 「도시계획법」에 명시되었고, 세타가야의 경우 1982년에 마을만들기 조례를 제정하여 사업별로 구체적 방식을 제도화하였다. 그러나 주민제안 제도라고 해서 모든 제안이 받아들여지는 것은 아니다. 주민제안이 들어오면 행정은 투명성 있는 정보를 바탕으로 답변을 하며, 그 답변을 놓고 주민들 사이에 다시 협의하는 과정을 반복적으로 거치면서 합의점을 도출하게 된다. 예산이 부족하여 주민제안을 받아들일 수 없다는 사실을 통보하였음에도 불구하고 주민의 요구가 계속되는 경우에는 상부기관에 요청하여 평가를 받도록 하며, 좋은 평가를 받는 경우 시범사업으로 지정하여 예산을 지원받아 시행하기도 한다.

• 주민의 손으로 만든 파라다이스의 내용들   일본 동경 세타가야 구(區) 산겐자야(三軒茶屋)에 있는 4.6km에 이르는 가라시야마가와 녹도(鳥山川綠道)는 원래 하천이었다. 그러나 1960년대 초의 근대화 물결 속에 이

하천은 매몰되어 쓰레기장으로 변했다. 이의 개선을 위해 세타가야 구
당국은 정비계획 초안을 만들어 주민들에게 구체적인 계획안과 설계안을
작성하도록 제안하였다. 주민들은 주민협의회를 만들고 전문가를 초빙하
여 함께 머리를 맞대고 자신들의 거리만들기를 시작하였다. 당초 직선으로
되어 있던 구(區)의 안을 옛 하천부지의 자연스런 모습을 따라 모양을
바꾸고, 중수도(욕실 등에서 사용한 후 정수한 물)를 이용하여 사라져버린
하천을 실개천으로 부활시키는 안을 냈다. 바닥타일에 자녀들의 그림 넣기,
몇 가구씩 그룹을 만들어 자신들의 휴식공간 만들기, 자기집 주변에 나무
와 꽃 심기, 구역별 특색 살리기, 그리고 사후관리도 주민 스스로 하기……
주민들의 다양한 아이디어와 능동적 참여, 이를 적극적으로 받아들인 행정
이 어우러져 오늘의 모습을 만들어낸 이 길은 주민들의 극진한 사랑을
받고 있고 동경도의 '역사문화 거리'로 지정되기에 이르렀다.

　　거대도시 빌딩숲 뒷편의 주택가에 탄성이 절로 나오는 환상적인 녹도(綠道)
　　가 펼쳐 있다. 한가로워 보이는 주택들 사이로 주민들이 손수 가꾼 나무와
　　꽃들이 도로변을 따라 즐비하게 늘어서 있고, 길옆으로 흐르는 실개천에서
　　물장구를 치고 있는 어린 아이들을 행복한 얼굴로 바라보고 있는 엄마들.
　　그 옆에서는 어느 주부가 화분의 나무를 집앞에 옮겨 심고 있고, 한 노파는
　　끌고 가던 강아지의 배설물을 들고 있던 신문지에 받아내고 있다. 보도 바닥
　　에는 주변 초등학생들이 그린 그림을 새긴 타일들이 군데군데 포장되어 있고,
　　거리의 중간 중간에는 주민들이 만든 작은 휴식공간들이 눈길을 끈다. 어느
　　것 하나 같은 것이 없고 주민의 애정이 깃들어 있지 않은 것이 없다.*

세타가야 구에는 주민제안에 의해 이런 방식으로 만들어진 멋스러운
공간들이 이곳 저곳에 있다. 인근의 사꾸라가오까(櫻丘) 구민센터 주변의

* 황희연, 「주민과 함께 가꾸는 도시, 세타가야」, 조선일보 기획연재 <세계의 도시>,
　2001.4.30.

'쾌적하고 안전한 보행공간 만들기'도 세인의 눈길을 끈다. 주민의 제안에 의해 주변도로를 모두 보행중심 공간으로 설계하여 자동차가 자연스럽게 속도를 줄이도록 하였고, 구민센터 부지의 1/3을 구민광장으로 바꾸어 주민 여가공간으로 사용하고 있다. 도시 복판에 있는 구민센터의 도서관에서 주민들이 한가롭게 책을 읽고, 건물 밖에서 엄마는 편안한 마음으로 유모차를 끌고 다니고, 어린이들은 마음놓고 롤러스케이트·자전거를 타고 야구공과 축구공을 가지고 놀고 있다. 여기에 인접해 있는 주민농장에서 주민 아무나 텃밭을 경작할 수 있는 공간이 있다. 이 모든 것이 주민의 제안에 의하여 만들어진 것이다.

여기에서 조금만 가면 츠루마키(弦卷, 넝쿨)라는 지역에 '넝쿨 산책로'로 불리는 곳이 있다. 초등학교를 끼고 있는 이 지역 주민들은 학교주변을 어린이들의 환경·생태 교육장으로 만들어 놓았다. 학교 경계선을 따라 흐르는 도랑을 자연미가 넘치는 실개천으로 가꾸고, 토끼장·닭장을 학교 경계선 안팎으로 통하도록 만들어, 늘 어린 아이들과 엄마들이 즐겨 찾는다. 길거리에서 아장아장 걸어 다니는 어린 아이들이 엄마와 함께 토끼와 닭에게 먹이를 주며 즐거워하는 장면을 볼 수 있다. 길옆에는 폐자원화된 상수도관으로 만든 가로등과 음료수대가 배치되어 있고, 이에 어울리게 초등학생들이 가꾸고 있는 꽃과 그들의 그림이 담긴 장식대가 늘어서 있다. 거리 중간에는 '어린이 환경선언문'이 새겨진 보기 좋은 게시판이 있다. 먼 미래를 염려하는 어른과 어린이의 합작품이 아름다운 도시환경을 탄생시킨 지역이다.

• **돋보이는 파트너십**　세타가야 구는 다른 지역에서 보기 드문 '마을만들기 지원센터(마치즈쿠리 센터)'를 두고 있다. 마을만들기 지원센터는 주민과 행정과의 중간역할을 하는 기구로서 행정의 외곽단체라고 할 수

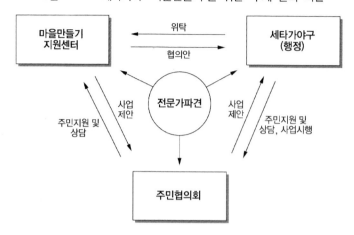

<그림 16-2> 세타가야 '마을만들기'를 위한 주체 간의 역할

위탁

협의안

마을만들기
지원센터

세타가야구
(행정)

사업
제안

전문가파견

사업
제안

주민지원 및
상담

주민지원 및
상담, 사업시행

주민협의회

있는데 일종의 행정부와 주민의 가교역할을 담당하고 있다. 현재 16명의 직원이 근무하고 있는데, 구에서 파견한 공무원, 도시정비공사에서 파견한 직원 및 자원봉사자로 구성되어 있다. 반공공 반민간 기구로서 도시정비공사의 산하에 있는 행정컨설턴트라 할 수 있다. 구에서 위임받은 사안을 시행하는 경우도 있고 주민과 구를 상대로 직접 일을 하는 경우도 있다. 공원, 도로 혹은 고령자서비스 관련사안 등은 주로 구로부터 위탁받아 주민의 지원과 상담업무를 시행하고 있다. 이와 함께 세타가야 구는 구청 내에 '도시디자인실'과 '마을만들기 추진과'를 설치하여 주민의 '마을만들기'를 적극적으로 지원함으로써 다른 자치구를 앞서 가고 있다.

지금도 세타가야 구에는 주민제안 사업과 주민활동이 활발하게 전개되고 있다. 치토세후나바시(千歲船橋) 지역은 주택가 속에 쌈지공원 조성이 한창이고, 구에서 제시한 '역앞 광장 계획안'과 도심으로 연결하는 철도 오다큐우(小急)선 복선화작업에 따른 '고가밑 이용계획안'에 대한 주민협의회의 워크숍 공지문이 여기 저기 게시되어 있다. 주민협의회가 주관한 '유럽의 새로운 대중교통시스템과 일본의 대중교통시스템을 비교하는 사

진전시회'도 눈길을 끈다. 행정부는 도시 전체에 대한 녹지체계 확립계획
(미도리 플랜)을 주민과 함께 구상하고 있고, 주거밀집지역 내 쌈지공원
만들기 주민제안도 곳곳에서 이루어지고 있다. 그러나 앞으로는 주민의
'마을만들기' 사업형태가 달라질 것으로 전망된다. 오리토유지 씨는 "지
금까지는 성장에 대처하였습니다만 앞으로는 안정 시대가 올 것입니다.
고령화 사회가 되고 경제가 정체됨에 따른 대비가 필요합니다. 주민의
'마을만들기'의 형태는 사회적 상황과 국가적·지역적 특성에 따라 달라져
야 합니다"라고 말하면서, "한국에서 주민의 '마을만들기'의 성공 여부는
행정부가 주민제안을 얼마만큼 진지하게 받아들이느냐와, 주민 스스로가
얼마만큼 의견조정을 할 수 있느냐에 달려 있다"라고 덧붙였다.

우리는 많은 것을 행정부의 결정과 전문가의 진단에 의존하고 있다.
살기 좋은 도시만들기는 계획가와 정책가들만의 영역이 아니다. 그곳에
살고 있는 사람들에게도 해야 할 몫이 있다. 세타가야 구는 주민과 함께
주민공동체 의식을 높이고 주민 스스로가 친근감을 느끼는 환경을 조성해
가고 있다. 그곳 도시민들은 도시 속에 그들의 이미지와 마음을 표현하고
있다. 회색의 차가운 콘크리트 덩어리에 생명을 불어넣어 자신들과 함께
숨쉬는 도시를 만들어가고 있는 것이다.

우리나라 청주시 사례

• 추진과정 및 내용　　　도시계획분야에서 실제적 의미의 주민참여
기회가 보장된 것은 1981년 도시계획법 전면 개정을 통해서 '공청회 제
도', 도시계획 입안 시 '공람 제도'를 도입한 것으로 볼 수 있다. 그러나
주민 공람 제도는 주민참여의 관점에서 보면 많은 문제점을 가지고 있다.
더욱이, '2021 청주도시기본계획 및 재정비' 수립의 주요한 과제인 개발
제한구역 해제는 수십 년간 억눌려 왔던 주민요구 분출의 계기가 되었음

| 왼쪽 | 주민대표 간담회(청원군 남일면) | 오른쪽 | 주민설명회(청원군 낭성)

에도 강력한 규제로 그동안 보호될 수 있었던 자연적·생태적 환경에 대한 가치와 사유 재산권이라는 가치의 상충이 표면화되는 계기가 되었고, 이를 올바로 수행하기 위한 민주성과 객관성의 확보가 관건이 되었다.

도시기본계획과 도시관리계획은 법적 구속력을 갖는 계획으로서, 현재의 도시문제를 해결하고 향후의 예상문제를 억제시킬 수 있는 중요한 기능을 가지고 있다.

주민참여에 관한 현실적 모순을 극복하고 실질적인 '주민에 의한 도시계획'을 수립하고자, '2021 청주도시기본계획 및 재정비'에서는 계획수립과정에서의 주민참여가 핵심사안임을 인식하고, 계획수립과정에서의 주민의 새로운 참여 형태를 모색하고, 다각적으로 실천해 왔다.

우선 계획수립의 원칙을 주민참여에 기초한 계획수립의 민주성 제고에 두고 '시민의 참여를 통한 민주적 의사결정'을 핵심목표로 설정하였다. 특히, 도시비전 제시와 계획목표수립, 주민공동체조성방안, 친환경정책프로그램 등의 부문에서 시민단체를 연구진에 포함시켜 의견을 수렴하였다.

또한 개발제한구역 주민과 함께 계획수립을 위해 주민합의에 근거한 개발제한구역 해제지역 관리방안 마련, 개발제한구역 주민대표 간담회 개최, 불합리하게 지정된 농업진흥지역 예비조사를 해당 지역 마을 이장

<표 16-2> 청주시 도시기본계획 입안과정과 주민참여

일 시	주요 추진 상황 및 주민참여 현황
2000.9.25.	청주시 도시기본계획 및 재정비 연구용역 착수
2000.11~2001.10.	제1차~제20차 개발제한구역 주민간담회
2000.11.12~16.	제1차 개발제한구역 현장조사
2000.12.6.	청주시민회 연구용역계약(주민공동체 조성방안)
2000.12.6.	청주경실련 연구용역계약(도시계획 목표와 비젼설정)
2001.3.	제2차 개발제한구역 현장조사
2001.6.7~11.	도시기본계획재정비 사전공개 및 계획내용 협의
2001.6.19.	도시기본계획재정비 주민공청회
2001.8.28~9.11.	도시기본계획재정비 공람
2001.9.13~9.13.	제3차 개발제한구역 현장조사
2001.10.15.	공람의견 반영 결과에 대한 주민평가 및 협의
2001.10.16~10.26.	제4차 개발제한구역 현장조사
2002.1.23.	청주권 개발제한구역 해제

안내로 하고 관계 주민의 의견청취, 개발제한구역 내 자연취락지구의 경계선을 마을주민 스스로의 협의를 통하여 설정하도록 추진하였다.

계획수립 과정의 주요 논점으로는 첫째, 계획의 연속성 확보측면에서 개발제한구역이 해제됨으로써 청주개발제한구역으로 인해 도시계획구역에 포함되어 있는 청원군 지역에 대한 계획권한의 문제가 대두되었고, 도시계획구역 경계부에는 계획의 연속성이 일치하지 않는 문제가 드러났다. 둘째, 개발제한구역 해제지역과 기존 시가지에 대한 차등적 기준 적용의 문제가 있었다. 기존 시가지에 적용된 각종 도시계획 관련 규제와 개발제한구역 해제지역에서의 적용 가능한 규제 범위가 서로 상충하고, 서로 다른 규제기준을 적용함으로써 개발제한구역 경계를 사이에 두고 형평성 문제가 야기되기도 하였다.

셋째, 개발제한구역의 양호한 녹지보전 필요성과 주민요구의 상충이 있었다. 개발제한구역의 개발 억제에서 제도적으로 생산녹지지역과 보전

녹지지역까지 상당부분 개발이 허용되고, 공원지정에 따른 지방자치단체의 주민반발과 재정부담 확대의 요소 간의 상충이 대두되기도 했다.

넷째, 취락지구의 지정대상과 면적산정 원칙의 문제로서, 대상지역 선정 기준과 면적산정 기준이 도시별로 차이가 나타남에 따른 문제와 동떨어진 주택을 취락지구에서 제외시킴으로써 발생하는 문제가 대두되었다.

• **주체별 파트너십**　　주체별 참여 상황을 살펴보면, 첫째, 지역시민단체들의 참여가 있었다. 청주경실련에서 도시성격에 맞는 청주의 비전 설정 등 도시기본계획의 목표와 방향을 정하는 일을 수행했고, 청주시민회에서 지역공동체 및 주민공동체의 성공을 위한 운영형태 및 프로그램 제시를 거리투표와 설문조사를 통해 수행했다.

둘째, 개발제한구역 주민과의 간담회가 진행되었다. 개발제한구역 해제의 원칙과 보전녹지, 생산녹지 등의 지역지정에 관하여, 지역주민들과 30여 회에 걸친 간담회를 통해 주민들의 의견을 수렴하고, 합리적 기준을 마련했으며, 수십 차례의 현장조사를 통해 적용하였다. 또한 개발제한구역 내 새로 지정하는 자연취락지구의 경계선을 마을주민 스스로의 협의를 통하여 설정하도록 하였다.

셋째, 연구진·분야별 전문가 워크숍이 진행되었는데, 관련 분야의 전문가를 초청하여 계획의 방향과 계획수립상의 문제점을 토론하고 해결방안을 모색하는 등 항상 누구에게나 열린 계획이 되고자 노력하였다.

넷째, 계획수립과정 공개에 따른 주민평가 및 협의과정이 있었는데, 공람 이전에 계획 내용을 공개하고 주민 협의를 통하여 수정·보완을 거친 후 공람을 실시하였다. 공람 과정에서 주민 요구와 의견에 따라 보완을 거친 계획안은 '공람의견 반영 결과에 대한 주민평가와 협의'를 통하는 등 주민에게 공개하고 협의하는 과정을 지속적으로 전개하였다.

• **정책적 시사점** 위와 같은 추진과정을 통해 얻게된 긍정적인 면은 다음과 같다. 시민의사가 계획에 직접 반영될 수 있는 채널확보를 통해, 주민 및 시민단체의 참여 가능성 확인, 계획수립주체의 적극적 유도와 주민과의 갈등 완화가 얻어졌다. 또한 합리적 제안을 받아들이는 데 있어서, 주민의식이 기

청주의 미래상과 희망찾기 거리투표

대 이상으로 성숙되어 있음을 확인하였고, 주민 스스로의 적극적 참여를 통한 '우리가 만드는 도시계획'의 이미지 제고, 향후 계획과정에서 주민참여의 표본으로 적용 가능성이 확인되었다.

반면 개선방향 및 한계점으로는, 아직도 주민의 주된 관심사이자 요구사항이 규제완화에 치중되어 있다는 점과 전문성에 있어 시민단체 참여의 한계가 노출되었다. 또한 시민단체와 행정 간의 역학관계에서 시민단체는 당위와 현실의 괴리를 나타내기도 했다.

주민참여에 의한 마을만들기 정착을 위한 제언

주민참여를 위한 제도적 장치 마련

다양한 분야로 주민참여가 확대되는 것은 경제적 능률성만을 강조하던 정책의 왜곡을 줄일 수 있다. 그 방안은 다음과 같다.

첫째, 계획수립과정에서 주민참여 방안을 도입하여 조기에 사업에 대한 주민의 이해도와 수용성을 높임으로써 주민과의 갈등을 완화하거나 해소

할 수 있다. 또한 사후관리 시에 주민참여제도를 도입하여 주민들이 직접 관리하게 하거나 계획사항의 이행여부를 검토·감시하는 기능을 주민들에게 부여하는 방안도 있다.

둘째, 사업실시로 야기될 수 있는 이해관계로 인한 지역주민 간의 갈등을 해소하기 위하여 주민참여는 사업 실시지역 주민뿐만 아니라 사업으로 인해서 긍정적·부정적 영향을 받는 지역주민까지 범위를 확대해야 한다. 아울러 전문적 식견을 가진 주민 및 단체 등의 참여를 유도·참여범위를 확대하는 것도 바람직한 정책결정을 하는 데 필요하다.

셋째, 정보의 공개 및 공람 절차의 홍보방법을 개선하여, 주민이 정책결정과정에 관련된 정보를 필요로 할 경우에 관련기관이 정보를 상세히 공개함으로써, 주민의견의 질을 높일 수 있다. 그리고 사업이 개시되는 시점부터, 혹은 개발사업실시를 의도하는 시점에서부터 사업계획 등을 그 지역 소식지 등을 이용하여 지속적으로 홍보하는 방안을 강구해야 할 것이다.

넷째, 주민참여 의견의 반영 여부 및 반영 정도를 확인시킬 뿐만 아니라 사업계획이 평가서 협의내용을 적정하게 수행하고 있는가를 사후 감시하고, 제도의 효율적 집행을 위하여 개발당사자와 주민 간의 분쟁·갈등을 해결하기 위해 주민 중재제도 및 이를 전담하는 중재기구의 설치가 요구된다.

다섯째, 주민참여형 마을만들기와 같이 다양한 분야에서 진행되는 마을만들기 활동을 뒷받침하는 조례의 제정이 필요하다. '주민자치행정지원조례'(가칭)를 통해 행정의 일관성을 유지하고, 그 효과의 지속성을 꾀할 수 있을 것이다.

여섯째, 주민들은 자신들이 참여하지도 못하고 알지도 못하는 사이에 변화가 일어나 행정에 무관심해 질 수밖에 없는 상황에서 시민단체가 계획의 수립·관리 및 행정에 대한 통제의 역할을 제대로 수행하기 위해서는 시민단체 스스로도 자발적인 관심 속에 구성되어야 하고, 전문성을 확보하도록 노력해야 한다.

주민제안을 전담하는 기구 설치

주민에 의한 마을만들기 활동이 시작되고 결실을 맺는 것은 결코 쉬운 일이 아니다. 주민조직과 리더십의 형성, 외부의 지원, 행정의 유연한 대응과 같은 여러 가지 요건들이 고루 갖추어져야 하고, 무엇보다 주민의 의지가 강해야 하기 때문이다. 또한 방법과 경험부족으로 실패한 경우도 적지 않다. 필요성은 느끼면서도 큰 관심이 없거나 잘 몰라서, 또는 개개인 차원에 머물러 있는 탓에 잠재되거나 사장되는 경우가 많다.

이와 함께 지원행정의 주체적 역할을 수행하게 될 관계 공무원들에 대한 교육 프로그램 개발과 운영도 중요하다. 관 주도 시대에 만들어진 기존의 행정조직 체계는 주민들이 일상 생활환경에서 겪는 다양한 문제들에 대해 신속히 대응하고 해결해 나가는 데 적합하지 않을 뿐더러, 업무소관이 분명하지 않은 탓에 주민들은 많은 시간과 노력을 허비하게 된다. 이와 같은 문제를 근본적으로 해결하기 위해서는 주민제안을 전담하는 기구를 신설하는 것이 바람직할 것이다.

이 기구를 통하여 주민참여 관련 정보를 제공하고 체계적이고 지속적인 상담과 장기적으로 일본의 사례와 같이 마을만들기 지원행정을 펼쳐 나가는 데 주체적 역할을 수행하도록 한다. 지금까지 각 기능부서별로 나뉘어 있던 주민자치 관련 업무의 처리 창구를 일원화하여 주민의 요구에 신속하게 대응할 수 있도록 하는 것이다. 더불어 마을단위에서 발생하는 각종 관련사항들을 검토하고 조정할 수 있는 권한이 부여될 수 있도록 지원센터의 위상을 높일 필요가 있다.

청주 용암초등학교 담장허물기

'주민의 마을만들기' 모델사업 추진

주민제안사업 중 행정의 계획에 맞는 것과 공공성을 우선하는 안이 먼저 채택된다. 여기서 새로운 공공의 개념(New-Public)이 생겨난다. 시민의 요구수준을 맞추기 위해 노력하지만 그래도 공익이 우선되는 것이다. 받아들이기 어려운 주민제안에 대한 기존의 부정적 자세에서 공공기관이 긍정적 대안을 제시해 주는 행정의 유연성이라 하겠다. '뉴 퍼블릭'의 개념을 예로 들어보면, 초등학생이 아파서 학교에 못 가게 되었을 때 학교선생님의 파견을 요청하는 경우에 이것은 원칙적으로 안 되는 일이기 때문에 새로운 대안으로 퇴직 교사를 지원하는 방법을 쓰게 된다. 이러한 뉴 퍼블릭의 원칙하에서 시범적 사업을 추진해 보는 것이 중요하다.

'주민에 의한 마을만들기'는 행정과 주민 모두에게 매우 낯선 방식의 일일 수 있다. 따라서 이러한 방식을 본격적으로 추진하기에 앞서서, 행정과 주민이 함께 힘을 모아 '모범 사례'를 만들어보는 일종의 '실험'이 필요할 수 있다. 이를테면, 각 지자체가 추진하려는 사업 가운데 특정사업을 선정하여 '주민참여형 모델사업'의 형태로 추진하는 것이다. 마을만들기 모델사업으로 추진할 만한 대상사업으로는 '걷고 싶은 도시만들기 사업', '상점가 정비사업', '광고물 정비사업' 등 현재 몇몇 지자체가 실시 중인 사업 등을 들 수 있고, 이와 별도로 신규 사업으로 채택하여 추진하는 방안도 생각할 수도 있다. 단 주민참여형 모델사업은 '주민주도, 행정지원'의 원칙하에 추진되는 것이 바람직할 것이다

생태도시 만들기

이재준*

지속가능한 개발로서 생태도시

21세기 인류가 당면한 중요한 과제 중의 하나는 경제발전만 추구하는 데서 벗어나 경제발전과 환경보전을 동시에 추구하려는 '지속가능한 발전 (Sustainable Development)'을 하는 것이다. 이와 같은 지속가능한 발전은 스톡홀름의 유엔인간환경회의(UNCHE, 1972), 리우의 유엔환경개발회의 (UNCED, 1992), 요하네스버그의 세계지속가능발전정상회의(WSSD, 2002) 등의 국제정상회의와, 기후변화협약과 같은 국제환경협약 등에서 국제사회 전반에 걸쳐 새로운 패러다임으로 자리 잡아가고 있다. 아울러 국내적으로는 국가 및 지방의제21, 국가지속가능발전위원회, 지속가능한 에너지 정책 등을 통하여 그 지속가능한 발전 이념을 실천하고자 한다.

전 지구적 차원의 환경문제 해결을 위한 지속가능한 발전의 추구는 사회 전반에서 '생태주의적 발전모델'을 통한 새로운 사회적 가치와 시스

---

* 협성대학교 도시건축공학부 교수

<그림 17-1> 환경문제에 대한 세계정상회의 전개 과정

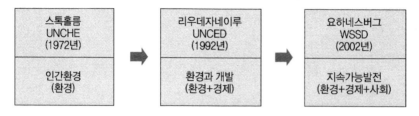

스톡홀름 UNCHE (1972년)	리우데자네이루 UNCED (1992년)	요하네스버그 WSSD (2002년)
인간환경 (환경)	환경과 개발 (환경+경제)	지속가능발전 (환경+경제+사회)

템을 정립할 필요성과 함께 제기되고 있다. 이러한 생태주의적 발전모델
은 기존의 지속적인 경제성장을 전제로 한 과학기술과 부분적으로 공존하
거나 새로운 생산과 소비, 자원의 순환 시스템으로 대체할 수 있는 대안기
술(alternative techonology)로의 접근을 의미한다. 이 같은 대안기술은 아직
현대사상이나 과학기술로서 주류적인 흐름은 아니지만, 지금까지 상당한
정도의 다양한 논의가 이뤄져 오고 있다. 특히, 우리 삶의 터전인 도시
측면에서도 환경친화적인 도시와 주택 등 사람이 살만한 다양한 대안
사례들이 실천되고 있다. 그중에서 가장 대표적인 것이 바로 생태도시에
대한 노력이다. 생태도시는 장래의 세대가 스스로의 욕구를 충족하는 능
력을 손상함이 없이 현재 세대의 욕구를 만족시킬 수 있는 지속가능한
개발에 기초한 생태주의적 발전모델이다. 이를 추진하기 위해서는 자발적
인 주민들의 참여와 협력이 요구된다. 주민 스스로가 생태도시와 생태마
을 조성에 직접 참여하는 과정에서 자연스럽게 생태도시에 대한 전문적
주민교육과 주민역량을 증대하는 기능을 가지기 때문에 지속가능한 도시
발전을 효과적으로 추구할 수 있다.

생태도시란

생태도시

생태도시(Eco City)란 초기에는 현대도시의 환경문제를 극복하기 위하여 등장한 개념이다. 따라서 환경을 보전하면서 개발의 조화와 균형을 달성하고자 하는 해결 방안으로써 환경을 중요시하여 초기에는 도시계획, 환경계획, 생태학 등의 분야에서 발전되어 왔지만, 지금은 시민사회 전반에 공감대가 형성되어 발전되는 새로운 개념이다. 이러한 발전과정에서 생태도시 개념은 다음과 같이 '도시를 하나의 유기적 복합체로 보아 다양한 도시활동과 공간구조가 생태계의 속성인 다양성·자립성·순환성·안정성 등을 포함하는 인간과 자연이 공존할 수 있는 환경친화적인 도시'라고 정의할 수 있다.

생태도시 원칙과 목표

생태도시 개념은 지속가능한 도시가 갖는 의미와 매우 유사하다. 생태도시 조성은 지속가능한 도시발전 원칙에 따라 도시에서의 인간 활동과 자연이 조화롭게 공존하도록 하는 과정을 의미한다. 따라서 생태도시는 도시정책 전반에서 환경친화적인 노력뿐만 아니라 경제·사회·정치·문화 모두에서의 통합적 지속가능성을 의미하는 것으로 다음과 같은 몇 가지 원칙을 추구하고 있다. 첫째, 생태도시는 자연생태계의 보전을 위해 도시적 생태계를 보호하고 환경오염을 저감하는 '자연성'의 원칙을 추구한다. 둘째, 생태도시는 지역의 자급자족적인 경제활동 실현을 뜻하는 '자급자족성'의 원칙을 추구한다. 셋째, 생태도시는 사회적 형평성의 달성하고자 하는 '형평성'의 원칙을 추구한다. 넷째, 생태도시는 도시계획 및 개발

생태도시의 근원

생태도시의 근원은 영국의 하워드(Ebenezer Howard, 1902)의 전원도시에서부터 많은 학자들에 의해 발전되었지만, 1975년 미국 캘리포니아 버클리의 도시생태학(Urban Ecology)이 생태도시 개념을 학술적으로 정립한 후 더 진보적인 발전이 이루어졌다. 지금까지의 관련 연구를 종합해 볼 때 생태도시는 동식물을 비롯한 녹지의 보전과 에너지와 자원의 절약, 환경부하의 감소, 물과 자원의 절약, 재활용 및 순환 등을 강조한다. 생태도시란 용어는 녹색도시, 전원도시, 환경도시, 순환형 도시, 자족도시, 지속가능한 도시 등과 혼용되고 있다. 생태도시를 좁은 의미에서 본다면 쾌적한 자연환경만을 고려한 녹색도시(green city), 어메니티 도시(amenity city)라고 표현할 수 있으나, 넓은 의미로 본다면 자연생태계의 보전·복원은 물론 에너지와 수자원의 순환적 이용이 가능한 도시시스템의 구축을 포함하는 도시구조가 친환경적 도시로 전환된 개념이다.

전반에 걸쳐 지역문제에 관한 이해관계자들의 자발적이고 협동적 참여를 통해 만들어가는 '참여성'의 원칙을 추구한다. 마지막으로 생태도시는 지속가능한 도시를 위한 모든 의사결정과정에서 항상 미래 세대의 이익을 고려해야 하는 '미래성'의 원칙을 추구한다.

이와 같은 생태도시의 다양한 원칙을 토대로 생태도시 목표는 도시의 물리적 공간과 구조, 경제적 활동기능과 생산양식, 도시에서 거주하는 인간 활동과 생활양식 등이 도시가 가지는 생태환경적 용량 내에서 도시 생태계의 순환구조와 체계에 부하가 저감되도록 하는 것에 두어야 한다.

생태도시의 유형

생태도시는 개념적 관점과 중요연구 영역별 대상에 따라 생물다양형 생태도시, 자원순환형 생태도시, 지속가능형 생태도시 등과 같이 세 가지

<표 17-1> 생태도시 유형과 특성

유형	생물다양형 생태도시(A)	자연순환형 생태도시(B)	지속가능형 생태도시(C)
개념	생물다양성을 증진하는 생태도시	자원순환체계를 확립하는 생태도시	지속가능한 발전을 추구하는 생태도시
형태	A형	A＋B형	A＋B＋C형
목표	자연생태계의 보존·복원·정비·창출을 통한 인간과 자연의 공존 지향	도시적 환경오염매체 관리를 통한 물과 에너지, 물질대사 순환, 교통체계개편 등 환경오염의 저감 지향	지속가능성 지표 개발, 어메니티 증진, 문화적 다양성 추구, 도시공동체의 활성화, 시민참여, 환경정책의 선진화 등을 통한 지속가능한 도시와 정주지 조성 지향
주요 과제	도시녹화를 통한 도시공간과 생태계 간 그린네트워크 형성	도시의 환경부하 저감을 위한 물리적 기반시설 조성과 이를 통한 자원재순환시스템 구축	환경·정치·사회·경제적 측면에서 자발적인 활발한 시민참여를 통한 지속가능한 도시발전체계 구축
주요 관심사	생태통로 조성, 비오톱 조성, 옥상녹화, 야생동·식물의 다양성 보전, 생물서식처 보전 등	투수성 포장·자전거도로 조성등 녹색교통체계 구축, 대기·물·폐기물 및 소음·진동 저감을 위한 환경처리시설·교통시설 설치, 중수도·재생가능에너지 활용, 자연형 하천 등 공원녹지시설 확충 등	생산소비패턴 변화에 따른 녹색소비운동, 환경의식 제고를 위한 환경교육, 도시개발사업의 과정상 환경현안과 예방적 환경관리. 환경거버넌스 구축, 지방행동21, 생태마을조성, 환경 분쟁 해결 등

유형으로 구분할 수 있다(이창우, 2005).

첫째, 생물다양형 생태도시는 자연생태계의 보전과 창출을 통한 인간과 자연의 공존을 목표로 도시 내부의 생물적 요소들을 보호하고 생물다양성을 증진하고자 하는 유형이다. 따라서 그린네트워크, 생태통로, 비오톱 조성, 야생동식물의 다양성, 생물서식처 보전 등이 주요 관심사이다.

둘째, 자원순환형 생태도시는 생물다양형을 포함하는 개념으로 도시의 환경부하 저감을 위한 물리적 기반시설 조성을 통한 자원재순환시스템을 구축하고자 하는 유형이다. 따라서 자전거도로 조성 등 녹색교통체계 구축, 대기계·수계·폐기물·소음·진동 저감을 위한 환경처리 및 교통시설 조성, 재생에너지 재활용 등이 주된 관심사이다.

셋째, 지속가능형 생태도시는 생물다양형과 자연순환형을 포함하는 개념으로 지속가능한 도시와 마을 조성을 주된 목표로 지속가능성 지표개발, 어메니티 증진, 문화적 다양성 추구, 도시공동체의 활성화, 환경정책의 선진화, 시민참여 등을 통하여 도시의 지속가능성 추구하는 유형이다. 따라서 시민의 자발적 참여를 통한 지속가능한 도시발전체계를 구축할 수 있는 녹색소비운동, 환경교육, 환경거버넌스 구축, 지방행동21, 생태마을 조성, 환경분쟁 해결 등이 주요 관심사이다.

생태도시의 계획지표와 원리

생태도시는 지속가능한 도시를 위한 다양한 계획적 원리가 반영되어야 한다. 우리나라에서 중요하게 고려할 수 있는 생태도시 계획원리는 최근 관련 전문가 의식조사를 통하여 도출한 6대 부문, 즉 '토지이용·교통·정보통신 분야', '생태 및 녹지 분야', '물·바람 분야', '에너지 분야', '폐기물 분야', '어메니티 분야' 등의 한국형 생태도시건설을 위한 30대 핵심 계획지표를 참고하여 그 계획원리를 정리할 수 있다(이재준 외, 2004).

환경친화적인 토지이용·교통·정보통신망 구축

환경친화적 토지이용·교통·정보통신망을 구축하기 위해서는 친환경적인 토지이용과 교통체계, 정보통신 등의 계획적 고려가 필요하다. 먼저

<표 17-2> 한국형 생태도시 건설을 위한 30대 계획지표

부문	대구분	중구분	계획지표
토지 이용 · 교통 · 정보 통신 분야	토지 이용	환경친화적 배치	자연지형 활용*
			지형 변동률 최소화
			환경친화적인 적정규모 밀도 적용*
			오픈 스페이스 확보를 위한 건물배치
		적정밀도 개발	녹지자연도·생태자연도·임상등급 등의 고려
			지역의 용량을 감안한 개발지역 선정
		자연자원의 보전	생태적 배후지 보존으로 자정능력의 확보
			우수한 자연경관의 보전
		오픈 스페이스 및 녹지 조성	도로변·하천변 및 용도지역간 완충녹지 설치
	교통 체계	보차분리	보행자 전용도로 설치를 통한 보행자 전용공간의 확대
			보행자 공간 네트워크화*
		자전거이용 활성화	자전거도로 설치*
		대중교통 활성화	대중교통 중심의 교통계획(저공해성을 기준으로)
	정보 통신	정보네트워크를 이용한 도시 및 환경관리	신기술 정보·통신 네트워크 확보를 통한 환경관리 및 도시관리*
생태 및 녹지 분야	녹지 조성	그린네트워크를 위한 녹지계획	녹지의 연계성(그린 매트릭스)*
			Green-Way 조성
			풍부한 도시공원·녹지, 도시림 조성*
	생물과 의 공생	비오톱 조성	생물 이동통로 조성(에코코리더, 에코 브릿지, 녹도와 실개천 등으로 연결)
			생물서식지 확보(습지, 관목숲 등)
물 · 바람 분야	수자원 활용	우수의 활용	우수저류지 조성*
			투수면적 최대화
		환경친화적 생활하수처리	우·오수의 분리처리
	수경관 조성	친수공간 조성	자연형 하천(실개천, 습지 등) 조성*
	바람길 이용	바람길의 확보	공기순환(오염물질의 농도 감소 효과) 및 미기후 조절 (도시열섬현상 완화)을 위한 바람길 조성
에너지 분야	자연 에너지 이용	청정에너지 이용	LPG. LNG 사용 확대

	재생에너지 이용	지열, 폐기물 소각열, 하천수열 등의 미이용 에너지 활용	지역의 재생에너지 이용(지열, 하천수열, 해수열, 태양열, 풍력)
폐기물 분야	폐기물 관리	자연친화적 쓰레기 처리	쓰레기 분리수거 공간 및 기계시설·분리함 설치
어메니티 분야	경관	도시경관조성	시각회랑, 스카이라인의 조절 등
	문화	문화·여가시설 조성	문화욕구를 충족시킬 수 있는 문화·여가시설 조성*
	주민참여	커뮤니티 조성을 통한 주민참여형	주민참여에 의한 지역사회 활동 및 도시관리 유지 방안

주: *는 10대 핵심 계획지표

친환경적인 토지이용 측면에서 환경친화적인 배치를 위해서는 자연지형을 최대한 활용하여 지형변동을 최소화하며 오픈스페이스 확보를 위한 건물배치와 적절한 밀도로 계획하는 것이 요구된다. 적정밀도 개발을 위하여 녹지자연도·생태자연도·임상등급을 고려하고 지역의 용량을 감안한 개발지역을 선정하고, 자연자원의 보전을 위하여 생태적 배후지 보전으로 자정능력의 확보와 우수한 자연경관의 보전이 요구되며, 오픈스페이스 및 녹지조성을 위하여 도로변·하천변 및 용도지역 간 완충녹지 설치가 요구된다. 또한 녹색교통체계 측면에서 보차분리를 위하여 보행자 전용도로 설치를 통한 보행자 전용공간의 확대, 보행자 공간 네트워크화가 요구되며, 자전거 이용 활성화를 위하여 자전거도로를 설치하고 대중교통 활성화를 위하여 대중교통 중심의 교통계획이 요구된다. 아울러 정보통신 측면에서는 정보네트워크 이용 활성화를 위하여 신기술 정보·통신 네트워크 확보를 통한 환경관리 및 도시관리가 요구된다.

자연과 공생할 수 있는 생태 및 녹지환경을 풍부하게 조성

자연과 공생할 수 있는 생태 및 녹지환경을 풍부하게 조성하기 위해서는 먼저 풍부한 녹지조성 측면에서 그린네트워크를 위한 녹지계획으로서 녹지의 연계성을 고려한 그린 매트릭스 확보, Green Way 조성, 풍부한 도시공원·녹지, 도시림 조성이 요구된다. 생물과의 공생 측면에서는 비오톱 조성을 위해 생물 이동통로 조성, 생물서식지 확보 등이 요구된다. 이와 같이 생물이 도시 내에서 생존할 수 있는 공간을 마련해 주는 것은 도시생태계 안정에 기여할 뿐만 아니라 양호한 도시환경 자체가 그곳에서 호흡하는 도시민에게 풍요로운 삶을 영위할 수 있도록 하기 때문에 중요하다.

청정환경을 위한 물과 바람을 적절히 조절하고 활용

청정환경을 위한 물과 바람을 적절히 조절하고 활용하기 위해서는 먼저 수자원 조절과 활용 측면에서 우수의 활용을 위해 도시에 유입된 물(雨水)이 도시 밖으로 빠르게 방출되지 않도록 주택지·공원 등지에 우수저류지를 확보하거나 투수성 포장 등 투수면적 최대화하여 물의 재활용을 적극 추구하는 것이 요구된다. 또한 환경친화적인 생활하수처리를 위해 우·오수 분리처리가 요구되며, 친수환경 확보 측면에서 친수환경조성을 위해 현재와 같이 시멘트 구조물에 의한 인위적인 호안정비와 고수부지 조성이 아닌 하천 생태계를 고려하고 자연의 모습을 최대한 살리면서 하천 공사를 하는 개념으로 자연형 하천을 조성하는 것이 요구된다. 아울러 바람의 이용 측면에서 바람길의 확보를 위하여 공기의 순환을 돕고 도심 열섬현상을 완화시킬 수 있는 바람길 조성이 요구된다.

친환경도시를 위한 자연 및 재생 에너지 이용

친환경도시를 위한 자연 및 재생 에너지 이용하기 위해서는 먼저 청정에너지 이용 측면에서 LPG, LNG 이용을 확대하고, 재생에너지 이용 측면에서 지역의 재생에너지, 예를 들면 지열, 하천수열, 해수열, 태양열, 풍력 등의 자연에너지를 적극적으로 이용하는 것이 요구된다. 특히 태양열, 풍력 등 자연에너지를 적극적으로 이용하기 위해서는 도시계획 차원은 물론 개별 건축계획단계에까지 단계별 적용방안을 검토하는 것이 필요하다.

청정환경을 위한 적극적인 폐기물 관리

청정환경을 위한 적극적인 폐기물 관리를 위해서는 먼저 적극적인 폐기물 관리가 중요하다. 적극적인 폐기물 관리를 위해서는 쓰레기 분리수거 공간 및 기계시설·분리함 설치 등의 자연친화적인 쓰레기 처리가 요구된다.

어메니티 확보를 위한 경관 및 문화시설 조성

어메니티 확보를 위한 경관 및 문화시설 조성을 위해서는 먼저 경관 측면에서 시각회랑, 스카이라인의 조절 등 도시경관조성은 물론, 문화적인 측면에서 문화욕구를 충족할 수 있는 문화·여가시설 조성이 요구된다. 또한 주민참여 측면에서 주민참여에 의한 지역사회 활동 및 도시관리 유지방안으로 커뮤니티 조성을 통한 주민참여가 기본적으로 요구된다.

주민참여 생태도시 만들기

주민참여 생태도시

생태도시는 도시를 하나의 유기체로 보고 도시의 물리적 구조나 경제적 기능 및 주민의 생활형태 등의 환경부하가 가능한 저감되도록 자연생태계의 보전, 자급 자족성, 사회적 형평성, 미래 세대에 대한 배려, 주민참여 등 새로운 도시계획적 패러다임 적용이 중요함을 알 수 있었다. 이 중에서도 특히 생태도시 계획의 수립 및 집행과정에서 그 도시에 거주하는 주민들의 자발적인 주민참여가 지속가능한 생태도시 추진을 담보할 수 있는 중요한 열쇠라는 것을 도출할 수 있었다.

주민참여 생태도시는 주민들이 도시정책 및 계획수립과정, 그리고 이를 집행하는 과정에 생태적인 도시를 위해 주체 의식을 갖고 참여하는 행위를 의미하는 것으로 정의한다. 따라서 주민참여 생태도시 추진은 다양한 주민구성원들의 참여와 협력을 통하여 수립되는 새로운 도시계획적 방법론이라고 할 수 있다. 왜냐하면 주민참여 생태도시계획은 종래의 중앙집권적이고 관 주도적으로 획일적인 도시계획이나 관리에서 벗어나, 그 도시주민이 주체적으로 생태도시로서의 미래비전과 계획, 그리고 실제 집행에도 주민 스스로가 참여하여 주민욕구를 다양하게 수용할 수 있는 지방분권적 도시계획방법이기 때문이다.

주민참여 생태도시 효과

주민참여 생태도시는 참여과정에서 주민 스스로 도시에 대한 관심과 향토애 및 공동체 의식을 고취시키고 동시에 생태도시에 대한 책임감과 주민역량을 증대(empowerment)하는 기제가 되기 때문에 지속가능한 도시

발전을 효과적으로 추구할 수 있는 가장 바람직한 방안이라고 할 수 있다.

주민참여 생태도시 참여 주체

주민참여 생태도시 추진의 참여주체는 크게 지역주민, 지방정부, 시민단체 및 전문가 등으로 구성된다. 각 주체들의 참여수준과 형태 및 참여단계는 지향하는 생태도시특성에 따라 다를 수 있으며, 또 같은 유형이라도 사안에 따라 다양하게 나타날 수 있다.

• **지역주민** 주민참여 생태도시 추진의 가장 중요한 주체는 지역주민이다. 주민참여 생태도시 추진의 본질은 지역주민들에 의해 스스로의 거주 생활환경을 가꾸어 나가는 지역사회운동의 의미를 지니기 때문에, 자발적인 주민참여가 있어야만 지속가능하게 지역사회운동을 추진할 수 있다. 아울러 지역주민은 주민참여 생태도시 추진의 대상이 되는 물리적·비물리적 도시환경에 대해 가장 잘 알고 있기 때문에, 전문가나 외부인이 파악할 수 없는 문제점을 도출하고 해결방법을 제시해 나갈 수 있다.

• **지방정부** 지방정부는 주민참여 생태도시 추진의 지원자이면서 또 하나의 주체이다. 주민참여 생태도시 추진은 지방자치행정의 가장 중요한 시책으로 자리잡을 수 있다. 따라서 현재와 같이 지역주민들이 발의한 사항에 대해 지원을 제공하는 소극적인 역할에서 더욱 적극적인 역할을 수행하는 주체로 전환되어야 한다. 즉, 주민참여 생태도시를 위한 행정조직 지원와 재정지원은 물론 주민들의 참여를 유도할 수 있는 다양한 전략프로그램을 개발하는 것이 필요하다.

• **시민단체(NGO) 및 전문가** 시민단체 및 전문가 집단은 주민참여

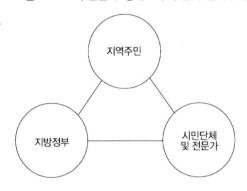

<그림 17-2> 주민참여 생태도시 추진의 참여주체

생태도시 추진이 원활하게 수행될 수 있도록 공정성과 전문적인 대안을 제시하는 역할을 한다. 생태도시 추진과정에서는 공적 이익과 사적인 이익 두 가지 측면이 충돌할 경우 주민과 행정이 대립하거나 갈등을 발생하는 경우가 종종 발생하게 된다. 이 같은 대립과 갈등이 발생할 경우 시민단체(NGO) 및 전문가들은 중립적이고도 전문적인 시각으로 이들 이해관계를 조정하거나 문제해결을 위한 대안을 제시하는 데 큰 역할을 할 수 있다.

주민참여 생태도시 활성화 제도

선진사례를 참고하여 주민참여 생태도시 활성화를 위한 제도를 살펴보면 다음과 같이 크게 지원 조직의 설치, 지원조례의 제정, 지원 전략프로그램 운용 등으로 정리할 수 있다.

• **지원조직의 설치**　'지원조직의 설치'는 기존행정조직인 주민자치과나 도시계획, 환경관리 업무를 전담하는 부서와는 별도로, 주민참여 생태도시 활동에 행·재정을 지원할 수 있는 '(가칭)주민참여생태도시과' 등의

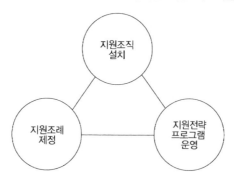

<그림 17-3> 생태도시 활성화를 위한 제도기법

전담 지원조직을 설치하는 것이 필요하다. 주민참여 생태도시 활동은 물리적인 측면뿐만 아니라 비물리적인 측면을 모두 포함하여 다양한 전문행정직이 지원조직 내에 소속될 필요가 있다. 이 지원조직에서는 주민참여 생태도시 '정보수집과 기술지원', '학습기회의 제공', '도시생태 자원 및 욕구조사' 등 지자체와 주민 사이를 연결해 주는 중재자 역할을 수행할 수 있다. 더욱이 이 같은 조직 이외 생태도시추진수립과 시행에 필요한 행정 서비스, 생태도시 지원기금 등을 운영하는 별도의 조직으로서 '생태도시주민협의회'와 '생태도시주민센터' 등을 설치 운영할 수 있다.

• **지원조례의 제정** 아울러 '지원조례의 제정'은 주민참여 생태도시를 추진하고자 할 때 행정과 주민의 역할, 행정의 지원내용, 주민과 행정의 신뢰와 이해, 그리고 협력, 주민참여 방안 등 명확하고 일관된 지원체계를 명문화하기 위해 필요하다. 현재 마을만들기(まちづくり) 등 주민참여 생태도시가 발전된 일본의 경우 지원조례는 매우 많지만 아직 국내에서는 그 사례가 충분하지 못한 실정이다.

<표 17-3> 생태도시 활성화를 위한 지원 전략프로그램

전문가 파견제도 도입	주민참여 생태도시와 관련한 행정절차와 법적 사항에 대한 전문성 있는 정보 제공이나, 주민교육, 그리고 이해집단 간의 상충된 의사를 조정하는 매개체적 역할을 수행하기 위해 공공의 행재정으로 해당 지역에 전문가를 파견함
주민협정제도 활성화	행정기관에서 일방적으로 정해지는 법령이나 조례와는 달리, 생태도 시를 위하여 당해 주민들의 합의하에 주민협정을 체결할 경우 해당 지방조례의 하위개념 성격으로 제도화하여 운영함
주민공모사업	주민이 자발적으로 지역의 발전상과 계획과 설계, 그리고 적극적으로 는 실제 조성에도 참여할 수 있도록 각 지자체별로 마을의제21 등의 주민공모사업을 추진하며, 선정된 사업들은 각 지자체에서 사업비 지원 등의 인센티브를 부여함
코디네이터 혹은 지원센터 운영	설계사무소 혹은 공기업 등 전문 코디네이터의 다양하고 풍부한 경험 을 바탕으로 주민협의체에서 제시한 주민참여 생태도시계획(안)을 검토하고 자문하거나, 주민교육과 주민참여 생태도시 전문지도자 양성 목적으로 지원센터(학교) 운영
지방지속가능 발전위원회 운영	WSSD(2002)에서 국제적으로 권고한 거버넌스의 한 형태로 경제적, 사회적, 환경적으로 통합하는 지속가능한 발전의 이념에 따라 개발과 보전을 함께 고려하는 지방 지속가능발전위원회(CSD)의 운영
주민제안 지원신탁운용	주민제안사업의 경우 주민들 자체적 비용을 마련하기 어려운 경우가 많기 때문에, 지자체의 일정재산 혹은 기부금을 신탁하고 그 운용수 익으로 주민제안사업에 대한 재정 지원

• 지원 전략프로그램 운영   '지원 전략프로그램 운영'은 주민참여 생태도시 추진을 더욱 활성화시키기 위해 앞서의 '지원조직 설치'와 '지원조례 제정'을 토대로 전략프로그램을 개발하고 운영할 필요가 있다. 일반적으로 제안할 수 있는 전략프로그램은 <표 17-3>과 같이 '전문가 파견제도 도입', 주민참여 생태도시 추진 수단으로서의 '주민협정제도 활성화', 주민참여 생태도시 추진안에 대한 '주민공모사업', '주민제안사업

전문 코디네이터 혹은 지원센터 운영', 생태도시를 위해 개발과 보전을 통합관리하는 '지방지속가능발전위원회 운영', 주민제안사업 재정지원을 위한 '신탁운용' 등의 6가지 지원 전략프로그램을 제안할 수 있다.

맺음말

이 글은 생태도시 조성방안과 조성과정에서의 주민참여 방안을 심층적으로 고찰하여 생태주의적 발전모델의 올바른 지향점을 도출하고자 하였다. 주민이 자발적으로 참여하여 만들어가는 생태도시는 지방분권화 시대에 근본적으로 지구환경을 보존하는 노력뿐만 아니라 도시환경의 생태적 개선, 그리고 도시화 과정에서 파괴된 도시공동체를 복원하고자 하는 시민환경운동으로서의 중요한 의미를 지닌다. 주민참여 생태도시 추진이 우리 한국사회에 뿌리내리기 위해서는 풀뿌리 민주주의 운동으로서 생태도시운동에 주민들이 적극적으로 참여할 때 자연스럽게 확산되고 실현될 수 있다.

18 도시의 탐방

김세용[*]

도시탐방이란?

여행과 관련된 용어 중에서 영어의 'Tourism'이라는 단어는 단기간의 여행을 의미하는 'Tour'의 파생어라고 한다. 이때, Tour는 라틴어의 도르래를 의미하는 'Tounus'에서 유래한 것으로 알려져 있다. 여행을 의미하는 또 다른 용어인 'Travel'의 라틴어 어원은 'Travail'로 이는 고된 노동의 의미를 가지고 있다고 한다. 이러한 말의 의미를 볼 때 여행에 대한 별다른 기반시설이 갖추어져 있지 않았던 옛날에는 여행을 한다는 것이 노동하는 것만큼이나 어렵고 힘들었음을 알려준다.

옛날 사람들은 오늘과 달리, 단지 즐기기 위해 여행을 했던 것 같지는 않다. '서유기'에 나오는 삼장법사처럼 종교적 진리를 체득하기 위해서, 그리스의 역사가 투키티데스(Tukitides)처럼 새로운 지식을 얻고 고증하기 위해서, 매 4년마다 올림푸스(Olympus) 산으로 평화의 제전을 위해 모였던

* 건국대학교 건축대학원 교수

옛 그리스의 운동선수들처럼, 혹은 경제적 이득을 얻기 위해 모험을 마다하지 않았던 대상(隊商)들처럼 각기 특정한 목적을 갖고서 움직였다. 여행을 한 번 한다는 것은 굳은 의지와 시간, 자금을 필요로 하는 일이었고, 게다가 신변의 안전에 대한 위협 역시 오늘날과 비교할 수 없었을 것으로 추측된다. 오늘날처럼 여가를 즐기기 위한 여행이 일반화된 것은 서구에서도 19세기 이후의 일이다. 구체적으로 보면 근대 관광업의 시조로 불리우는 토마스 쿡(Thomas Cook)이 1841년 전세열차를 운행하면서 단체관광객을 모집한 것이 최초의 여행업이요, 관광의 일반화 시대를 개막한 것이라는 견해가 지배적이다.

여행에 관해 이야기할 때 우리가 흔히 별 차이 없이 섞어쓰는 탐방, 여행, 관광은 어떻게 다른가? 이를 구분하기 위하여 먼저, 여가, 레크리에이션 등의 개념에 대하여 알아보자.

여가(leisure)는 라틴어의 'licere'에서 파생된 말로서 '무엇으로부터 자유가 허용됨'을 뜻한다고 한다. 레크레이션(recreation)은 라틴어의 'recreate'에서 유래된 말로서 '새롭게 하다'와 '저장하다'의 의미를 가진 것으로 인간의 삶에 활력을 제공한다는 의미를 갖고 있다. 즉, 여가가 시간 개념이라면, 레크리에이션은 활동으로 볼 수 있다. 관광, 여행, 탐방은 모두 여가를 활용한 레크레이션의 일종이라고 할 수 있다. 다만 관광, 여행, 탐방 등이 일상 거주지로부터 비교적 멀리 떠나서 행하는 활동이라면, 레크리에이션은 거주지 안에서도 가능하다는 데 차이가 있다.

다음으로 관광과 여행의 차이를 살펴보자. 관광은 관국지광(觀國之光)의 줄임말인데, 이는 '나라의 빛을 본다'는 뜻이다. 즉, 한 나라의 자연, 문물, 제도, 풍습 등을 살펴보는 것이다. 여행은 '거주지를 떠나 다시 돌아온다는 가정 아래 다른 장소로 이동하는 행위'이다. 즉, 여행은 뚜렷한 동기나 목적 없이도 행해질 수 있으며, 더욱 광범위한 용어이다. 탐방의 말뜻은 관광과 유사하되, 관광보다 더욱 좁은 뜻을 갖고 있다. 뚜렷한 목적과 동기를 갖고서 특정 대상을 깊이 있게 살펴보는 여행이 바로 탐방이다.

도시탐방에서 무엇을 얻을 수 있는가?

서구의 경우를 보면, 고대 그리스에는 올림픽 경기대회를 중심으로 한 여행이나 신전참배 등의 종교 활동을 위한 여행이 주류를 이루었다. 신전이 주로 유명 도시에 위치하였고, 도시 자체가 수많은 신전들로 이루어졌음을 고려할 때, 그야말로 신의 도시를 향한 도시탐방이었고, 신앙의 굳건함을 다지려는 의지 없이는 어려운 결단이 도시탐방이었음을 추측할 수 있다. 이러한 종교적 동기에 의한 도시탐방은 상당 기간 지속되었는데, 이는 도시탐방 자체가 아무나 할 수 없는 일이었다는 데 기인한다. 로마 시대 후기에 들어와서야 비로소 예술 활동을 위한 여행, 식도락 관광 등의 행태가 나타나는데, 이는 당시에 발달했던 도로에 힘입은 바 크다. 모든 길은 로마로 통한다는 말이 있듯이 로마는 제국 전체에 걸쳐 훌륭한 도로를 건설하였고, 이러한 도로의 발달은 도시의 탐방을 전보다 쉽게 만들었다. 신의 도시를 보러가기 위하여 온갖 고통을 기꺼이 감수할 수 있는 신앙인이 아니더라도 머나먼 도시를 탐방하기 위하여 길을 떠날 수 있게 된 것이다.

중세 시대에는 주로 수도원이 숙박시설 기능을 담당하는 경우가 많았고, 성지 순례 등이 여행의 주류를 이루었다. 물론 상인들의 무역을 위한 여행도 자주 있었다. 르네상스 시대 이후에는 학자, 문인들의 여행이 활발해졌다. 단테는 그의 『신곡』에 나오는 지옥의 이미지를 이탈리아 토스카나 지방의 유황천을 경험하고 난 후에 얻었다고 한다. 이탈리아 토스카나 지방을 여행하며 단테가 보았던 유황천들의 모습은 그가 상상했던 여러 단계 지옥에 대한 광경 묘사에 단초가 되었다고 한다. 비슷한 시기에 등장한 보카치오의 『데카메론』에도 당시 지식인들의 여행기가 등장하는데, 그만큼 사람들의 타 도시에 대한 호기심을 만족시켜 줄 수 있는 여행이 쉬워졌다는 것을 의미한다. 이후 괴테, 바이런 등의 저명한 작가들이 대륙의 여러 도시를 탐방한 후 여행기를 발간하여 더욱 일반인의 여행 욕구를 자극시켰고, 19세기 산업 혁명을 계기로 교양관광 시대가 대두되었다. 특히 괴테의 '이탈리아 기행'은 지식인 도시탐방기의 전형을 보여준다.

물론, 괴테 이전에도 양의 동서를 막론하고 기행문학이라는 장르가 있었다. 오늘날 성행하는 로드무비(Road Movie)처럼, 주인공이 여행을 통해 성숙해 가는 과정을 그린 시·소설이 있었고, 청춘 남녀가 지적 호기심의 충족을 위해 각 도시를 탐방하는 과정을 담은 사유의 편력들이 있었다. 이러한 편력 이야기의 기원은 수천년 전으로 거슬러 올라간다. 로마 시대에는 카이사르의 『갈리아 전기(戰記)』, 타키투스의 『게르마니아』 등을 넓은 의미에서 여행기로 볼 수 있고, 중세(中世)가 끝나갈 무렵 출간된 마르코 폴로의 『동방견문록』과 이븐 바투타의 『삼대륙 주유기』는 미지의 세계였던 동방의 실정을 전하여 세인의 호기심을 끌었다.

우리나라의 경우도 삼국 시대부터 화랑들의 집단 유람이 있었다는 기록이 있다. 신라의 화랑들은 산천을 탐방하며 무술과 정신력을 갈고 닦으며 호연지기와 애국심을 키웠다고 한다. 삼국에서 관리의 지방 사찰이나 종교 활동 등에 의한 상류층 중심의 관광여행이 성행하였음은 서양 여러 나라의 경우와 유사하다. 물론 전반적으로 소규모의 개별적 도시탐방이 주류였으며, 관료의 업무나 신앙생활 혹은 특별한 목적에 의한 일부 계층의 특별한 탐방이었다고 할 수 있다. 통일신라 시대에는 불교가 크게 발전했으며 선진국의 앞선 문물 습득에 대한 욕구가 컸던 시대였기도 하다. 따라서 문화, 지식습득을 위한 도시탐방 특히 종교여행이 활발했던 것으로 추측된다. 많은 승려들이 불교연구를 위해 멀리 인도까지 여행을 했으며, 그 중의 한 사람인 혜초는 여러 나라를 순례한 후 돌아와 여행기 『왕오천축국전(往五天竺國傳)』을 남겼다. 이후 고려 시대에는 교역의 범위가 더욱 넓어져 중동지역의 상인들까지 드나들었던 것으로 알려져 있다. '코리아'라는 이름도 이때 세계에 알려졌으며 개성 근교의 벽란도에는 중동 상인 밀집지역이 있었다고 한다. 조선 시대 후기에 이르면, 여러 도시를 유람하는 것이 상당히 일반화되어, 일부 양반들 사이에서는 계를 맺고, 산천을 유람하는 경우도 나타났다. 이러한 결과의 하나가 조선 후기에 활발하게 전개된 시조와 가사문학이다.

조선 정조 때의 학자 박지원의 『열하일기(熱河日記)』는 중국 방문을 소재로 한 기행문학이다. 김진형의 「북천가(北遷歌)」, 홍순학의 「연행가(燕行哥)」 등은 기행가사이나 넓은 의미에서는 기행문학에 포함된다.

이처럼 역사는 동과 서를 막론하고 도시탐방의 대중화를 오랜 세월에 걸쳐 이루어왔다고 해도 과언이 아니다. 무엇이 선인들을 힘든 탐방의 길로 내몰았을까? 또 오늘날에도 많은 사람들이 수많은 도시를 보기 위해 떠나는 이유는 무엇일까? 이는 도시탐방에서 무엇을 얻을 것인가?와 동일한 질문이 될 것이다.

첫째, 새로운 교양과 지식의 습득이다. 책에서 얻는 간접 경험의 한계를 벗어나, 오감을 사용하여 느끼는 생생한 체험은 우리의 인생을 풍요롭게 한다. 새로운 도시에서 경험하지 못한 것을 보고 듣는 것은 책에서 배우는 것과는 비교할 수 없는 효과가 있다. 정보의 홍수라고 하는 인터넷 시대에도 도시탐방객의 수는 줄지 않고 오히려 늘고 있다.

둘째, 일상에서의 탈출이다. 매일 계속되기 쉬운 기계적인 사고와 행동으로부터 본인을 해방시키는 것이다. 새로운 환경에서의 다양한 경험과 긴장완화 혹은 또 다른 긴장은 자기발전에 도움이 된다. 인간은 반복되는 시간과 공간에서 벗어나서 일탈하고 싶은 충동을 느끼는데, 시간보다는 공간에서 벗어나는 것이 훨씬 쉬운 일이다. 자기가 거주하던 공간과는 전혀 다른 곳에서 또 다른 생활양식을 경험하는 것 자체가 인간에게 해방감을 준다.

셋째, 새로운 상황에 대처할 수 있는 능력을 배양하게 된다. 우리는 유년기에 놀이를 통해서 새로운 상황에 대한 대처능력을 배운다. 이는 성인기에 이르러서도 계속되는데, 돌발 상황에 부딪히기 쉬운 도시탐방은 훌륭한 학습의 장이다.

도시탐방을 어떻게 할까?

도시탐방의 방법

도시탐방의 방법은 다음과 같이 나눌 수 있다.

• **직접 체험**　직접 사례 도시에 가서 그 도시의 여러 가지 자원과 매력을 느껴 보는 것으로, 가장 좋은 도시탐방 체험이다. 간접 체험에서는 얻을 수 없는 즉흥적인 체험이 가능하며, 인간의 오감이 도시 체험에 모두 관여할 수 있다는 점에서 중요하다. 우리가 흔히 말하는 대부분의 도시탐방은 직접 체험을 말하는 것으로 교통수단이 미발달했던 고대에서부터 오늘날까지 인간의 끊임없는 호기심을 만족시켜 줄 수 있는 유일한 대안이다.

• **간접 체험**　영화나 소설 혹은 인터넷 홈페이지 등을 통해 사례 도시의 문화와 역사 등을 체험하는 것으로, 경우에 따라서는 피체험자의 상상력과 결합하여 직접체험 못지않은 결과를 발휘할 수도 있다. 직접

체험의 이전 단계로서 권장할 만하지만, 여러 여건으로 인해 당장 직접 체험을 하기 힘든 사람들이나 직접 체험을 할 수 없는 도시에 대하여 권할 수 있는 방법이다.

• **추체험**　　직접 체험이든 간접 체험이든 도시탐방 이후에 이를 두고두고 곱씹는 것이 추체험이다. 직접 체험을 한 경우라면, 그에 대한 추억의 회상과 반성 등이 있을 것이고, 간접 체험의 경우에는 다음에 있을 직접 체험에 대한 기대와 계획이 추체험에 반영될 것이다.

도시탐방 체험의 단계

도시탐방 체험의 단계는 다음과 같이 나눌 수 있다.

• **탐방 전, 계획과 기대**　　가장 가슴 설레는 단계로서 대상 도시에 대한 간접 체험을 충분히 활용할 수 있는 단계이다. 온갖 상상력과 기획력이 동원되며, 예산에 대한 고려 역시 필요하다. 무엇보다도, 탐방에 대한 확고한 목적과 주제를 세우는 것이 중요하다. 한정된 예산, 제한된 시간 속에서 가장 효과적으로 탐방성과를 얻으려면 이 단계에서 치밀한 계획을 세우는 것이 중요하다. 욕심을 내서 너무 빡빡한 일정을 세우면 탐방 첫날부터 강행군하게 되고 이는 체력 저하를 불러오게 될 것이다. 항상 예비일을 마련하고, 방문지는 지도와 교통편을 참조하며 순서를 정한다. 갔다가 되돌아오는 코스가 생기면 시간만 낭비하는 것이 된다.

• **탐방 가는 과정**　　도시로 가는 길은 다양하다. 도보, 자전거, 자동차, 기차, 배, 비행기 등등 어떤 교통수단을 선택하느냐에 따라 시간, 비용은 물론이고, 가는 과정에서의 체험 또한 달라진다. 때로는 교통수단 사체가

도시탐방 과정에서의 잊을 수 없는 추억과 교훈을 제공하기도 한다. 해외 탐방인 경우, 탐방국의 공휴일을 미리 점검한다. 공휴일에는 교통수단의 운행시간이 달라지는 곳이 많고, 은행이나 상점의 개폐시간도 다른 것이 일반적이다. 특히 연휴일 경우를 점검해야 한다.

• **탐방 목적지 체험**　　목적지에 도달하면 무척 부산해질 것이다. 계획한 것이 많으면 많은 대로, 적으면 적은 대로, 각자가 원하는 것을 향해 움직일 것이다. 이 과정에서 예기치 않은 일들이 많이 나타나고, 이를 어떻게 소화해 내느냐에 따라 탐방의 결과가 달라지기도 한다. 짐이 많을 경우, 우선 숙소에 짐을 맡긴 후 이동하도록 한다. 숙소는 미리 예약하는 것이 좋다. 그렇지 않을 경우, 시간 낭비가 두려워 예산을 초과하는 숙소를 선택하기 쉽다.

• **탐방 후, 귀가 과정 체험**　　예정된 일정이 지나면 다시 집으로 돌아가야 할 것이다. 그렇다고 도시탐방이 끝난 것은 아니다. 오던 길로 가느냐, 혹은 다른 길로 가느냐, 운송 수단은 무얼 선택하느냐에 따라 다른 체험이 기다리고 있을 것이다.

• **탐방 종료 후, 추체험**　　탐방 이후에 대한 기록과 추억의 회상, 반성과 향후 계획 등이 모두 추체험에 속한다. 도시탐방 효과를 극대화하기 위하여 반드시 필요하고 중요한 단계이다.

도시탐방의 도구

도시탐방에 필요한 도구는 체험단계에 따라 다음과 같이 나눌 수 있다.

| 왼쪽 | 도시탐방 모습 | 오른쪽 | 도시탐방 도구

• **탐방 전, 계획과 기대**   탐방할 도시에 대한 참고문헌 등 정보 목록을 작성하고, 주요 정보를 숙독한다. 이 때, 가이드북은 최신판을 이용하도록 한다. 아울러 탐방 도시의 인터넷 홈페이지, 시청, 대사관 자료 등을 참조한다. 다양한 스케일의 지도를 준비한 뒤, 탐방 루트를 작성한다. 탐방 루트는 중도에 사정이 생길 경우를 대비해 대안을 마련해 두는 것이 좋다. 현지에서 접촉할 기관이나 사람들의 연락처를 마련한다. 해외로 탐방을 갈 경우, 여권 등의 분실 사고에 대비하여, 대사관 연락처를 꼭 마련하도록 한다. 필름, 배터리, 필기구 등 소모품의 필요량을 계산한 뒤, 준비한다.

• **탐방 가는 과정**   이미 이때부터 도시탐방이 시작되었다는 걸 알고 길에서 버리는 시간 없이, 시간 낭비를 최소화하도록 한다. 노트나 노트북에 이동 경로와 수단, 인터뷰 등 특기사항을 기록하고, 사진 촬영 뒤 반드시 메모를 한다. 필요 시 나침반, 인터뷰용 녹음기를 사용한다. 복장은 편안한 것이 좋으며, 새신발은 피하도록 한다. 교회나 사원을 방문할 경우, 소매 없는 옷, 미니스커트, 반바지 등은 금지하는 곳이 많음을 주의한다.

• **탐방 목적지 체험**　　탐방의 하이라이트이니만큼, 예정된 목적과 일정에 따라 움직인다. 이때, 어쩔 수 없이 나타날 수 있는 돌발상황에 잘 대처하고, 가능하면 이를 활용할 수 있도록 한다. 탐방 도시의 매력자원은 인문, 자연, 인공자원 등으로 나누어도 좋고, 본인이 작성한 다른 분류에 따라 나누어도 좋으나, 분류별로 세세히 기록한다.

• **탐방 후, 귀가 과정 체험**　　마음이 해이해지기 쉬운 단계이나, 아직 도시탐방이 끝나지 않았음을 기억한다. 귀가 과정에서도 다양한 체험이 가능하며, 사람에 따라서는 이 단계에서부터 추체험이 시작될 수도 있다.

• **탐방 종료 후, 추체험**　　기록과 정리를 위한 마무리 단계이며, 아울러 다음 도시탐방의 시작 단계이다. 가능한 시간여유를 갖고, 그 동안 탐방의 결과를 정리 및 분석한다. 이 과정에서 기억나지 않는 부분은 같이 탐방 갔던 동료의 도움이나 1단계에서 작성했던 문헌의 도움을 받는다.

도시 관련 사이트

건설교통부	www.moct.go.kr
경기개발연구원	www.kri.re.kr
교통개발연구원	www.koti.re.kr
국가환경기술정보시스템	www.konetic.or.kr
국토연구원	www.krihs.re.kr
기상연구소	www.metri.re.kr
대한국토도시계획학회	www.kpa1959.or.kr
도시설계학회	www.udik.or.kr
서울시정개발연구원	www.sdi.re.kr
안양천살리기네트워크	www.anyangriver.or.kr
지속가능발전위원회	www.pcsd.go.kr
통일부	www.unikorea.go.kr
한국4-H본부	www.korea4-h.or.kr
한국건설기술연구원	www.kict.re.kr
한국기상학회	www.komes.or.kr
한국대기환경학회	www.kosae.or.kr
한국상하수도협회	www.kwwa.or.kr
한국지방행정연구원	www.krila.re.kr
한국지역개발학회	www.krda.org
한국토지공사	www.iklc.co.kr
한국환경정책평가연구원	www.kei.re.kr
한중대기과학연구센타	www.kccar.re.kr
환경부	www.me.go.kr

참고문헌

건설교통부. 1999.7. 「개발제한구역 제도개선방안」.

_____. 1999.8. 「개발제한구역 조정을 위한 도시여건 비교분석 연구」.

_____. 1999.9. 「광역도시계획 수립지침」.

_____. 1999.11. 「개발제한구역안의 대규모취락 등에 대한 도시계획(개발제한구역) 변경(안) 수립지침」.

_____. 2000.1. 「도시계획법」, 「도시개발법」, 「개발제한구역의지정및관리에관한특별조치법」.

_____. 2000.7. 「도시계획법·시행령·시행규칙」.

_____. 2002. 「21세기 도시정책의 방향」.

_____. 2002. 「국토이용체계 개편에 따른 세부운영방안 공청회 자료」.

_____. 2005.12. 『제3차 국가지리정보체계 기본계획』.

_____. 2003. 「국토의계획및이용에관한법률」.

경실련도시개혁센터. 1997. 『시민의 도시』. 한울

_____. 2001. 『도시계획의 새로운 패러다임』. 보성각.

국가균형발전위원회·산업자원부. 2004. 「제1차 국가균형발전5개년계획」.

국토연구원. 1994. 「개발촉진지구지정 및 복합단지개발지침 연구」.

권용우. 1998a. 「수도권 녹지관리방안에 관한 연구」, ≪한국도시지리학회지≫, 1(1).

_____. 1998b. 「수도권 그린벨트의 실태와 대책」, ≪경기 21세기≫, 9-10. 경기개발연구원.

_____. 1999a. 「우리나라 그린벨트의 친환경적 패러다임」, ≪지리학연구≫, 33(1).

_____. 1999b. 「우리나라 그린벨트에 관한 쟁점연구」, ≪한국도시지리학회지≫, 2(1).

_____. 2001a. 「수도권 광역도시권의 설정」, ≪국토계획≫, 36(7).

_____. 2001b. 『교외지역: 수도권 교외화의 이론과 실제』. 아카넷.

_____. 2002. 『수도권공간연구』. 한울.

권용우 외. 1998. 『도시의 이해』. 보성각.

권원용. 1985. 『광역도시권 관리를 위한 정책연구(I)』. 국토개발연구원.

김광현 외. 2002.5. 「현대주거의 공공공간의 유형과 공동체 성격에 관한 연구
-유로판5를 중심으로」, ≪대한건축학회 논문집≫.

김세용. 1997.2. 「도시공공공간의 쾌적성 방해요인의 분석에 관한연구-도시설계
구역내 공개공지를 대상으로」, ≪대한건축학회 논문집≫.

김영표·박종택·한선희 편저. 1999. 『GIS의 기초와 실제』. 하나디앤피.

김용웅 외. 2003. 『지역발전론』. 한울.

김태영. 1996. 『현대관광학개론』. 백산출판사.

김현식 외. 2002. 「정보화시대 도시정책방향과 과제에 관한 연구」, ≪국토연≫,
2002-17. 국토연구원.

김형국·하성규. 1998. 『불량주택 재개발론』. 나남출판

김호철. 2004. 『도시및주거환경정비론』. 지샘

노춘희·김일태. 2000. 『도시학개론』. 형설출판사.

대한국토·도시계획학회. 1998. 도시정보 6. 그린벨트정책 진단: 그린벨트 조정?

_____. 1999. 도시정보 5. 흔들리는 개발구역 정책과 국토위기.

_____. 1991. 『지역계획론: 이론과 실제』. 보성각.

_____. 1997. 통일시대 한반도 국토개발구상.

_____. 2003. 『도시계획론』. 보성각

대한국토·도시계획학회 편저. 2000. 『도시계획론』. 보성각.

대한민국정부. 2000. 제4차 국토종합계획(2000-2020).

대한주택공사 주택도시연구원. 2001. 「환경친화형 주거단지 주요계획요소의 계
획지침 작성 및 적용방안 연구」.

_____. 2003. 「생태환경 조성을 위한 오수 고도처리수 활용 방안 연구」.

레이몬드 J. 쿠란. 1999. 『건축과 도시경험』. 이준표 옮김. 태림문화사

루이스 멈포드. 1990. 『역사속의 도시』. 김영기 옮김. 명보문화사.

류중석. 2000.4. 「사이버시대의 도시시설」, ≪도시문제≫, 제35권 377호. 대한
지방행정공제회.

_____. 2003.1. 「정보도시의 꿈」. ≪도시문제≫, 제38권 410호. 대한지방행정공
　　제회.

류중석·김정훈·조윤숙. 1996.8. 「도시정보 시스템 연구」, ≪국토연 94-42≫. 국
　　토개발연구원.

류석상 외. 2005.8. 「유비쿼터스사회의 발전 추세와 미래 전망」, ≪유비쿼터스
　　사회연구 시리즈≫, 1호. 한국전산원.

박양호 외. 2000. 「국토균형발전을 위한 통합국토축 추진전략」. 국토연구원.

박종화 외. 1995. 『지역개발론』. 박영사.

박중현. 1990. 『최신 상수도공학』. 동명사.

서울시 도시계획과. 1999. 「주민참여형 마을만들기 사례연구」. 서울시정개발연
　　구원.

서울시. 2001. 「서울시 도심재개발기본계획」. 서울특별시.

_____. 2004. 「청계천 복원에 따른 도심부 발전계획」. 서울특별시.

서울시정개발연구원. 1996. 「도시소공원의 확보 및 조성방안」. 시정개발연구원.

세타가야 도시정비공사 まちづくり센타. 1999.3. 「시민まちづくり 필드맵」.

_____. 2000.3. 「まちづくり하우스와 まちづくりNPO법인」.

얀 겔. 2003. 『삶이 있는 도시디자인』. 김진우 외 옮김. 푸른솔.

양상현. 1991. 『상하수도 공학』. 동화기술

영국도시농촌계획학회. 1999. 「한국의 개발제한구역 제도개선안에 대한 평가보
　　고서」.

이경기 외. 1999. 「지속가능한 도시개발을 위한 지표설정에 관한 연구」. 충북개
　　발원.

이동우 외. 1998. 「지역개발사업의 추진실태와 효과분석」. 국토개발연구원.

이상준. 1997. 「통일과 국토개발의 과제」. 국토개발연구원.

이재준. 2002. 「생태마을 사례분석과 전문가 및 거주자 의식조사를 통한 계획방
　　향 설정 연구」. ≪대한국토·도시계획학회지≫, 36(6).

_____. 2005. 한국형 생태도시 계획지표 개발에 관한 연구. ≪대한국토·도시계
　　획학회. 국토계획≫, 40(4).

_____. 2005. "Promoting an Eco-city with Citizens' Participation for Sustainable
　　Development," ≪지리학연구≫, 39(1). 국토지리학회

이재준 외. 2001. 「환경친화적인 도시계획 수립을 위한 환경성 평가 및 적합성

　　　　판단 연구」. ≪국토계획≫, 제36권. 제2호.. 대한국토도시계획학회.

이재준 외. 2004. 「마을의제21의 효율적인 추진방안 연구」. 환경부

이재준 외. 2004. 「신행정수도 생태도시 조성방안」. 국토연구원.

이정전 외. 1998.『우리나라 그린벨트 정책이 나아가야 할 길』. 그린벨트 시민연대.

이창우. 2005. 「생태도시 개념과 지향점」. 한국조경학회 생태조경연구회세미나.

임강원. 1998. 「현 그린벨트제도의 개선안(시안)」. 국민회의 정책기획단.

임주환 외. 2001.『관광지 개발론』. 백산출판사.

조명래. 1998.「NGO의 입장을 통해 본 영국의 그린벨트제도」, ≪도시연구≫, 3.

주종원 외. 1998.『도시구조론』. 동명사.

청주도시계획재정비(안). 2001.10.

청주도시기본계획 Workshop 회의록 각 1~13회. 2000. 11~2001. 4.

최봉문·김항집·서동조. 1999.『도시정보와 GIS』. 대왕사.

크리스천 노이베르그-슐츠. 1996.『장소의 혼』. 민경호 외 옮김. 태림문화사.

피터 홀. 1996.『내일의 도시』. 임창호 옮김. 도서출판 한울.

하성규. 2004. 주택정책론

한국관광공사. 1989.『현대여가문화정책』. 한국관광공사.

한국지방행정연구원. 1996. 「지방자치시대의 갈등사례」.

한국지역개발학회. 1996.『지역개발학원론』. 법문사.

한국토지공사. 1999. 「체계적 지역개발을 위한 공간계획·개발제도의 개선방안」.

현경학 외. 2005. 「공동주택단지 빗물관리시설 사례 분석」. 경남물포럼.

현경학 외. 2005. 「인공습지를 이용한 주택단지 잡배수 처리」. 2005년도 대한토
　　　　목학회 정기학술대회논문집.

현경학 외. 2005. 「국내 공동주택단지의 빗물관리시설 적용 사례 연구」. 2005년
　　　　도 대한환경공학회 추계학술대회논문집.

현경학 외. 2006. 「국내 공동주택단지 자연 순응형 빗물관리시설 사례 분석」.
　　　　한국환경영향평가학회. ≪환경영향평가≫, 2006. April, Vol. 15, No. 2.

환경부. 2001. 「친환경적인 국토관리방안에 관한 연구」.

황희연. 1993. 「한국그린벨트」.『한·중·일 도시계획학회 국제회의발표논문집』.

_____. 2001.3. 「지속가능한 도시 청주의 과제와 시민의 역할」.『지속가능한 청
　　　　주만들기 시민대토론회 자료집』.

_____. 2001.4. 「세타가야 도시정비공사 まちづくり 센타회의록」.

_____. 2001.9. 「주민과 함께 청주시 경관 만들기(안)」.

황희연 외. 2002. 『도시생태학과 도시공간구조』.

渡辺俊一編著. 1999. 『市民參加のまちづくり"(マスタ-プランづくりの現場)』. 學藝出版社.

進士五十八. 1992. 『アメニテイ デザイン』. 學藝出版社.

Andreotti, L. 1995. "Rethinking Public spaces." *Journal of Architectural Education.* 49:1

Anastasia, Loukaitou-Sideris. 1993. "Privatization of public open space: The Los Angeles Experience." *Town Planning Review.* 64:2.

_____. 1993. "The Negotiated Plaza: Design and development of Corporate Open Space in Downtown Los Angeles and San Francisco." *Journal of Planning Education and Research,* 13.

Anastasia, Loukaitou-Sideris and Tridib Banerjee. 1998. *Urban Design Downtown: Poetics and Politics of Form.* Berkeley: University of California Press.

ASCE. WEF. 1992. *Design and Construction of Urban Stormwater Management Systems.* ASCE. WEF.

Banerjee, Tridib. 2001. "The Future of Public Spaces: Beyond Invented Streets and Reinvented Places." *Journal of the American Planning Association,* 67:1.

Chidister, Mark. 1989. "Public Places. Private Lives: Plazas and the Broader Public." *Places,* 6:1.

Department of Environment. 1993. *The Effectiveness of Green Belts.* HMSO.

Gehl, Jan and Lars Gemzoe. 2003. *New City Space.* Copenhagen: The Danish Architectural Press.

Hasegawa, Sandra and Steve Elliott. 1983. "Public Spaces by Private Enterprise." *Urban Land,* 42:5.

Howard, E. 1898. *Garden Cities of Tomorrow.* new ed. 1946. Faber. London.

Hudson-Smith, A. 2004. *Digitally Distributed Urban Environments: The Prospects for Online Planning, Ph.D Thesis, Bartlett School of Architecture and Planning.* University College London.

Kayden, Jerald S. 2000. "New York City Department of City Planning and The

Municipal Art Society of New York". *Privately Owned Public spaces: The New York City Experience*. New York: John Wiley and Sons. Inc.

Krieger, Alex. 1995. "Reinventing Public Spaces." *Architectural Record*. 183:6.

Marcus, Clare Cooper and Carolyn Francis(ed.). 1998. *People Place: Design Guidelines for Urban Open Space*. NewYork: John Wiley & Sons. Inc.

Marcus, Clare C., Carolyn Francis and Rob Russell. 1998. "Urban Plaza." In *People Places: Design Guidelines for Urban Open Space*. edited by Marcus Clare C. and Francis Carolyn. New York: John Wiley & Sons.

Moughtin, Cliff. 2003. *Urban Design: Street and Square*. Oxford: Architectural Press

Munton, R. 1983. *London's Green Belt: Containment in Practice*. Unwin.

Project for Public Spaces Inc. 1984. *Managing Downtown Public Spaces*. Chicago: Planner Press.

Schueler, T. R. 1987. *Controlling urban runoff: A practical manual for planning and designing urban BMPs*. Washington. D.C.: Metropolitan Council of Governments.

Sennet, Richard. 1987. "The Public Domain." In *The Public Face of Architecture: Civic Culture and Public Spaces*. New York: The Free Press.

Sorkin, Michael. 1992. *Variation on a Theme Park: The New American City and the End of Public spaces*. New York: Noonday Press.

Stephen, Carr, Mark Francis, Leanne G. Rivin and Andrew M. Stone. 1992. *Public Spaces*. USA: Cambridge University Press.

Wates, Nick. 2000. *The Community Planning Handbook*. Earthscan Publication Ltd.

Whyte, William H. 1980. *The Social Life of Small Urban Spaces*. Washington. D.C.: The Conservation Foundation.

지은이(가나다순)

구자훈
서울대학교 대학원 공학박사
남광엔지니어링, 미래개발컨설팅 그룹 이사 역임
서울시정개발연구원 도시계획설계연구부 책임연구원, 실장 역임
한동대학교 건설도시환경공학부 교수, 학술정보관장 역임
현재 한양대학교 도시대학원 교수
주요 저서: 『도시설계론』(공저), 『토지이용계획론』(공저), 『세계화의 현상과 대응』
    (공저), 『서양도시계획사』(공저), 『미래의 도시』(공저) 등

권용우
서울대학교 대학원 문학박사, 도시지리학 전공
(사)국토지리학회 고문, 국토교통부 갈등관리심의위원회 위원장
현재 성신여자대학교 지리학과 명예교수
주요 저서: 『교외지역』, 『수도권 공간연구』 등

김세용
고려대학교 대학원 공학박사
건국대 건축설계학과 교수, 컬럼비아대 객원교수 역임
현재 고려대학교 건축공학과 교수
주요 저서: 『도시설계』(2001), 『생태도시의 이해』(2001) 등

김태환
일본 요코하마 국립대학 공학박사(방재 및 안전학)
국토교통부 중앙건축위원회 방재분과위원
한국재난정보학회 수석 부회장
특수재난연구소 소장
현재 용인대학교 경호학과 교수
주요 저서: 『도시안전』, 『프로탐정의 테크닉』 등

김현수

서울대학교 대학원 공학박사
대한국토도시계획학회 정책위원장, 쉐필드 대학교 교환교수 역임
현재 단국대학교 도시계획 부동산학부 교수
주요 저서: 『도시계획론』, 『도시계획의 새로운 패러다임』 등

류중석

서울대학교 공과대학 건축학과 졸업(공학사), 서울대학교 대학원 토목공학과 도시공
학전공 졸업(공학 석사), 영국 쉐필드 대학교 대학원 건축학과 졸업(Ph. D)
국토연구원 도시연구실 및 GIS 연구센터 연구위원 역임
경실련 도시개혁센터 정책위원장(2004.6~2006.3) 및 대표(2006.4~현재)
현재 중앙대학교 도시공학과 교수
주요 저서: 「옥외광고물의 부착방법에 따른 인지도 차이에 관한 실험적 연구」,
"Methods of Designating Red Zone to Protect Youth" 등

민범기

서울대학교 환경대학원 졸업
경실련 도시개혁센터 정책위원, 서울시 중구 건축위원 역임
협성대학교 도시공학과 외래교수 역임
테라 건축사무소 소장
주요 작품: 2002년 금오공과대학교 제3공학관 설계, 2004년 여의도고밀도 아파트지
구 기본계획 등

백기영

서울대학교 대학원 공학박사
대한국토도시계획학회 이사 역임, 충청북도 도시계획위원회 위원
현재 영동대학교 도시행정학과 교수
주요 저서: 『지방에서 미래를 갖자』, 『도시생태학과 도시공간구조』(공저) 등

변병설

미국 University of Pennsylvania 도시계획학 박사

한국환경정책평가연구원 연구위원 역임, 지속가능발전위원회 전문위원

현재 인하대학교 사회과학부 교수

주요 저서: 『환경정책의 이해』(공저), 『도시생태학과 도시공간구조』(공저) 등

서순탁

영국 뉴캐슬대학교 도시계획 박사

국토연구원 연구위원 역임, 경실련 토지주택위원장, 감사원 자문위원, 국회 입법지원
위원, 국가균형발전위원회·지속가능발전위원회·국민경제자문회의 전문위원,
건교부 규제개혁심의위원, Planning Theory & Practice 편집위원

현재 서울시립대학교 도시행정학과 교수

주요 저서: 『Global City Region』, 『새로운 국토도시계획제도의 이해』(공저), 『공간
이론의 사상가들』(공저), 『토지문제의 올바른 이해』(공저), 『협력적 계획이론』
(공역) 등

서종국

미국 University of Southern California 도시계획학 박사

인천시 도시계획위원, 한국지방행정연구원 자문위원, 행정안전부 지자체 합동평가
위원, 인천광역시 지방재정심의위원

현재 인천대학교 도시행정학과 교수

주요 저서: "Economic Structural Changes, Urban Form and Commuting Patterns
in the U.S. Metropolitan Areas", 「토지와 주택의 불평등」(공저) 등

엄수원

단국대학교 행정학 박사

한국토지공사 토지연구원 수석연구원 역임, 한국지역경제학회 부회장
대한부동산학회 부회장

현재 전주대학교 부동산학과 교수

주요 저서: 『토지이용계획론』(공저), 『북한의 국토 및 토지제도』 등

이경기

충북대학교 대학원 건축공학과 박사
미국 미시건 주립대학교 도시 및 지역계획 프로그램 객원연구원 역임
대통령 자문 지속가능발전위원회 국토자연분과 전문위원
현재 충북개발연구원 지역발전연구센터장
주요 저서: 「지속가능한 도시개발을 위한 지표설정에 관한 연구」, 「신행정수도 건설
　　　　에 따른 주변도시 기능분담방안」 등

이재준

서울대학교 환경대학원 공학박사
환경부 중앙환경보전위원회 위원, 대통령 자문 건축문화선진화위원회 위원 역임
현재 수원시 제2부시장
주요 저서: 『생태도시의 이해』(2001), 『환경계획론』(2005) 등

이제선

미국 University of Washington에서 도시설계학 박사
서울 서대문구 도시계획위원, 한국토지주택공사 심사위원, 도시설계학회 상임이사
현재 연세대학교 도시공학과 교수
주요 작품: 2005년 <은평뉴타운 3-1지구 공동주택단지 기본계획 현상설계>, 2006년
　　　　<아산탕정 택지개발지구 개발계획>
주요 저서: 『현대공간이론의 사상가들』(공저) 등

최재순

일본 동경공업대학 공학박사 건축계획전공
주택산업연구원 초빙연구원, 경실련 도시개혁센터 이사(주거안정분과위원장) 역임,
인천대학교 건강가정지원센터장
현재 인천대학교 소비자아동학과 주거학전공 교수
주요 저서: 『넓게 보는 주거학』(2005), 『안팎에서 본 주거문화』(2004), 『한옥의 공간
　　　　문화』(2004) 등

현경학

연세대학교 토목환경공학과 박사

상명대학교 융합생태환경공학과 겸임교수, 대한상하수도학회 이사, 한국물환경학회 영문지 편집위원

현재 한국토지주택공사 토지주택연구원 수석연구원

주요 저서: 「토양정화를 이용한 잡배수활용 기술」, 「생태환경 조성을 위한 오수 고도 처리수 활용 방안」

황희연

서울대학교 대학원 공학박사, 도시계획 전공

건교부 중앙도시계획위원회 위원

대통령 직속 행정중심복합도시건설추진위원회 위원

현재 충북대학교 도시공학과 교수

주요 저서: 『토지이용계획론』(공저), 『도시생태학과 도시공간구조』(공저) 등

경실련 도시개혁센터

경실련 도시개혁센터는 성장 위주의 개발철학과 시민배제적인 정책결정과정을 고수하고 있는 중앙정부, 그리고 재정수입 증대와 개발이익에만 집착하고 있는 지방자치단체들에게 우리의 소중한 삶터인 도시를 맡겨둘 수 없다는 취지 아래 시민의 참여를 통해서 우리의 도시를 건강하고 살기 좋은 곳으로 변화시키기 위해 1997년에 창립되었다.

창립 이후 덕수궁터 미국대사관 신축반대운동, 개발제한구역 해제반대, 최저주거기준 법제화운동, 수도권집중완화운동, 수도권 난개발방지 운동, 개발이익환수운동, 시민공간권리찾기운동 등 다양한 활동을 하였다. 경실련 도시개혁센터는 지난 30여 년 동안 성장위주의 개발정책으로 위협받아 온 우리의 도시를 지속가능하고, 쾌적하며, 안전하고, 더불어 살 수 있는 도시로 만들기 위해 정책대안의 연구개발, 제도개선운동, 시민홍보 및 교육 등 다양한 활동을 전개하고 있다.

경실련 도시개혁센터는 도시주거분과, 도시재생분과, 도시교통분과, 도시안전분과, 도시숲분과 등 5개의 분과와 주거공동체 T/F, 도시대학, 이사회, 사무국으로 이루어져 있으며 약 30여 명의 전문가가 정책위원으로 활동하고 있다.

* 경실련 도시개혁센터 02-3673-2147

* 경실련 도시개혁센터 웹페이지
 http://ccej.or.kr/special_type/city-reformation-center

알기 쉬운 도시이야기

ⓒ 경실련 도시개혁센터, 2006

엮은이 ┃ 경실련 도시개혁센터
펴낸이 ┃ 김종수
펴낸곳 ┃ 한울엠플러스(주)

초판 1쇄 발행 ┃ 2006년 8월 25일
초판 6쇄 발행 ┃ 2022년 4월 12일

주소 ┃ 10881 경기도 파주시 광인사길 153 한울시소빌딩 3층
전화 ┃ 031-955-0655
팩스 ┃ 031-955-0656
홈페이지 ┃ www.hanulmplus.kr
등록 ┃ 제406-2015-000143호

Printed in Korea.
ISBN 978-89-460-8170-3 03530

* 가격은 겉표지에 있습니다.